广西少数民族传统村落
公共空间形态研究

韦浥春　著

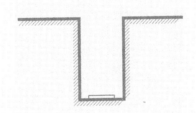

中国建筑工业出版社

图书在版编目（CIP）数据

广西少数民族传统村落公共空间形态研究／韦浥春著. —北京：中国建筑工业出版社，2020.5（2022.2重印）

ISBN 978-7-112-25008-0

Ⅰ．① 广… Ⅱ．① 韦… Ⅲ．① 少数民族–村落–公共空间–空间形态–研究–广西 Ⅳ．① TU-092.8

中国版本图书馆CIP数据核字（2020）第057849号

本书以实地调研为基础，通过对广西独特的自然地理、历史沿革、民族发展、文化特征与规律的梳理，借鉴类型学与空间句法，定性、定量地描述广西传统村落公共空间的形态、特征及其深层组构，构建信息数据库。同时，对"民族性"与"地域性"因素进行互动关联研究，比较同一民族不同地域、同一地域不同民族、少数民族与汉族之间，传统村落公共空间的异同，归纳广西少数民族传统村落公共空间的个性、共性与特性，进一步挖掘其形成与发展的源动力与作用机制。最后，结合保护开发实例，反思后效，提出更有针对性、更为具体的传统村落公共空间保护和营建的原则与策略，探讨地域与民族文化在传统村落保护开发、新农村建设、乡村振兴、新建公共建筑中的适应性传承与现代性转译。本书适用于建筑学专业师生、传统村落决策者及对传统村落感兴趣的人士阅读。

责任编辑：唐　旭
文字编辑：李东禧　孙　硕
版式设计：锋尚设计
责任校对：李美娜

广西少数民族传统村落公共空间形态研究

韦浥春　著

*

中国建筑工业出版社出版、发行（北京海淀三里河路9号）

各地新华书店、建筑书店经销

北京锋尚制版有限公司制版

北京建筑工业印刷厂印刷

*

开本：787×1092毫米　1/16　印张：17¾　字数：443千字

2020年8月第一版　2022年2月第二次印刷

定价：79.00元

ISBN 978-7-112-25008-0

（35768）

前　言

作为少数民族人口最多的自治区，广西拥有复杂的自然地理环境与多样的民族文化。历史时期，中央王朝的统治、中原战乱动荡、以汉族为主的外来移民的迁入、土著民族与汉族的同化和争斗、土司制度的变迁、土地开发、商业西渐、文化交流与传播等现象，综合作用于广西地区社会发展与文化特征的形成过程中，村落与建筑文化也因此在历史变迁中表现出高度的丰富性与混杂性，成为岭南文化不可或缺的组成部分，更是文化全球化趋势下宝贵的民族文化资源。

本书综合运用民族学、历史学、人文地理学等多学科的理论与视角，选择最能集中反映社会制度、传统文化与生活方式的传统村落公共空间作为切入点，全面、系统地描绘广西少数民族传统村落公共空间的形态特征与深层结构，挖掘地域、民族文化内涵、影响因素与作用机制，并对保护与发展传统村落公共空间，传承与弘扬地域文化与民族性格进行探讨。

本书首先从自然地理、历史沿革、民族发展、文化特征等方面，探讨广西民族文化、传统村落的形成原因与时空分布特征和规律；其次，在广泛搜集文献资料、深入详实的调查踏勘基础上，借鉴类型学与空间句法等研究方法，定性、定量地描述广西传统村落公共空间的形态特征及其深层组构，构建广西传统村落公共空间的信息数据库。同时，以对传统村落公共空间多样性形成具有决定性作用的"民族性"与"地域性"因素为对象，展开互动关联研究，比较同一民族不同地域、同一地域不同民族、少数民族与汉族之间，传统村落公共空间的异同，归纳广西少数民族传统村落公共空间的个性、共性与特性。进而，深入挖掘村落公共空间形态与地域环境、民族文化的内在秩序与逻辑，推演归纳空间形态背后蕴藏的地域、民族内涵与多重影响因子的综合作用机制。最后，结合广西少数民族传统村落保护与开发的实例，反思后效，提出更有针对性、更为具体的传统村落公共空间保护与营建的原则与策略，探讨地域与民族文化在传统村落保护开发、新农村建设、乡村振兴等方面的适应性传承与现代性转译。

本书部分成果受国家自然科学基金项目"广西湘江–漓江–桂江流域传统建筑大木构架及谱系研究"（项目号：51668004）的支持。

目 录

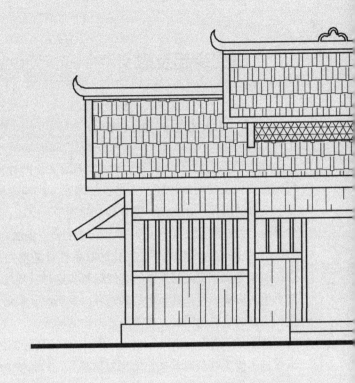

第 1 章

绪 论

1.1 研究缘起及意义

1.1.1 全球化与民族文化

在人类漫长的文明发展历程中，不同文化的冲突碰撞、交流融合源远流长，贯穿始终。可以说，人类文明的发展，正是各个国家、民族或地区的文化彼此冲突、吸纳，并且相互作用、交融的历程。在当代，随着社会的进步，交通、通信的发展，信息传播与流动的规模宏大且迅速，民族间的交往日益频密，全球化进一步加剧，整个世界被压缩为一个"地球村"，在"现代化"的宏大目标之下，文化的联系性日渐增强，彼此间相互碰撞、交流的力度亦大大加强，演变为文化交流与发展的必然趋势。这种世界尺度的、广义的民族文化冲突、交流、融合与再生的历史进程，其影响是多领域、多层次、多角度的，在给世界各民族、国家和地区的文化创造发展契机的同时，亦带来了未知的挑战。

对少数民族文化而言，作为源于传统社会外部的一种发展、变迁的推动力，全球化的冲击促进了传统社会对其文化结构的调整[①]，在外来文化与本土民族文化的碰撞中相互融合，形成新的文化性格，转化为民族文化中的新要素。同时，文化交流的过程常遵循着信息由高向低流动的内在规律，弱势文化往往被强势文化冲击、整合。因而，在全球化的背景之下，各民族文化均面临着一定程度的衰落、丧失的危机。这种衰落可能发生在精神层面，例如信仰崇拜、民族风俗；也可能发生于物质层面，如少数民族村落、建筑的形式与风格等。

在全球化现象日益凸现、成为时代基本特征的当下，民族文化如何保有自身的独特个性，已成为一个不可回避的课题。我们应当辩证地看待全球化与民族文化之间的关系：它不是一种简单的文化"大同化"，也并非某一文化对其他文化的单向作用，而是一种互相影响的动态关联，保持文化个性是各文化主体顺利发展、实现文明总体进步的根基。

作为拥有12个世居民族与40多个民族成分的多民族、多民系、多源文化交融的地区，广西的文化碰撞、交流现象最为显著且纷繁复杂。各民族本着其独特的文化性格，创造了大量的有形文化遗产，如壮族、侗族、毛南族等土著少数民族和苗族、瑶族、回族等移民少数民族，各自根据其传统生活生产方式，塑造出质朴、原生态的村落文化；而湘赣、广府、客家等汉族民系则不同程度地吸收了广西的民族传统与地域特色，并反映到其村落文化、多元化公共空间与建筑形式中。这既是广西民族与地域文化的物态表现，更是我国民族文化图景、地域性村落与建筑基因库中不可或缺的部分，还孕育了丰富的文化遗产，并以歌舞、音乐、戏曲、礼仪、节日等公共活动的形式流传至今。

在以汉文化为主流的华夏文明长期、持续的影响之下，广西各族人民逐渐形成了一致的"中华民族"之文化认同，并在此基础上，彼此尊重、认可，积极沟通交往，民族关系从冲

---

① 郑晓云. 论全球化与民族文化［M］. 北京：中国书籍出版社，2001：9–17.

突、碰撞走向和谐、包容，最终融为一体。需要注意的是，此处所说的"融为一体"并不是简单的"同化"，而是多元的"整合"。这些优秀的民族文化既具有整体性的文化特征，又表现出鲜明的民族个性，不仅反映了各民族文化的精粹，而且生动地描绘与呈现了各民族发展的轨迹与全貌，成为中华民族和谐交融、多元共存的文化典范。这无疑为全球化语境下民族文化的发展提供了历史经验与现实案例：不同的族群如何和睦共处；不同的文化如何相互尊敬，相互交流；如何保持文化的多样性与差异性，如何在多元共存中实现创新与发展等。从而，在主观上能够以更加开放、包容的态度，正视外来文化的冲击乃至诱惑，取其精华去其糟粕，放开眼界、拓宽思路，与时俱进地推动民族文化的良性发展与融合[①]。这是民族文化得以健康、和谐发展的基本立场与有效方式，也是文化多样性在全球化时代固守根本、传承发扬的必然途径。

1.1.2 新型城镇化、新农村建设与乡村复兴

城镇化是中国现代化进程的重要内容。坚持中国特色的新型城镇化道路，建设社会主义新农村，是当前国家发展的重大历史任务。在城镇化进程中，乡土传统的传承与创生问题无法回避。

20世纪80年代以来，乡土传统与城镇化进程的此消彼长，成为当前我国乡村危机的突出表现。当农村人口源源不断转移到城市中居住、工作的同时，尚有30%～40%的居民生活在乡村地区，未来中国仍将有广泛、大量的乡村聚落与空间。在我国西部地区，由于社会经济发展水平整体滞后，城镇化程度远低于东部地区。截至2018年底，广西的城镇化率为50.22%，同时面临着总体水平低于国内、国际同期平均水平，城乡二元结构现象较突出，发展方式粗放，基础设施建设相对落后，资源利用不够合理等问题。因此，推动城镇化发展不应等同于放任乡村的衰颓甚至将其彻底消灭，相反，村落、乡镇、小城镇应互为依托，在现代农业产业体系的支撑下，进行提升和转换，使乡土社会、乡土文化得以复兴，营造富裕、繁荣、祥和的新乡村风貌，真正实现乡村振兴。对于传统村落的关注、研究与探索正是时代赋予我们的命题，有利于我们在"千城一面"的今天找到延续传统价值和文脉的城乡规划建设，乃至民族地区现代建筑创作的方法，为营造承载地域文化内涵的城乡聚落提供基础。

近年来，新农村建设、美丽乡村、乡村振兴、特色小镇等大量相关战略与举措的提出与推进，正体现了社会各界对乡村问题的关注。作为传统社会文化、思想、经济的起源，悠久而深厚的农业文明重获认同与重视，文化、精神内涵的延续与焕发新生亦值得期待。

然而，目前广西少数民族传统村落的保护与发展体系尚不健全。"新农村建设示范点"、"美丽广西、宜居乡村"、"特色小镇"、"乡土特色示范村"、"乡村风貌提升"等规划与建设项目，侧重于村落物质环境方面的整治与增设，以改善村民的生活环境、发展文化旅游为主要目的，对村落的历史传统、社会形态、文化特色依然缺乏准确的认识与有效的保护，更勿论乡土传统文化的延续与复兴；规划的内容与形式千篇一律，不注重对具体地域、具体文化的精准发

---

① 李丽娜. 文化多样性视域下我国少数民族文化建设研究［D］. 沈阳：辽宁大学，2014.

掘，未涵盖少数民族传统精神文化、社会结构、生活方式等非物质文化的研究；编制完成的村落保护规划，又常因资金缺乏等问题，而迟迟未能启动、实施。

面对复杂多样的广西少数民族传统村落与公共空间，现有的保护与发展形式和力度尚且不足，切实有效的整体性保护对策还未形成，研究深度和广度都有待加强与拓展[①]。如何将少数民族传统文化和自然环境等因素真正地保存、传承并转译，适应现代生活需求与方式，并融入新的村落文化与空间中，还需要对传统村落及其公共空间的形成、演变过程及其内在动因、作用机制进行大量、深入的研究。

1.1.3 作为村落文化与精神的载体的公共空间

公共空间，在村落生成、发展与建设、更新的过程中，始终扮演着重要的角色。作为传统文化与民族精神的载体，村落公共空间为各种社会生活与民俗活动提供场所，并反映出乡村生活的价值取向与发展追求。传统村落的公共空间是乡村社会的写照，是村落历史演变的重要内容，这是研究中不容忽视的要点。鉴于乡村社会与城市社区在生产、居住、休闲、信仰等诸多生活方式上具有不同的特征与状态，对村落公共空间的认识与研究，不能照搬城市公共空间的模式或套路。然而，目前的公共空间研究大多立足于城市层面，或以城市的生活方式、组织形态来看待乡村社会与村落形态，又或只重民居单体建筑的保护而忽视公共空间与公共生活的传承。唯有全面、整体地考察村落公共空间形态与特征，方能客观、准确地挖掘与体会传统文化、空间形态与自然环境、历史沿革、社会文化、经济发展、建造技术等多重因素之间互动共存的动态关联。

社会经济的发展促进了村落社会文化、生产、生活方式的革新，不可避免地带来了公共生活内容的变革与传统公共空间的失落。在当前的新农村建设中，若无法从整体性角度重视传统村落空间形态及非物质层面的社会、人文精神，则新的村落建设与民族文化、乡土传统的脉络关联将就此割裂，再难实现和谐、可持续的村落与文化发展。

透过传统村落公共空间，我们应深入理解传统的乡土本色，洞悉在乡村社会变迁中涌现出的新文化特征。以广西各少数民族传统村落公共空间的形成、发展、影响、演变为基础，分析、归纳传统村落公共空间的形态、分类及其特征规律，不但可以进一步梳理形式背后的地域性、民族性关联与内涵，更能全面、完整地展现传统村落公共空间的演变轨迹，其变迁历程的多样性与内在规律，还将成为社会学、民族学、人类学、建筑学等领域丰富的研究素材与宝贵的历史经验。

1.1.4 补充与丰富岭南聚落空间文化研究

广西在研究地域上，属于岭南范畴。岭南地区有着相似的气候特征、地形地貌、生产、生活方式等，其传统文化极富特色与活力。然而目前有关岭南地区的聚落或建筑研究多以广东

---

① 孙莹. 梅州客家传统村落空间形态研究 [D]. 广州：华南理工大学，2015.

地区为主要范围，对于广西地区的乡村聚落与建筑文化关注较少。同时，关于广西民族建筑文化的研究亦多集中于壮、侗族的干阑建筑等领域，对于其他民族与村落、建筑文化，尚缺乏全景式的研究，未能形成体系。

独特的社会、文化、经济、民族构成，以及特殊的移民、开发方式使得广西传统村落与公共空间具备自身的个性。一方面，传承了百越民族质朴的文化特征，拥有丰富的干阑建筑文化；另一方面，作为外来移民避乱求生的主要目的地，广西的传统村落保留着北方移民、中原传统民居的影响，而广府村落中又具有百越文化遗留的形态印记。区域内的土著民族村落，湘赣、广府、客家民系村落以及苗、瑶、回等移民少数民族村落风貌纷繁多样，并且在相互影响下不断发展、创新，因而在选址、环境、布局、公共空间、公共生活等方面都具有其特殊性。

2016年7月15日，在伊斯坦布尔举行的第40届世界遗产大会中，"左江花山岩画文化景观"成功列入《世界遗产名录》，成为中国第49处世界遗产，成为广西首处世界文化遗产。花山岩画是距今约2000年前，由生活在左江沿岸的骆越先民，于陡峭岩壁上描绘出的部落会盟、祭祀的盛景，展现了骆越族群的精神世界和社会发展面貌，其画面内容还包含了部落聚居的信息，是广西少数民族文化中宝贵的历史遗存。无论就文化人类学、民族历史学，还是从艺术学层面的创作、绘画技巧而论，花山岩画都具有非凡价值。在政府部门、研究机构、相关学者长达13年的努力之后，花山岩画的成功入选，无疑是对广西地域文化的认同，极大地激发了广西人民的文化自信和民族自豪。

申遗成功并非终点，而是对文化遗产做出庄严承诺与履行责任的新起点。在广西的民族、地域文化获得更广泛区域、更众多民族之瞩目的当下，如何立足本土文化，深度挖掘文化内涵，同时拓展视野，在全球化的语境中，阐释广西民族文化的价值与意义，是每一位学者的责任与义务。因此，本研究希望深入挖掘广西少数民族传统村落公共空间的形态特征及其文化价值，彰显广西少数民族文化的多样魅力与传统村落的独特个性，有效地补充、完善与丰富岭南地区的民族文化与聚落空间研究。

1.2　研究对象及范围界定

1.2.1　传统村落

"传统"，世代相传的物质形态与非物质形态，包括思想、道德、文化、风俗、艺术、制度以及生产生活、行为方式等，具有历史性、延续性、遗传性、地区性等基本特征，对人们的社会行为产生无形的影响和控制。"传统"是一个相互作用、相互影响的长期、动态、发展变化的历史过程，它来源于社会、历史所累积的经验，同时不断修正自身以适应新的时代与环境变化，它以不同的形式呈现，成为人类社会的行为准则与理念。

村落，即相对于城市而言的"乡村聚落"，是以农耕为基本经济生活方式的一类聚落的总称。从社会学角度来看，村落是在某一边缘清晰的固定地域，长期地生活聚居、繁衍生息的农业性群体组成的空间单元，承载着农村的政治、经济、文化等生活形态[①]；是在一定的地域空间环境内，有着共同的生活、生产、思维方式、信仰体系的人们，依赖于某种内在社会组织秩序而凝聚在一起的血缘、地缘共同体。村落与城市同为聚落，在结构上有一定的相似性和同构性，都是人们生产生活、休憩娱乐、文化政治生活的场所，其主要差异在于，村落规模较小，村民关系亲近，是一个熟人社会，并且以农业生产为主体，具有与土地密不可分的乡土文化特性。

"传统村落"的定义兼有"传统"与"村落"的内涵，是指形成时期较早，传统资源较丰富，保有较多历史沿革，在选址、环境、建筑风貌等方面无较大变动，具有一定历史、社会、文化、科学、经济、艺术价值，虽历经久远，仍可为人们服务，具有文明价值与传承意义而应予以保护的村落。在村落空间形态上，则表现出一定的稳定性和连续性，选址朝向、空间形态、营造方式、装饰风格及其中的生活方式、风俗习惯等都保存与延续了某种可称为"传统"的模式，注重对过去的、历史的建筑形态、生产生活方式的继承，整体风貌蕴含着历史文脉与地方文化的内涵，并有所发展。

根据住房和城乡建设部、文化部、国家文物局、财政部编制的《传统村落评价认定指标体系（试行）》，传统村落的认定标准包括：

（1）传统建筑风貌完整，达到一定规模和比例、功能种类丰富、周边环境原貌保存较好，协调统一，较完整体现一定时期的传统风貌。仍有原住居民生活使用，建筑的造型、结构、材料及装饰有一定的美学价值，至今仍应用传统技艺营造日常生活建筑。

（2）村落选址久远，具有传统特色与历史性、地域性、民族性特征，现存历史环境要素丰富，格局完整，具有一定的科学、文化、历史以及考古的价值，与周边的自然环境和谐共生。

（3）拥有较为丰富的非物质文化遗产资源，民族或地域特色鲜明，传承良好，具有活力，与村落特定的物质环境相互依存，至今仍以活态延续。

1.2.2 公共空间

公共空间的概念源于西方，哈贝马斯在《公共领域的结构转型》中对公共空间的论述是该领域最经典的基础理论，"公共空间是公共领域的载体和外在表现形式，即各种自发的公众集会场所与机构的总称"[②]。公共空间的概念是多学科的综合课题，主要涉及关注社会组织形态与人际交往方式的人文社会学科，以及主要基于场所与物质视角展开研究的规划、建筑学科[③]。

城市研究在国内外都是持续升温的重点研究课题，尤其在我国快速城镇化发展的现实背景之下，对于"公共空间"的研究探讨，也一直围绕城市展开。近年来，随着国家对"三农问题"的密切关注，乡村社会、传统文化与村落建设，逐渐成为新的研究热点，从而形成了一系

① 黄忠怀. 20世纪中国村落研究综述 [J]. 华东师范大学学报（哲学社会科学版），2005（02）：110-116.
② 哈贝马斯. 公共领域的机构转型 [M]. 曹卫东等译. 上海：学林出版社，1999：2.
③ 郑赟，魏开. 村落公共空间研究综述 [J]. 华中建筑，2013（3）：135-139.

列关于村落公共空间和公共生活的研究。与城市公共空间不同，传统村落公共空间的生成与发展具有自发性与自组织性，与人们的生活方式息息相关，而较少受到规划的制约或影响，却与人们的生活需求和方式息息相关。针对传统村落这一复杂的、动态的系统，各学科的研究视角与方法亦有所区别，多视角、跨学科的交叉研究，是传统村落公共空间研究的必然趋势[①]。

从社会学的角度来看，传统村落公共空间反映了乡村基层居民的公共生活状态，当社会组织形态与人际交往的结构方式具有了某种公共性，并在物质空间中相对固定下来时，就形成了公共空间[②]。而从建筑、规划学科视角，则倾向于从场所的物质性角度理解传统村落公共空间，将其定义为承载与容纳村民公共生活及邻里交往的物质空间，是村民可自由出入，进行日常社交、参与公共事务等社会生活的主要场所[③]。

综合各学科领域的相关定义，结合具体研究对象与目的，本文所研究的传统村落公共空间，是为容纳公共活动的实体要素所构建的空间与场所，以及在这些场所中产生的制度化的组织和活动形式构成的统一整体[④]，既包含与社会、人文、政治密切关联的"社会属性"，亦涵盖空间场所与物质形态的"物质属性"。

1.2.3 空间形态

"形态（Morphology）"一词源于希腊语词根Morphe和Logos，即形与逻辑，因此，形态为形式的构成逻辑。其研究包含两方面重要思路，"一是从局部到整体的分析过程，复杂的整体被认为是由特定的简单元素构成，从局部元素到整体的分析方法是适合的并可以达到最终客观结论的途径；二是强调客观事物的演变过程，事物的存在有其时间意义上的关系，历史的方法可以帮助理解研究对象包括过去、现在和未来在内的完整的序列关系"[⑤]。

美国学者戈登·威利提出了聚落空间形态的定义："人类在土地上安置自己的方式，它涉及房屋及其安排方式，并且包括其他与社会生活相关的建筑物的性质与处理方式，这些布局反映自然环境和建造者的水平及控制的各种制度"。简单来说，就是人群的聚居方式。聚落形态从宏观上研究聚落及聚落群之间的关系，涵盖不同时期聚落的性质、规模及位置的相互关系，同一时期不同聚落之间的关系，聚落形态的变迁等。

基于上述概念，村落公共空间形态，不仅是村落公共空间的外在表现形式，包括宏观体系下的村落公共空间的分布特征、微观体系下的公共空间形体环境，还包括公共空间内各要素的表现特征，具有几何特征和美学质量；同时，它具有物质与精神的双重属性，反映出了社会生活与精神文明的环境与秩序，包含了外部形态所蕴含的内部构成逻辑，如社会文化逻辑、经济技术逻辑等。

① 庞娟. 农村公共空间研究的多学科视角回顾与展望 [J]. 江西社会科学，2013（9）：35-42.
② 曹海林. 村落公共空间：透视乡村社会秩序生成与重构的一个分析视角 [J]. 天府新论，2005（4）：88-92.
③ 戴林琳、徐洪涛. 京郊历史文化村落公共空间的形成动因、体系构成及发展变迁 [J]. 北京规划建设，2010（3）：74-78.
④ 严嘉伟. 基于乡土记忆的乡村公共空间营建策略研究与实践 [D]. 杭州：浙江大学，2015.
⑤ 谷凯. 城市形态的理论与方法——探索全面与理性的研究框架 [J]. 城市规划，2001（12）.

1.2.4 研究范围

1. 研究地域

依据行政区划，广西壮族自治区介于东经104°26′~112°04′、北纬20°54′~26°24′之间，南临北部湾，面向东南亚，西南毗邻越南，东接粤、港、澳，北连华中，背靠中国大西南，是全国唯一的拥有沿海、沿江、沿边优势的少数民族自治区。

本书的研究地域为广西，但并非严格限定于行政区划的范围中。因为伴随着漫长的历史进程，广西的行政区划在历朝历代都处于不断变化中，并且民族文化冲突与交流的现象、村落与空间形态互相影响而形成的多样性在各省份交界地带更为凸显。因此，本研究参考各历史时期的行政区划范围，综合考虑族群分布、文化交流的具体状况，在当前的行政区划上有所拓展，大致划定了云贵高原东侧、岭南西部地区为研究范围。

其中，桂西、桂西北的山区、丘陵地带，聚居着大量少数民族，为本研究的重点地区，对应于桂林、柳州、百色、崇左、河池、来宾等市的区划范围。

2. 族群范围

广西地区具有多元化的民族构成与文化生态，拥有汉族、壮族、侗族、苗族、瑶族、仫佬族、毛南族、回族、京族、彝族、水族和仡佬族12个世居民族。各民族杂居共处，构成了广西地域范围内百越文化、苗瑶文化、中原文化、海洋文化等多元交织的文化生态图景，亦为博大精神的中华文明不可或缺的组成部分。其中的壮、侗、苗、瑶族的传统文化及其传统村落、公共空间的形态与特征是本文研究的重点目标。

3. 样本筛选

综上，本书的研究对象以广西的少数民族传统村落为主，部分衍生到传统集镇以及与少数民族杂居或相互影响频密的汉族村落，对其发展历程中村落与公共建筑空间形态的变迁，以及不同民族的传统村落与公共空间的特征进行系统、完整的研究。研究对象限定于传统村落范畴之内，并强调这些村落与公共空间和广西民族关系发展、各民族聚居的生成演变之间的关联性。村落研究样本的选择主要来源于：

（1）中华人民共和国住房和城乡建设部、文化部、财政部和国家文物局等7个部局认定公布的"中国传统村落名录"，截至调研完成的2018年6月，全国共有四批共计4157个传统村落入选，广西拥有161个，主要分布在桂东与桂北地区，其中58个为少数民族传统村落。

（2）其他部门或组织、协会评定，认定为具有历史文化价值的传统村落（中国少数民族特色村寨、广西传统村落名录等）。其中，国家民族事务委员会公布的第一批、第二批中国少数民族特色村寨中，广西有97个少数民族村寨入选。广西壮族自治区住建厅公布的第一批、第二批、第三批广西传统村落名录中，也包括约150个少数民族村落（数据统计截止至2018年6月）。

（3）根据作者的研究需要、文献搜索或访谈咨询，新加入（未得以认证的典型少数民族村落、少数民族杂居村落、"少数民族化"的汉族村落）18个研究村落。

经过筛查，去除上述研究范围中重复认定的部分，最终选定了涵盖12个世居民族的132个广西传统村落（附录1），进行详细、深入的资料搜集、田野调查、图纸测绘、统计分析、总结归纳等工作。

1.3　研究现状

1.3.1　国外相关研究概况

公共空间概念在近代才正式提出，但其渊源却可上溯到古希腊。当时的社会政治民主气氛浓厚，加之温和舒适的气候，人们喜爱在户外活动，促成了社区户外交往空间的形成与发展。古希腊人把公共生活视为极具意义的幸福生活方式，甚至是必须承担的责任与义务。法国学者维达尔曾说："城邦创造了一种以市政广场及其公共建筑为中心的全新的社会公共空间。人们可在此就涉及共同利益的问题进行争论。权力从此不再局限于王宫之中，而置于此公共的中心"[①]。因此，古希腊人热衷于建造各类宏伟的公共工程，如神庙、剧场、喷水池等，这往往比炫耀财富的私人豪宅更受到人们的推崇，这些空间为城邦公有，向公众开放，是真正意义上的公有且公用的空间[②]。

20世纪50年代，社会学和政治学的论著中出现了"公共空间"这一特定的学术名词。美籍德裔思想家汉娜·阿伦特最早提出了"公共领域"的概念。1962年，德国哲学家哈贝马斯在《公共领域的结构转型》中对公共领域进行了阐释性描述。该书在1989年译为英文后，在西方学界引起震动，"公共领域"的研究随即影响到中国学术界。

公共空间研究进入城市规划相关领域是在20世纪60年代，以芒福德和雅各布的相关著作为代表。第二次世界大战结束的美国进入了城市快速重构的阶段，"公共空间"概念得到国家和民众的广泛关注与普遍认同，从而发展为学术界广泛研究的课题。建筑学领域内公共空间的研究多集中于城市层面，相关经典著作包括：提出城市空间意象五要素的凯文·林奇的《城市意象》；运用图底分析法认知城市外部空间的芦原义信《外部空间设计》，以及研究公共空间与人的行为模式的经典著作——扬·盖尔的《交往与空间》、《公共空间·公共生活》等。

相较之下，在村落公共空间层面却鲜有专门性研究，而以一些自发性的研究组织与机构推动的乡村社会实践项目为主。Citizens' Institute on Rural Design's是由70多个设计工作室组成、关注美国乡村建设的自发性学术组织，也是美国农业部乡村发展项目的合作单位。该机构在乡村建设与发展过程中，推广、参与了一些村落公共空间建设的实践项目。Project for Public Spaces（PPS）是一个非营利的规划、建筑、设计与教育机构，旨在帮助人们创造可持续发展

---

① Pierre Vidal-Naquet, the Black Hunter. Forms of Thought and Forms of Society in the Greek World［M］. The Jphns Hopkins University Press，1988.

② 解光云. 古典雅典的城市与乡村［D］. 上海：复旦大学，2006.

的公共空间，构建强有力的社区。2000年后，美国自发的"农夫市场"如雨后春笋般涌现。针对这一现象，PPS展开了"公共市场"的系列研究计划，致力于通过公共市场连接当代乡村经济与社区，支撑公共健康事业，构建本地食品体系。

总体而言，国外公共空间的相关理论与实践，更多地关注城市规划、城市设计问题，例如对城市空间节点、街道空间尺度、人的行为活动等的研究，而专门针对乡村层面的公共空间研究相当稀缺。

1.3.2 国内相关研究概况

在我国，村落的构成要素、形态及社会组织关系均与国外乡村有较大区别，村落公共空间研究取得了一定的成果，但仍以社会学领域研究为主，关注公共空间与社会关系重组之间的内在关联，其研究主题主要包括：

（1）村落公共空间与村庄秩序重构、社区整合。如曹海林的《村落公共空间：透视乡村社会秩序生成与重构的一个分析视角》从社会学角度将公共空间理解为"社会内部业已存在着的，具有某神公共性，且通过特定的空间使之相对固定下来的社会关联形式和人际交往结构"，同时指出村落公共空间在乡村社会变迁中的演变趋势恰恰折射出村庄秩序的社会基础及其性质所发生的巨大变化，乡村社会的整合并非建立在外部的"建构性秩序"上，而应主要依靠乡村社会内部的"自然性秩序"①。

（2）通过村落公共空间研究乡村社会控制机制。何兰萍认为，处在转型期的中国农村，公共空间的弱化是乡村社会控制弱化的结果和表现，并进一步对乡村社会稳定和社会秩序产生了重要影响，因而需要将公共空间作为乡村社会控制和社会整合的方法予以研究②。

（3）村落公共空间与乡村文化建设。当下我国乡村文化的衰变已经是学者们不得不直面的现实问题。乡村文化的发展与重塑迫切需要在了解村民文化需求及其发展变化规律的基础上，对作为载体的村落公共空间进行建设。

在建筑学领域，城市公共空间研究较为广泛深入，而传统村落公共空间却未得到同样的关注与发展，现有研究主要集中于：

（1）村落公共空间类型的研究

村落公共空间的分类的切入点与方法多样，对于分类方法上的探讨、研究亦比较充分，大致可归纳为两类：

其一，根据村落公共空间内在的本质特点进行分类：1）根据村落公共空间的性质分类。如郑霞、金晓玲、胡希军在《论传统村落公共交往空间及传承》中提出将村落公共空间分为物态空间和意态空间③；梅策迎在《珠江三角洲传统聚落公共空间体系特征及意义探析——以明清顺德古镇为例》中，则提出了村落公共空间可分为政治性公共空间，生产性公共空间，生活

① 曹海林. 村落公共空间：透视乡村社会秩序生成与重构的一个分析视角［J］. 天府新论，2005（04）：88-92.
② 何兰萍. 从公共空间看农村社会控制的弱化［J］. 理论与现代化，2008（2）：100-104.
③ 郑霞，金晓玲，胡希军. 论传统村落公共交往空间及传承［J］. 经济地理，2009（05）：823-826.

性公共空间三大类①。2）根据村落公共空间的功能分类。如杨迪、单鹏飞、李伟在《试论古村落公共空间整治规划——以太湖明月湾古村落为例》中，将古村落公共空间分为道路空间、门户空间、神仪空间、休闲空间四大类②。3）根据村落型构动力的不同分类。如曹海林在《村落公共空间与村庄秩序基础的生成——兼论改革前后乡村社会秩序的演变轨迹》中将村落公共空间划分为"行政嵌入型"公共空间与"村庄内生型"公共空间两种理想类型③。

其二，是根据村落公共空间外在的表现特点进行分类：1）根据空间物质形态分类。如麻欣瑶、丁绍刚在研究徽州古村落的基础上提出了村落公共空间可以分为点状空间，线状空间，面状空间。耿虹、周舟在研究贵州屯堡的时候亦据此分类：古树、水井等为点状空间，街巷、河流等为线状空间，面状公共空间则如池塘、广场。2）根据村落公共空间的存在时间分类。例如刘兴、吴晓丹在《公共空间的层次与变迁——村落公共空间形态分析》中提出将其划分为固定公共空间和暂存性公共空间④。

（2）村落公共空间的特征研究

对于村落公共空间的特征，现有研究方向也可归为两大类：其一，体现村落公共空间的社会属性；其二，体现村落公共空间的物质属性。

在社会属性的具体表现上，有研究者认为村落公共空间是一个社会生活与交流的平台，梅策迎认为传统聚落公共空间存在着独特的几何学，反映了社会政治关系，也是社会生活的具体化，如同提供了一个能容纳各自社会关系发生的平台；也有研究者认为村落公共空间是社会公共精神的体现，朱海龙指出村落公共空间既具有"公共领域"的某些精神要素，又具有自己的特质，其目的是要体现村落社会的公共价值和公共精神；还有研究者强调村落公共空间是非物质文化的载体，如管岩岩、赵雯认为村落公共空间作为私人世界的延伸，承载了聚落社会生活的各种情境，也承载起当时当地的风土民俗，即非物质文化的重要载体。

在物质属性的具体表现上，有研究者将村落公共空间视为一种场所，如戴林琳、徐洪涛认为村落公共空间是村民可以自由进入，开展日常交往、参与公共事务等社会生活的主要场所，同时也是集中体现村落民俗文化的主要场所，即村落公共空间可以提供一种物质性的空间场所来支持社会活动。也有研究者从村落公共空间的物质组合方式上来描述其特征，如吴斯真、郑志基于桂北侗族传统聚落的研究，提出公共空间的群体组合是按一定功能顺序和结构关系，遵循民族风俗和建筑形式美原则，结合当地多丘陵溪河的地形地貌条件，不断发展、整合的结果⑤。

通过梳理与归纳，可以看出，村落公共空间的特征虽然具有多种表现形式，但其实质内涵就是村落公共空间二重性的综合表现。现有研究已经能够比较充分地展示这一点，这也是进一步研究村落公共空间的立足点。

---

① 梅策迎. 珠江三角洲传统聚落公共空间体系特征及意义探析——以明清顺德古镇为例 [J]. 规划师，2008（08）：84–88.
② 杨迪，单鹏飞，李伟. 试论古村落公共空间整治规划——以太湖明月湾古村落为例 [J]. 科技信息，2010（17）.
③ 曹海林. 村落公共空间与村庄秩序基础的生成——兼论改革前后乡村社会秩序的演变轨迹 [J]. 人文杂志，2004（06）：164–168.
④ 刘兴，吴晓丹. 公共空间的层次与变迁——村落公共空间形态分析 [J]. 华中建筑，2008（08）：141–144.
⑤ 吴斯真，郑志. 桂北侗族传统聚落公共空间分析 [J]. 华中建筑，2008（08）：229–234.

（3）村落公共空间的演变研究

目前国内学者对于村落公共空间演变的观点主要可以分为三类：

1）村落公共空间的演变趋势是逐渐衰败的。戴林琳、徐洪涛认为村落在漫长的历史过程中自然演变而成的村落公共空间的内涵及其功能已经发生了显著的变化，大量公共空间逐渐废弃甚至消逝；陈丽琴在研究S村的基础上提出在农村经济社会发展的同时，公共空间的迅速退缩已是不争的事实[①]；徐东涛在研究七一村的基础上提出随着改革开放的进一步深入，特别是开展旧村改造之后，传统公共空间就逐渐萎缩；董磊明也认为如果将视野投放得更远，就会发现当下的中国农村无论是与集体化时期还是与传统社会相比，就笼统的公共空间而言，已经开始大大的萎缩了[②]。

2）村落公共空间既有萎缩的状况，也有增长的趋势。曹海林通过考察苏北窑村后指出，村落公共空间的演变呈现出行政嵌入型的正式公共空间趋于萎缩而村庄内生型的非正式公共空间日益凸现的大致趋势。

3）村落公共空间的发展受多因素的影响，其未来趋势具有不确定性。朱海龙认为中国农村社会的急速变迁将给村落公共空间带来双重影响，其结构、运行方式均发生了很大变化，未来形态还有诸多不确定因素。林川同样指出，传统的社会环境早已被现代文明所替代，乡村原有的社会组织、经济基础及人文背景已发生了根本的变化，人们的聚居观念和生活方式全面更新，将来如何演变尚具有很多不确定性。

村落公共空间的演变是一个复杂的过程，依据目前的村落现状与相关研究，这三种现象与类型均存在，何种方式将成为村落的演变的主流趋势则还有待进一步论证。

（4）村落公共空间演变因素的研究

对于村落公共空间演变的内在因素，目前的研究观点，也可以大致分为三类：

1）村落公共空间衰败的本质原因是社会经济结构的变动，具体表现在两个方面：一是社会人文因素的变迁，如戴林琳、徐洪涛的《京郊历史文化村落公共空间的形成动因、体系构成及发展变迁》一文，从社会组织、运行机制、山水格局三个方面分析、理解京郊历史文化村落公共空间形成与发展的影响因素，并认为这是其复兴的重要前提[③]；二是通过生产生活方式的转变来体现，伍先琼提到，随着经济、科技的发展，农民生产劳动所需的必要时间越来越少，在其生理活动时间不变的情况下，农民获得了更多的闲暇时间，这导致农民对更多闲暇方式和闲暇空间的需求[④]。陈丽琴也认为在退出集体活动后，农民的休闲活动转而以家庭为中心，电视成为多数农民休闲和文化娱乐的首选，村落公共空间也随之衰败。

2）"外嵌性的公共空间"在衰落，而"内生型的公共空间"则在凸显生长。此观点以曹海林为代表，认为村落公共空间外部嵌入型的力量在慢慢减弱，这点与土地政策改革前相比特

① 陈丽琴. 农村公共空间的退缩与女性的政治参与——对湖北省S村公共空间的分析与思考［J］. 中华女子学院学报，2009（03）：64-68.
② 董磊明. 村庄公共空间的萎缩与拓展［J］. 江苏行政学院学报，2010（05）：51-57.
③ 戴林琳，徐洪涛. 京郊历史文化村落公共空间的形成动因、体系构成及发展变迁［J］. 北京规划建设，2010（03）：74-78.
④ 伍先琼. 从农民闲暇看农村公共空间变迁［D］. 吉林：吉林大学，2008.

别明显。土改前大家均按政治组织有秩序地进行集体活动，而改革后，村民们不再受到要求与限制，因此村落内的民间力量得以发挥重大的作用。乡村社会的整合不再依赖于外部的"建构性秩序"，而更多的依靠乡村社会内部形成的自然性秩序。

3）村落的公共空间未来的演变具有不确定性的原因是村落设施运行方式等发生了剧烈变化，但尚且难以判定好坏。朱海龙认为目前的村落还没有明显地表现出来好坏，还存在很多不确定因素，故难以判断。

综上所述，城乡规划、建筑学领域的现有研究以村落公共空间物质层面的特征以及传统文化继承为主体，结合空间的社会学意义，对村落公共空间的概念进行了补充完善，对传统村落、少数民族村落中公共空间的类型、分布、空间营建、特色资源、形成机制等展开研究，取得了一定成果。但相关研究成果以期刊和学术论文为主，尚无有针对性的专著出版。其研究内容亦集中在公共空间的场所性、物质性层面，局限于以纪念性、仪式性为要旨的宗法、宗教、权利空间的领域，对日常生活公共空间的研究，亦多以特定空间里的展示为主，并不关心村民参与公共事务与社会生活所需的"公共领域"。其研究方法则大都依据田野调查进行分析总结。这类研究较好地从社会学、政治学领域汲取了养分，通过心理学、行为学、社会学的知识体系引入，形成了一套公共空间结构、公共空间营建的研究方法。然而，政治学、社会学领域的理论知识多用以阐释特定的乡村的社会、文化现象，缺乏对公共空间外在形态与深层的社会制度、传统文化、行为模式之间关联性分析，因而难以厘清村落与公共空间的形成机制及其与地域、民族、文化体系之间的互动关联，更少涉及村落公共空间历时性的演变过程的纵向研究，勿论与村落公共空间的当代建设和未来发展相结合。

在以农为本的传统社会观念与传统村落广泛分布背景之下，传统村落公共空间无疑具有极大的研究价值与文化传承的必要性。从"将空间作为纯物质性的客观对象"发展为"强调在人在村落空间中的主体性与主观能动性"是村落公共空间研究的必然趋势。村落公共空间与人的行为、社会生活和文化内涵紧密相关，对村落公共空间形式、结构、类型的论述不能再将其视为简单的几何表征与功能反映。在全球化与城镇化背景下，现代生产生活方式与文化的传播，为村落公共空间的发展注入了新的活力却也面临同质化的危机，对于不同文化、不同地域下村落公共空间的特征与变迁的关注就更具特殊意义，这也正是本书对广西少数民族传统村落公共空间展开研究的价值所在。

1.3.3 广西地区相关研究概况

1. 广西少数民族文化的相关研究

广西是少数民族的聚居区，民族文化冲突、交融的历史现象尤为突出，因此对广西民族文化的研究大多集中在民族学、考古学、人类学等领域。

19世纪80年代起，东南亚各国被西方国家入侵与占领，该地区的历史、地理与民族文化研究亦由此展开，其中的一些研究与著作提及了我国西南地区少数民族与东南亚各族的历史文化关联，是为广西民族研究的开端。20世纪初，边境势态紧张，伤时感事的学者们开始了对边疆少数民族的调查与研究。徐松石先生著述的《粤江流域人民史》、《泰族僮族粤族考》

以及刘锡蕃先生的《岭表纪蛮》，可谓是广西民族研究中最具影响力的著作。《岭表纪蛮》基于实地调查研究，系统地记载了壮、侗、瑶、苗等少数民族的族源、风俗、习惯、经济、文化发展历史与概况，并提出了"蛮人非他，即与吾汉族同一种源之民族也"[①]，即将少数民族与汉族一视同仁、平等看待的观点，摆脱与突破了传统地方志的民族史观，是首部现代上意义的广西民族志。此外，李方桂、钟敬文等学者则着手对广西苗族、瑶族等民族的族源、历史、文化、经济、生活和风俗等进行调查研究，为广西民族研究提供了宝贵的历史资料与线索。

20世纪50年代，广西壮族自治区正式成立，标志着全面系统的广西民族研究之开端。1951年，以费孝通先生为团长的中央访问团到广西少数民族地区进行访问。在慰问和宣传工作的同时，进行了大量的社会历史调查，整理出《广西少数民族历史资料提要》、《龙胜县南区龙脊村壮族社会调查》等20余份少数民族社会历史研究调查材料，费孝通先生亦于访问结束后发表了《关于广西壮族历史的初步推考》。其后，政府相关部门经过民族识别调查、语言调查、少数民族社会历史调查等工作，搜集到了广西境内各民族的经济、政治概况、历史文献、出土文物、民间传说、歌谣、碑刻等大量资料，并完成了《广西少数民族简介》、《壮族简史》、《广西壮族历史和现状》、《瑶族简史简志合编》等相关研究成果。

20世纪70至80年代，《中国少数民族问题五种丛书》陆续出版，其中包括：简述广西世居少数民族的族源、人口及分布、语言文字、历史、文化传统、风俗习惯、宗教信仰、社会形态与经济发展情况的《广西少数民族》；《壮族简史》、《仫佬族简史》、《毛南族简史》、《京族简史》等少数民族历史脉络的梳理；《壮语简志》、《瑶语简志》等少数民族语言志；《广西壮族自治区概况》和《巴马瑶族自治县概况》等少数民族自治地区概况以及《广西壮族社会历史调查》、《广西侗族社会历史调查》等少数民族社会历史调查丛刊，共计40余本著作与研究成果。1978年，广西区民委主持召开壮族历史科学讨论会，为《壮族简史》定稿，并对壮族的族源问题进行深入讨论，认为壮、侗等民族均为广西的土著民族，是由百越族群中的"西瓯"、"骆越"发展而来的，这一观点得到了学界的普遍认同[②]。

20世纪80年代中后期至今，是广西民族历史与文化研究全面发展的阶段，一方面建立了大量的研究机构与学术团体；另一方面，在多学科多领域交叉研究趋势的带动下，研究视域大为扩展，调查研究项目规模日益增加，成果显著。期间的主要研究成果包括：黄现璠等编著的《壮族通史》，从考古学、文献学、语言学、地名学、遗传学等视角出发，全面地论证了土著民族的起源、壮族的形成及族源、族称等问题，并总结归纳了壮族的历史发展脉络与文化特征[③]；廖明君的《壮族自然崇拜文化》综合了人类学、神话学、民族学、考古学等多学科视角，基于文化群、文化丛和文化圈三个层面对壮族的自然崇拜文化进行阐述、分析，并对侗、汉等其他相关民族的自然崇拜文化进行了比较研究[④]。

① 刘锡蕃. 岭表纪蛮［M］. 上海：商务印书馆，1934.
② 覃乃昌. 广西民族学研究50年发展回顾——庆祝广西壮族自治区成立50周年［J］. 广西民族研究，2008（4）：1-10.
③ 黄现璠. 壮族通史［M］. 南宁：广西民族出版社，1988.
④ 廖明君. 壮族自然崇拜文化［M］. 南宁：广西人民出版社，2002.

作为多民族聚居的自治区，错综复杂的民族文化及其冲突、融合的发展历程，是广西地域文化的主要特征，亦是与本文研究密切相关且无法忽视的要点。苏建灵《明清时期壮族历史研究》选择汉族移民大量入桂的明清时期为研究背景，认为近代广西的民族分布格局正是在这一时期壮、汉文化频繁且深入的交流融合中奠定并逐步形成的。在《移民与中国文化》一书中，范玉春就综合文化区域划分过程中，人口迁移所起到的影响与作用方式展开了讨论，并提出广西文化区域划分的方案①。黄成授等编著的《广西民族关系的历史与现状》整理与归纳了各个历史时期广西民族关系的特点与主要问题，为进一步巩固和发展我国的社会主义民族关系提供了历史经验与理论基础②。在《壮汉民族融合论》中，韦玖灵以历史上壮汉民族的融合与同化现象为研究对象，对古老的稻作民族与"那文化"、壮族先民与南下入桂的中原民族的关系、壮族称谓的演变、壮汉民族的相互融合、壮汉民族融合的文化认同、壮汉民族融合的重大意义等进行详细描述，呈现出壮族和汉族，这两个在我国拥有最多人口的伟大民族之间频繁交往、相互融合与普遍同化的关系③。宋涛的《广西壮汉民族相互融合现象探析》一文，提出民族文化交融的基础正是农耕稻作的生产方式与经济文化，而中央王朝的长期统治为其纽带，民族间的通婚、民族的开放与包容等性格则为民族及其文化的交融创造了良好的条件④。

近年来，在国家非物质文化遗产保护政策的推动下，民族传统文化的调查与研究得到更多重视，例如，田阳县敢壮山布洛陀文化调查研究、来宾市盘古文化调查、大明山壮族龙母文化考察等。这些调查研究成果为当地民族文化开发和旅游发展提供了丰富的文化内涵，其研究对象大多被列入各级别的非物质文化遗产保护名录。2016年7月15日，在联合国教科文组织世界遗产委员会第40届会议上，左江花山岩画文化景观入选《世界遗产名录》，成为中国第49处世界遗产，是广西民族传统文化研究的里程碑。

丰富的民族文化研究成果为本研究提供了基础资料与素材，其中对于村落、建筑、公共空间等方面研究的欠缺与不足，亦为本研究指明了方向。

2. 广西传统村落的相关研究

广西的传统村落研究方兴未艾，但从深度与广度来看，都仍有补充、完善的空间。

雷翔主编的《广西民居》从民族角度对传统聚落进行分类研究，通过案例分析提出了村落保护与发展的策略，然而全书重点仍集中于民居建筑的研究层面。单德启先生早在20世纪90年代就发表了《欠发达地区传统民居集落改造的求索——广西融水苗寨木楼改建的实践和理论探讨》、《关于广西融水苗寨民房的改建》等论文，总结了落后地区传统聚落的改建与再生的观点与策略，并探索了将村落与民居改建作为综合的社会系统工程的方法与可行性⑤、⑥。

① 范玉春. 移民与中国文化 [M]. 桂林：广西师范大学出版社，2005.
② 黄成授等. 广西民族关系的历史与现状 [M]. 北京：民族出版社，2002.
③ 韦玖灵. 壮汉民族融合论——历史上壮汉民族融合与同化现象研究 [M]. 北京：气象出版社，2000.
④ 宋涛. 广西壮汉民族相互融合现象探析 [J]. 桂海论丛，1999（4）：85-88.
⑤ 单德启. 关于广西融水苗寨民房的改建 [J]. 小城镇建设，1993（01）.
⑥ 单德启. 欠发达地区传统民居集落改造的求索——广西融水苗寨木楼改建的实践和理论探讨 [J]. 建筑学报，1993（04）：15-19.

欧阳翎的硕士论文《广西黑衣壮族村落与建筑研究》对百色那坡三个典型黑衣壮村落展开文献资料与实地踏勘的研究，从历史发展演进历程的纵向维度，与同一族群不同分支比较分析的横向视角，综合研究村落空间形态特征[①]。赵冶的博士论文《广西壮族传统聚落及民居研究》基于民族学和人文地理学视角，由对壮族聚居地区的自然环境与社会背景的详尽描述展开，通过对聚落文化与形态特征、民居形式与结构的分类讨论与归纳，提出了广西壮族人居建筑文化区划的框架，并进一步剖析各分区内壮族传统聚落与民居的异同[②]。熊伟的博士论文《广西传统乡土建筑文化研究》综合运用地理、历史、社会、民族等多学科理论与方法，全面、系统地阐述与梳理了广西传统乡土建筑文化，并尝试从民族与民系的角度，构建广西传统乡土建筑文化的区划框架[③]。这两篇博士论文是近年来关于广西传统村落与建筑文化的较为全面的梳理与论述。

目前，对于广西少数民族传统村落的研究尚集中于村落个案、村落与民居的层面，对于公共空间与公共生活的关注不多，值得探讨。

1.3.4 综合评述

相关文献回顾表明，我国对于传统村落公共空间与少数民族文化的研究已取得了丰富的成果。通过对其研究内容、对象和方法的梳理，可将现有研究的特点归纳如下：

第一，在研究内容上，建筑、规划领域对传统村落及其物质层面的研究较多，地域环境和民族文化对村落的影响研究次之，对不同社会发展阶段传统村落公共空间形态发生演变的深层原因探究较少，对新的社会经济背景下传统村落公共空间的营造、适应性发展关注更少。在广西少数民族传统村落及其公共空间的相关研究方面更是如此，对于少数民族村落与建筑文化的研究流于表面现象的描述，缺乏对影响因素与生成机制的深入探讨，对各民族的村落、建筑、公共空间的比较研究亦较为缺乏。

第二，在研究对象上，具有地域分布不均衡的特点。从广西地域范围之内来看，研究对象多集中在个别少数民族村落或国家级历史文化名村，多因这些传统村落保存较为完好，民族文化氛围相对浓厚，受现代经济和城镇化冲击较小，历史文化价值较高；或是旅游开发较早，在国内知名度较高。此外，广西少数民族传统村落的历史取证难，相关的记载、资料极其稀缺，仅有少数村落有内容较为丰富、涉及村落、建筑层面的族谱、碑刻，因而历时性的研究难以广泛展开。

第三，在研究方法上，实例考察多于理论研究，很多研究成果述而不论。在实例研究上也大多停留在功能、材料和建造技术分析的层面，动态的、系统性和学科交叉的研究较少，虽然目前已经形成了以地理学、建筑学、规划学为主，历史学、考古学、景观学、社会学、经济学、信息学、环境学、心理学、生态学等相关学科积极参与的研究局面，但学科系统复合的互动研究仍难以推进。一部分成果中的理论研究又与实证考察脱节，而流于空泛。

① 欧阳翎. 广西黑衣壮族村落与建筑研究 [D]. 广州：广东工业大学，2013.
② 赵冶. 广西壮族传统聚落及民居研究 [D]. 广州：华南理工大学，2012.
③ 熊伟. 广西传统乡土建筑文化研究 [M]. 北京：中国建筑工业出版社，2013.

综上所述，有着鲜明地域特色和文化特征的广西少数民族传统村落公共空间在研究内容和研究方法等方面尚存不足，若能结合各学科的研究优势，广泛搜集少数民族传统村落公共空间实例作为研究对象，并积极借鉴人类学、社会学等学科丰富的研究成果，运用科学量化的研究方法，将有助于归纳和比较不同民族、不同区域间丰富的村落公共空间形态特征、类型差异，进一步深入空间形态分析并对表象形态背后的内在逻辑作出解释。

1.4 研究方法与框架

1.4.1 研究方法

1. 田野调查

建筑学研究强调对于实物的在地调查，从实物、实境中归纳总结出的手法与规律往往是最有价值的。尤其是在传统村落的研究中，空间与活动的形式极其丰富，而相关的资料、数据却非常有限，为获取第一手的原始资料，必须深入村落，在公共活动的发生现场展开调研，同时，为完整地呈现传统村落公共空间的多样风貌与特征，尽量准确、详实地挖掘其蕴藏的文化特质，亦需要对广西少数民族传统村落进行大量、全面的实地普查。

样本的选定是田野调查前期准备工作的重心，需要提前对相关地区、可能地点的历史资料与现状概貌进行初步的了解与研读。由于研究所涉及的地域范围较广，调查地点的选择主要基于以下考量：1）样本的典型性，能够代表不同的民族与地区的历史、地理及文化性文脉；2）传统风貌完整性，具备相对成熟完整的形态特征，拥有较为丰富的非物质文化遗产资源，民族或地域特色鲜明。

基于对各民族传统村落分布情况、文化背景的资料收集，以及预调查阶段的走访体会，筛选出132个广西传统村落研究样本（附录1），展开分批、分类调研。观察与记录村落空间环境，与村民互动访谈，查阅族谱碑文，并参考卫星地图绘制出总平面图示，依据调查提纲，将所得资料、数据进行整理与录入。

对于其中一些整体形态与空间结构完整、规模较大、保存完好，地域性、民族性特征典型且突出的传统村落，则列为重点研究对象，开展较大规模的测绘，尽量完整、详实地描绘出村落公共空间的总体布局与形态特征。

在广泛的田野调查的基础上，对典型个案进行深入剖析。例如，在三江县林溪乡平岩村，进行了时间跨度逾一年半的多次深入调查，以采集全面、详实的信息与数据，不满足于对空间形式的准确描绘，更关注公共空间的使用者及其活动内容、行为模式，并尝试用数理分析、拓扑模型等技术手段，对信息进行量化与记录。唯有通过近距离的观察、参与和体悟，方能对广西少数民族传统村落的社会结构和公共生活有更全面、客观的认识。

此外，在调查过程中，将典型案例依据地域分区、民族区划进行分类归纳，发掘其相似性与差异性特征，以利于进一步对同一地域或同一民族的村落样本展开横向比较，对广西少数民族传统村落及其公共空间展开整体且系统的讨论。

2. 学科交叉、多维综合的研究方法

传统村落公共空间的研究属于人居环境科学体系中的一部分，是跨学科交叉研究的系统科学。本研究选择了广西壮族自治区作为研究的地域范围，其村落与公共空间所反映的地域性和民族性特征及其关联性毫无疑问成为研究的重点，从而涉及与之相关的地理、历史、民族等学科。因此，本研究立足于建筑学的学科立场，借鉴历史学、社会学、人类学、地理学、行为学等相关学科的成果和方法，展开多视角、多层面的综合性研究。在研究方法上，不局限于建筑学范畴的实例考察和静态的形态、功能、技术分析，而应基于充分的田野调查和文献资料研究，建立起多学科和多视角、多维度的研究框架，"共时性"与"历时性"交互综合地剖析传统村落公共空间的形成和发展历史。通过空间形态背后的时空变化、人文变迁，探索其深刻的自然环境、历史文化、社会环境的多因子综合作用机制。

具体来说，本研究主要运用了类型学、空间句法、历史地理诠释三类分析方法，从传统村落公共空间的外部形态、内在规律与演变发展三个方面进行综合、整体的剖析，以立体地呈现公共空间形态的构成要素与特征规律：

1) 类型学：建筑学研究中的常用方法，基于传统空间分析的"图学"理论，通过设定某种分类规则，归纳空间结构类型，发掘与梳理各类型之间的深层结构关联，也有利于高效地发现并归纳出研究对象在功能、形态、结构等方面的相似性。本研究借鉴了类型学方法，对构成村落公共空间的各种物质与非物质要素进行分类描述与归纳梳理。

2) 空间句法等数理分析方法：为了弥补传统的理论分析以文字描述为主，客观性不足、难以量化，对行为活动缺乏关注与记录的弊端，本研究基于几何拓扑学与"图论"原理，运用空间句法的研究方式，较为客观地定量描述传统村落公共空间的深层结构，将其作为一种比较研究的工具，探讨、验证并揭示公共空间形态与人文社会环境之间的互动关系。同时，辅以GIS和SPSS等技术手段，将不同民族、不同地域的传统村落与公共空间数据归于同一平台，便于对传统村落的形态特征进行相关性分析和聚类分析。

3) 历史地理诠释：对社会更替、环境转变进行历史、地理视角的描述，也是比较研究与推演归纳方法的综合运用。在类型学的分类描述与空间句法的定量描述的基础之上，从公共空间外部形态、深层组构到人文社会背景等层面，展开比较研究，关注传统村落公共空间"民族性"与"地域性"的互动关系，理性归纳村落公共空间的特征与演变规律，揭示影响其生成与演化的自然与社会因素。

3. 文献、资料搜集与研究

相关的文献资料主要包括地区方志、史志古籍、族谱碑文、与广西历史、民族、文化、风俗、村落、建筑相关的著述、期刊等资料；相关学者与研究机构绘制的图纸资料；地方政府、部门的调查统计资料，如政策性文件、统计年鉴、传统村落申报材料、保护与发展规划方案文本等。

1.4.2 研究框架

广西少数民族传统村落公共空间研究框架　　　　　　表1-1

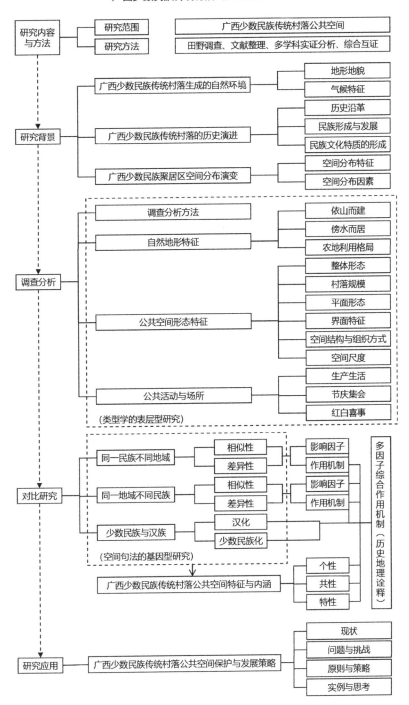

（来源：作者自绘）

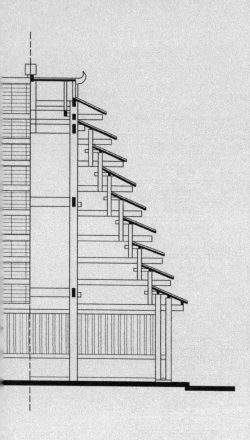

第 **2** 章

广西少数民族
传统村落的
生成与演变

2.1　广西少数民族传统村落生成的自然环境

2.1.1　地形地貌

广西地处中国地形第二级阶梯上云贵高原的东南边缘，两广丘陵西侧，北部湾海面以北。整体地势较高，呈自西北向东南倾斜的状态，又因为山脉、高原环绕，中部地势较低，略呈盆地状，而被称为"广西盆地"。具体来说，广西的地形地貌具有以下主要特征：

（1）山区面积广大。广西素以多山著称，尤其是北回归线以北，更是山岭连绵，重峦叠嶂，且山体多高大，许多山脉海拔近1500米。据统计，广西丘陵和山地地貌占全区总面积的76%，耕地仅占约11%，因而又有"八山一水一分田"的说法，成为广西土地资源构成最突出的特征。

（2）喀斯特地貌广布。据广西地质局统计，喀斯特地貌面积占全区总面积50%以上，分布面广，遍及绝大部分县、市。种类繁多、变化丰富的喀斯特地貌造就了得天独厚旅游资源。然而，喀斯特地区石块多、土壤少，耕地零碎分散，易旱易涝等不利因素，也为农耕稻作带来了重重困难（图2-1）。

（3）河流众多。广西境内江河纵横，珠江、长江、桂南独流入海、百都河四支主要水系构成了密布的河网。诸水系总体上顺应地势倾斜，从西北流向东南。其中，由西北向东横贯全区的珠江干流是广西境内最大的水系，它经梧州流入广东，最终汇入南海。长江水系流经桂东北，主要是湘江、资江河段，为洞庭湖水系之上游，经湖南汇入长江主干。在兴安县境内，秦代开凿并通航的灵渠，自东向西，将东面的海洋河与西面的大溶江相连，沟通了长、珠两大水系，是古代人民创造的一项伟大工程。独流入海水系主要分布于桂南，注入北部湾，百都河水系则出越南再入北部湾。

（4）平原分布零星。广西的平原面积小，仅占全区总面积14%，呈零碎分布状。据其成因可分为两类：一为溶蚀平原，如桂中平原，其中又以黎塘、贵港的喀斯特平原地貌最为典型；二是河流冲积平原，应广西区内错综的河网而形成，如南宁盆地、玉林盆地、右江平原、郁江平原、浔江平原等。平原地势平坦，土壤肥沃，光照充足，热量资源丰富，为农作物提供较优的生长条件。被誉为"桂西明珠"的右江平原，是桂西首要的粮蔗基地，盛产稻谷、甘蔗、玉米、花生、豆类等。又如光、热、水条件俱优，且由江河泥沙堆积造就的诸多外缘洲岛组成的南流江三角洲，土壤肥沃，如今已是北海地区最重要的粮食和经济作物生产基地。此外，由于平

图2-1　喀斯特地貌（来源：作者自摄）

原地带多临大江大河，充足的生活、生产用水和优越的水运交通条件使其更易发展为区域政治、文化、经济中心，南宁、柳州、北海、钦州、来宾及百色等重要的城市和集镇都是依江凭河、占据平原优势而发展起来的。

（5）岸线曲折，沿海滩涂广阔。地质史上复杂的升降运动造就了曲折的北部湾海岸线，也赠予广西适宜水产和珍珠养殖的广阔滩涂。又因北部湾海底比较平坦，暗礁极少，风浪亦小，自古不乏优良的天然港口，如拥有六大古港的合浦，便是汉代海上丝绸之路的始发地之一。

2.1.2 气候特征

广西复杂的地理环境孕育了变化多端的气候特征：

（1）气候类型多样。从气候区划上看来，广西北半部分属中亚热带气候，而南半部属南亚热带气候；从地形状况看来，桂北、桂西是"立体气候"之典型，山地气候特征显著，生态环境多样化；而桂南则有突出的海洋气候特色，温暖而湿润。

（2）夏长冬短。广西年平均气温在16℃～23℃之间，以平均气温界定，北部夏季长达4～5个月，冬季两个月左右；南部从5月到10月均为夏季，冬季不到两个月，及至沿海地区，已几乎没有冬季。

（3）雨、热资源丰富。广西降雨量与热量俱丰，且雨、热同期，4～9月间降雨量占年降雨量的四分之三。雨、热资源在分布上，大体由北向南递增。

（4）灾害性天气频发。季风进退失常造成的降雨和气温骤变使广西灾害性天气频发，旱、涝灾害、倒春寒、寒露风以及台风、冰雹等出现频率均较高。一般而言，桂西易春旱，桂东多秋旱；雨季大、暴雨集中又使得洪涝高发，尤以桂南沿海和融江流域为甚。受北方较强冷空气南下之影响，广西春季常现倒春寒，秋季则有寒露风天气。

依据以上气候特征，广西整体上可划分为南部、北部和西部山区三个气候区：以苍梧、桂平、上林、马山一带为界，向北为温暖常湿气候，往南为温暖冬干气候，西部山区则是温凉冬干气候。

2.2 广西少数民族传统村落的历史演进

村落，乃聚落类型之一，为城镇形成之前的传统聚落形式，在古籍中，村落与聚落亦常互指。作为定居生活的载体，村落是人类休养生息、开展各类活动最初的出发点和集聚点，伴随着人类生活史的漫长演变，最初的自然庇护场所逐渐发展为人造的聚居生活的村落。

传统村落随着时间推移不断演化着，每个村落都拥有其生命周期，经历着形成、发展、稳定、衰落、迁移甚至消失的过程。村落的演进历程与人类的各种活动息息相关。传统村落生成演变的研究可从地域开发的历史进程中寻觅线索。人类的开发过程可通过对其地域的行政建制、民族发展、迁移和人口的分布以及生产生活方式的形成等方面来进行考察。因此，本节将基于行政建制、人口迁移与民族发展、生产生活方式三个方面，从宏观上分析研究广西少数民族传统村落的生成与演变历程[①]。

2.2.1 史前～先秦：原始聚落的生成与民族文化的发展

1. 原始居民

四亿年前，广西所处的地区还是一片汪洋大海。经历了一系列的地壳运动，到距今约一亿多年前，今广西地区的陆地逐渐升出海面。地壳升降运动过程中，得益于石灰岩的可溶性，塑造出独特、秀美的喀斯特地貌。熔岩洞穴广泛分布，成为史前人类的理想居所。时间推进到新石器时代中、晚期，气候环境逐渐稳定，除气温略高外已与今日相差无几，动植物因得到适宜的环境条件而加速生长，为原始人类提供了广泛的食物来源。人类活动的区域在具备丰富森林和水资源的河畔、海滨持续拓展，随着生产、生活技能提升，原始人类对生态环境的影响亦逐渐显现。

考古发掘材料显示，早在1000多万年前，广西就出现了前人亚种的巨猿。1956年初，中国科学院古脊椎动物与古人类研究所组成的广西工作队在大新县榄圩村牛睡山黑洞的原生地层中发现巨猿牙齿化石。同年冬，"广西巨猿洞"被发掘，工作队在位于柳城县社冲村的一个岩洞中，发掘出上千枚巨猿牙齿化石，同时出土的，还有下颌骨化石1枚，以及大量伴生动物的骨骼化石。此后，巨猿牙齿化石又先后在武鸣、巴马等地被发现。迄今，世界范围内共计发掘出 7 处巨猿化石，广西独占四处，"巨猿的故乡"因而得名。

1958年秋，广西柳江县新兴农场的一个洞穴中发现了"柳江人"化石，是最早的晚期智人，距今已有四到五万年历史，被认为是蒙古人种一个南方属种的典型代表。

截至1985年，广西地区包括"柳江人"在内陆续发掘了16处人类化石，发掘地分布于桂林、柳州、来宾、灵山、都安、忻城、隆林等地区。同时，在桂林、柳州、崇左、百色发现了古人类文化遗址，经分析应属于旧石器时代末期。田阳、平果、武鸣、河池、宜州、梧州、防城均发现了旧石器时代的打制石器，这些石器多以砾石制成，包括砍砸器、刮削器与尖状器。发现地点集中在河边山坡或岩洞中，反映出广西原始先民以狩猎与采集为主的经济生活特征。在一些发掘地点发现的较为精细的骨针和灰烬层等，表明那时的人类已会缝制兽皮衣服，并已会利用火；一些岩洞遗址的灰烬层中发现了炭块和烧骨，更表明这时的人类已开始食用熟食。

在广西桂江、柳江、浔江、郁江与左右江下游等地区陆续发现了900多处新石器时代遗址，包括桂林甑皮岩、南宁豹子头、玉林石南海山坡、那坡感驮岩、横县西津等。这些古人类活动证据，表明原始人类在新石器时期已遍布广西各地。根据遗址中出土文物的种类和情况可推测，当时广西原始居民在生产、生活上已有了明显的进步，发明了石器且工艺精巧，有了烹煮食物用的陶器；原始农业也已经出现，甚至还开始饲养家禽。

上述原始遗址勾画出广西地区人类先祖的生活图景：农耕稻作、蚌蛤为食、居于干阑、屈肢葬式、凿齿、使用有肩石斧和石铲等，其中显示出的文化内涵与现代壮侗语民族的文化特质具有共同性与相似性。体质人类学的研究也表明：壮侗语民族是广西的土著居民。甑皮岩等

---

① 杨定海. 海南岛传统聚落与建筑空间形态研究［D］. 广州：华南理工大学，2013.

新石器时代人类的体质，继承了柳江人的特征，并与现代壮侗语民族相近，而与其他民族具有明显差异[①]。

2. 原始聚落的生成

在起源与发展的过程中，集体生活始终是人类进步不可缺少的条件。史前时期，人类的聚居形态表现为以血缘为纽带，聚族而居，共同开展生产和生活。

游荡不定是旧石器时代人类居住生活的特点。历经了长达数百万年的集体生活，从自然界获取了更多经验的人类逐渐将天然洞穴作为主要居所，这个时期的原始部落仍以采集与狩猎为主要的经济生活模式，为新石器时代定居型的农耕聚落奠定基础。

新石器时代是定居聚落发生和发展的时期。广西地区发现的新石器时代初期遗址十分丰富，按地理类型可分为洞穴、贝丘、山坡等（图2-2）。

柳州白莲洞遗址是一处半隐蔽式的岩厦式洞窟。其中发掘出两处旧石器时代晚期的用火遗迹，大量石制品、少量骨角器、陶器残片等石器时代人类生活遗存。桂林甑皮岩洞穴遗址的新石器时代的堆积层中则发现了灶、墓葬等遗迹，以及石、陶器等生活遗存；灶与墓葬相距甚远，不同时期的墓葬分布地点固定且集中，说明甑皮岩人在石器时代已形成了相对稳定的居住区与丧葬区的划分[②]。在这些遗址中发现的石器共同体现了新石器时代土著先民稻作文化的萌芽与发展。

随着农业发展和社会生产力提高，人类的活动范围日渐扩大，离开了之前赖以栖息的天然洞穴，寻找地势平坦、土地肥沃的河谷、台地、丘陵地带定居和开展生产——原始村落应运而生。营造观念的形成与建筑技术的发展使定居成为可能，他们盖起了半穴居和木构式的住房，居住条件有了质的提升。

那坡县感驮岩，是距今约3000年的一处新石器时代遗址，位于山脚的宽敞洞穴内，遗迹中发现了规整的红烧土块、竖立的排状石板、小沟等，这说明该洞穴内当时可能已搭建有简易建筑。广西资源县晓锦村新石器时代遗址（图2-3），在第一、二期文化遗迹中发现大量柱洞，

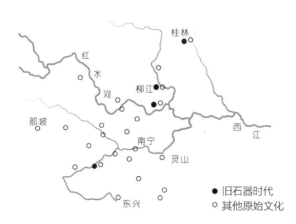

图2-2　广西地区原始时代遗址分布（来源：改绘自谭其骧主编. 中国历史地图集［M］. 北京：中国地图出版社，1996）

图2-3　资源晓锦遗址（来源："桂林博物馆"公众号）

---

① 龙寻. 广西的历史发展和变迁［J］. 文史春秋，2008（12）：29–36.

② 佟珊. 华南"洞蛮"聚落人文的民族考古考察［J］. 南方文物，2010（2）：81–88.

其中仅第二期文化遗址中就发现85个柱洞，且分布于倾斜地面上，亦可推测当时的先民已建屋居住，生活相对稳定。

3. 土著文化的自主发展

在漫长的历史发展进程中，特殊的自然环境与特定的生产、生活方式，造就了广西土著民族独特的历史文化与民族传统。从史前到秦瓯战争前夕，是土著民族及其文化的自主发展期。

如前所述，广西各地早在石器时代即有人类活动与居住的踪迹。考古发掘的石器时代遗址具有时间上的连续性，包括距今1万年到3000年的遗存，且层次清晰，说明在这片土地上，远古人类未曾灭绝或大举搬迁，而是在此繁衍生息，成为真正"土生土长"的原始居民。随着生产力的提高，生活文明的进步，到新石器时代晚期，"父权制"逐步取代"母权制"，母系氏族制度趋于没落；距今约3000年前，广西地区出现了部落和部落联盟。花山岩画恰是这一段久远历史的宝贵印记。从左江至明江100余公里的河段沿岸，断续分布着79处崖壁画，其画面内容大致记录了当时部落会盟，族人庆祝、祭祀的喧嚣盛况。除大大小小一千多个人物外，还包括众多动物与器物，描绘出当时社会生活的多样图景。据专家推论，岩画的分布区域也许正是该部落联盟的聚居范围与各部落势力及其头人权力的表征（图2-4）。

图2-4　花山岩画

及至夏末、商、周，中原地区的华夏族已成形、稳定，建立了夏王朝，并称周边其他民族为蛮、夷、狄、戎等。西周时，华夏族在不断抵抗西戎、北狄侵入的同时，持续攻伐东夷南蛮。这一时期的甲骨文中已有"戉"，即"越"的古体，是对包括广西土著居民在内的生活在现今中国东南及南部地区的百越民族的统称。可见，至此，我国各主要族群已逐渐形成，并通过战争等形式有了初步接触。

这一时期的土著民族，就发展阶段而言，正处于氏族社会，迁徙频繁，分布范围亦渐广泛，足迹遍及现今浙江、江西、福建、广东、广西、越南、安徽、湖南诸省区。其中，在广西境内活动的主要是西瓯和骆越两支，正是壮、侗、毛南等族的祖先。

综上所述，在由史前至先秦的历史阶段中，广西土著居民主要采用采集、狩猎等攫取式经济生产方式，随着繁衍生息和对自然环境的探索与认知，生产方式逐渐向原始农业发展。从自然择居，迁徙移居，到逐渐定居的过程，也意味着原始聚居点的出现，即原始聚落的生成。

史前广西土著民族的原始聚落最早以穴居形式出现，从新石器时代到氏族部落社会形成与发展的演变历程中，百越先民逐渐离开山洞，进入"巢居"时代，其后又过渡到"干阑式"的原始建筑形态；同时伴随着社会制度从母系氏族公社到父系氏族公社的转变与发展。百越族群日渐成型，并开始了与华夏族的接触和交往。

2.2.2 秦汉时期：封建统治、西瓯骆越的形成与汉族的迁入

1. 建制沿革

随着秦瓯战争的落幕，秦始皇完成了对岭南的统一，土著民族由自主发展期转入由统一的中央王朝统治，并与汉族及其他民族杂居共存的发展时期。通过政区建制、文化交融，形成了多元的文化结构和丰富的民族文化图景。

公元前218年，秦始皇统一六国，随后派尉屠睢率50万大军进军岭南，并于公元前214年征服南越、西瓯，设桂林、南海、象三郡。现今的广西行政区划范围，包括了桂林郡全部，象郡的一部分和南海郡的小部分，同时兼有长沙郡、黔中郡各一小部分。为解决留戍岭南的秦军士卒的婚姻问题，赵佗"使人上述，求女无夫家者三万，以为士卒衣补。秦始皇可其五千人"，开启了汉人迁入广西定居、繁衍的历史。

公元前204年，南海郡赵佗遣军攻取了象郡、桂林郡，建南越国，并自称"南越武王"，番禺为都，独据岭南。今广西大部地区皆隶属于南越国。其后，南越国于公元前111年为汉武帝所平定，汉朝在岭南设南交趾刺史部9郡，苍梧、广信成为其行政中心[①]。汉族官兵及百姓随着这些郡县的设置，进入西瓯、骆越地区。

自东汉到三国、两晋、南北朝，广西大部地区先后隶属于吴、晋与宋、齐、梁、陈等不断更替的南朝政权。期间，因中原战乱频繁，包括一些名门豪族在内的大批汉人，为逃避战乱而迁居岭南，也刺激了土著民族中的一些大姓、贵族，纷纷称雄一方，促进了岭南地区封建化的发展。

唐朝对广西少数民族聚居区实施羁縻政策，任用当地民族首领世袭管理。公元862年，唐懿宗分岭南道为东、西两道，广西大部属岭南西道，于邕州（今南宁）设道节度使，并设桂、容、邕三管经略使，以及其下的50多个州县，广西作为一个独立行使地方政权的大行政区基本成形。为加强对少数民族的统治，封建王朝不断派遣、征发汉人入邕，尤其在镇压僚人起义之后，越来越多的官、兵、民进入岭南西道。同一时期，广西经济、文化也得到了较大推动，桂、邕、柳、容等重要市镇陆续兴起。

2. 民族发展与人口迁移

先秦时期，壮侗语民族的祖先被称为西瓯、骆越，是为广西的主要居民。据史料记载，西瓯、骆越在分布上总体以郁、右二江为界，郁江以北、右江以东为西瓯聚居，郁江以南、

---

① 龙寻. 广西的历史发展和变迁 [J]. 文史春秋，2008（12）：29-36.

右江以西则是骆越分布的地域，其中郁江两岸和今贵港、玉林两市一带是西瓯、骆越杂居共处之地。这一时期，中原文明与岭南文化已有接触、交往[①]。及至战国，楚文化南移，二者交往愈发密切与频繁。秦始皇统一岭南后，正式掀起了汉族迁入广西，与西瓯、骆越碰撞、交融的序幕。汉武帝平南越国后，又有大批汉人迁入。东汉至南北朝，岭南地区的土著民族被称为"乌浒"、"俚"、"僚"等，均为西瓯、骆越的后裔，唐五代时期亦同，并出现了以地域或大族姓氏命名的族称，如"西原蛮"、"黄峒蛮"等。与此同时，中原地区战乱不休，每次朝代更替、格局动荡都伴随着大量的汉族人口南迁，进入相对稳定的岭南地区，与土著民族杂居共处，此类聚居地点多在桂东北，以卫所驻守的军事型聚落和农业开垦的农耕型聚落为主。

2.2.3 宋元时期：土司制度与壮、侗族的形成与苗、瑶、回族的迁入

1. 建制沿革

公元971年，北宋政权攻并南汉，将岭南所在的广南路划分为东、西两路，后者治所设于桂林，辖地包括今广西绝大部分地区，广西之名即始于此。广南西路在行政上沿袭唐代的羁縻州制，并使之日益完备。在镇压了侬智高起义后，又有大批汉人进入广西，甚至深入桂西山区。至此，影响至今的广西壮、汉杂居局面基本形成。

元朝中央统治者继续在广西推行土司制度，并采取军事控制措施，派驻军队戍守重要隘口，进行军事性质的屯田。1366年，设广西行中书省，此为广西建省之始。

2. 民族发展与人口迁移

宋元时期，广西的民族关系发生了转折性的变化：一方面，境内各主要少数民族逐渐发展稳定，壮族、侗族作为西瓯与骆越支系，分化、独立发展并初现雏形；另一方面，这一时期发生了大规模的民族迁徙与交融现象，除了接连不断迁入的汉族军事型、农耕型移民，瑶族、苗族、回族等少数民族也因战争等因素迁入广西。

土著民族的族称出现新的变化，包括"撞"、"布土"、"土人"等称谓，而后出现了近代意义上稳定的民族专称。

壮族的称谓"僮"初见于此时期。元、明后，曾被侮译为"獞"，还有"壮、侬、郎、土、沙"等自称，这些称谓都带有一定程度的地域性。明、清年间，"壮"的称谓已广泛见于两广地区，相关记载也越来越多，成为普遍认同的族称。

与此同时，聚居于今湘、黔、桂交界区域的一支骆越人，以独立发展为主，少量吸收外来影响因素，逐渐形成了一个自称"仡伶"的共同体——侗族。由于缺乏历史文字记载，现存文献资料亦简单、含糊，历史上对侗族的称谓五花八门，只能从与称谓相关联的姓氏、居住地、习俗中搜寻到蛛丝马迹。隋唐时期的文献中，将湘黔桂边境的羁縻州所属地区称为"洞"

---

① 覃乃昌. 广西世居民族 [M]. 南宁：广西民族出版社，2004.

或"峒";明代称为"峒人"、"洞蛮"、"洞僚"等,清代则称为"洞苗"、"生苗"、"洞民",或泛称为苗。

瑶族具有悠久的历史,其原始居住地在湖南湘江、资江、沅江流域和洞庭湖沿岸的长沙、武陵两郡。沅江流域的部分族群曾在南北朝时向北迁徙,到达长江、淮河一带,后因封建统治阶级的不断压迫,不得不渐渐向南返迁。隋唐时期,广西东北部、贺州一带,已有少数瑶人居住。从宋代开始,岭北的瑶人逐渐向岭南迁徙,在桂林、贺州附近大量聚居。元朝时,大量瑶族人受迫,继续南迁,渐而深入两广腹地,其分布地区扩大到桂林、柳州地区和桂平、平南等地区[①]。明末清初,瑶族的活动中心逐渐迁移到广西,社会经济进入恢复和发展阶段,与汉、壮等民族的关系变得更加密切,各方面交流广泛且频繁。另有部分瑶族先民分别迁徙至贵州、云南山区以及东南亚的越南、老挝、泰国诸国。至此,俗话"南岭无山不有瑶"的分布格局已然形成。

苗族的族源问题尚未在史学界取得一致定论,相关研究大多认为其与瑶族同源。早在秦汉时期,其先民已聚居于湘西、黔东的"五溪"地区,而后苗人陆续西迁,方逐渐形成如今的分布格局。在广西境内,他们最早到达今融水苗族自治县境内的元宝山地区;明末清初,又有部分苗人南迁至南丹山区和德峨山区。

回族亦自宋代始进入广西地区。柳州地区的回族是宋时随狄青南征后留戍当地的回族军人的后裔。桂林的白氏回民则称其祖先伯笃鲁丁在宋朝年间来广西任职,后代定居桂林,改白姓,著名的军事家"小诸葛"白崇禧,正是这一回民支系的后代。其他各姓回族,多是自宋以后,因从征或经商迁入,大部分聚居于城镇之中。

在政局依旧动荡,战乱越发频繁的宋元时期,尤其是依智高起义被镇压以及宋室为避北方战乱而南下之后,中原汉人更是史无前例地大规模迁入广西。甚至在过去汉人罕至的桂西偏僻山区均有其踪迹。随着政治与经济重心南迁,先进的技术和生产工具逐渐引入广西地区,促进了经济的发展与繁荣。来自不同地区、不同民族的人民杂居共处的民族聚居分布特征已日渐明晰。

2.2.4 明清时期:仫佬、毛南族的形成与水、京、彝、仡佬族的迁入

1. 建制沿革与经济发展

明朝,广西行省改广西承宣布政使司,为全国13个布政使司之一,沿袭并进一步发展、完善了宋、元时期的土司制度,包括土官的考核、任免、贡纳、征调等制度的规划与完备。靖江王朱守谦,为朱元璋的侄孙,于桂林独秀峰下修建王府、王城,驻守于此。明朝是封建社会对广西经济开发成效卓著的重要时期,随着大量移民迁入,开拓大面积耕地,农业生产工具与技术趋于精细,建筑技艺日渐提升。然而,频繁、持续爆发的土官对朝廷的叛乱或土官之间的纷争导致了土地和食盐纠纷等严重社会问题,徭役赋税苛重,不断激化阶级矛盾和民族矛盾,

---

① 熊伟,赵冶,谢小英. 壮、侗传统干阑民居比较研究 [J]. 华中建筑,2012(04):152-155.

各族农民亦纷纷揭竿起义，其中大藤峡起义甚至延绵不断达200余年。

连年兵祸一直延续至清初，南明永历政权驻于桂林，成为抗清斗争的中心；平西王吴三桂"三藩之乱"随即爆发，广西军务的主持者孙延龄从乱起兵。历经数十年动荡，直至康熙十八年，广西才正式纳入清朝的统治区域。清政府推行改土归流政策，虽流于形式，但在一定程度上解放了生产力，也带来逐渐成熟的农田水利灌溉技术，水翻筒车的使用得到普及，各种形式的陂、堰、塘、渠也在村落中修建出来。梯田、冲田亦于诸多山区开辟，如始造于元代、历明至清才完成的龙胜龙脊梯田。乡村地区也出现了星罗棋布的圩场、圩市，城镇商业的繁荣尤以梧州为甚。

2. 民族发展与人口迁移

明清是土著民族持续发展、分化独立、形成多样民族文化的时期，壮族、侗族的发展走向成熟、稳定；毛南、仫佬、水族等在与汉文化的冲突与促进中逐渐成型，完成了各自民族发展的历史过程；瑶、苗、回族在广西的分布也已相对稳定；彝族、水族、仡佬族、京族亦因战乱、生存等因素继续从四面八方迁入广西。与此同时，汉族移民随着广东汉族（包括客家人在内）大举西迁，其人口总量终于在清末超过了少数民族人口总数，至此，汉族居东南，少数民族居西北的多民族杂居分布格局亦渐稳固。

仫佬族由"僚人"、"伶"分化、演变而来。从春秋战国至元，仫佬族一直被包括在百越民族共同体之中，以西瓯、骆越、伶、僚等泛称出现，直到明清，明王朝在仫佬族地区建立了封建统治秩序，才有"木佬"、"木娄苗"、"姆佬"等特指仫佬族群的称谓。至此，聚居于罗城一带的仫佬族逐渐成型与稳定。

与仫佬族相似，毛南族同为岭南百越支系，主要聚居于云贵高原的茅南山、九万大山、凤凰山和大石山一带，广西境内环江县的三南山区，亦被称为"毛南之乡"。百越民族曾有地名与族名合一的传统，被称为"茅难"、"毛难"、"茆滩"的毛南族聚居区，正是其民族称谓的来源。

水族源于宋元时的"抚水州蛮"和"环州蛮"，在明代正式形成，广西境内的一部分水族族群往贵州迁徙，剩余部分则被壮族同化。清末、民国年间，从贵州回迁并于南丹、宜州、融水、环江等地定居的部分族群，形成了广西境内的水族，其中大部分仍与壮族杂居。

明洪武年间，在与封建王朝的抗争中落败的彝族，由云、贵、川地区迁入隆林、那坡县等地，定居广西。仡佬族亦于清代自贵州迁入隆林地区。

京族是广西独有的少数民族，起源于越南越族，归根结底源于古代骆越的一支。在民族形成与发展的过程中，受到了占人、高棉人及少量汉人的影响，重新融合成为现在的新民族整体。明正德年间，越南涂山等地的京族先后迁入今防城港市巫头岛一带，最终聚居于潕尾、山心、谭吉三岛，可归为独特的外来民族。

除了少数民族之间的迁徙、杂居、互动，明清时期亦是汉族迁入广西的巅峰期。明初，大批军事型汉族移民因卫所制的实行而迁入广西驻守，其中桂林和柳州卫所的军士，形成了如今桂柳语系的主体。二次移民，为该阶段汉族迁徙入桂的主要特征，即先于华南东部及珠三角形成广府、客家等系，再经西江水系，迁入广西东南、南部地区密集聚居。明清以前入桂的汉人，大多因军事驻守、躲避战乱与自然灾害、为求生存或被贬谪、流放，其人口总数少，其中一部分被"少数民族化",与当地土著民族融合①。而在明清时期,大量汉人因从事农业开垦、商业贸易、手工业生产而自发移居广西,不仅人口数量庞大,且生命力旺盛,发展迅速。在长期的冲突与交往过程中,一些少数民族失去本民族的特点,融入汉族。清末民国初期,广西少数民族人口与汉族人口几乎对等,至中华人民共和国成立之初,汉族比例已达60%,这个格局一直保持至今。

2.2.5 近代:广西多民族格局的形成

1949年中华人民共和国成立,消灭了民族压迫,实现了各民族的政治平等。经过民族识别,将不同称谓的壮族统一为"僮",音壮。1965年,国务院批准,改"僮族"为"壮族"。随后分别认定侗、瑶、苗、仫佬、毛南、京、水、彝、回、仡佬等少数民族的构成,再加上汉族,形成了聚居在广西的12个世居民族。

广西民族源多元化、文化多样化的特征突出,但这种多元化与多样化的结构和表达,并不影响各个民族之间的和谐共处。各族人民共同劳动、共同生活、互动交往,形成了"大杂居、小聚居"的多民族杂居共处格局,多元包容的民族文化生态,以及和谐发展的民族关系图景(表2-1)。

广西各世居民族人口与分布 　　　　　　　　　　表2-1

民族	人口(人)	比例	主要聚居区
壮族	14448422	31.39%	集中聚居于南宁、崇左、百色、河池、柳州、来宾6市分散居住于区内66个县市
汉族	28916100	62.82%	广泛分布;集中聚居于广西的东南地区
瑶族	1493530	3.24%	广西西北地区的都安、巴马、金秀、大化;东北地区的富川、恭城6个瑶族自治县;龙胜各族自治县
苗族	475492	0.92%	融水、隆林、三江、龙胜、资源县
侗族	305565	0.66%	三江、龙胜、融水、融安县
仫佬	172305	0.37%	罗城、宜州、柳城等县(市)
毛南	65587	0.14%	环江、南丹、都安等县(自治县)和河池市金城江区
京族	23283	0.05%	东兴市江平镇的沥尾、巫头、山心等沿海一带
水族	13559	0.29%	南丹、融水、宜州等县(市)
彝族	9700	0.21%	隆林各族自治县和那坡县
回族	32319	0.70%	桂林、柳州、南宁(城镇)
仡佬族	3885	0.008%	隆林各族自治县

(来源:根据广西2010年第六次全国人口普查数据自绘)

---

① 熊伟. 广西传统乡土建筑文化研究[D]. 广州:华南理工大学,2012.

2.3　广西各民族文化特征的形成

2.3.1　土著民族的基本文化特征

在广西的地域范围内，从旧石器时代原始人类发展而来的西瓯、骆越等百越土著族群，在漫长的历史进程中，逐渐演变为现在的壮、侗、水、仫佬、毛南等民族，这些民族继承了百越族群的特质，具有以稻田耕作为核心的丰富文化和传统内涵，其中包括：建造房屋、制造工具、水利灌溉设施等物质财富；播种收割、储藏加工等生活生产模式；祈求风调雨顺、五谷丰登、安居乐业的自然崇拜、祭祀风俗，以及重农抑商、安土重迁等思想观念；乃至相应的居住形式、饮食结构、节庆、方言等文化内涵。

从文化人类学的观点看来，文化异同的原因，在于其内部存在着维护文化独立形态的运行机制，包括物质、社会与观念三方面内容，它们相互作用，形成特定的文化基本性格。因此，本节将从经济生产方式、社会组织结构与信仰体系的角度来剖析、提炼广西土著民族的文化特质。

1.　经济生产方式

考古学家与农业史专家研究表明，早在新石器时代，甑皮岩人已形成并发展了原始农业。西瓯、骆越是我国最早种植水稻、培育棉花的民族之一，高山畜牧业亦较为发达。随着种植经验的积累、种植面积的扩张，加上与汉族交流学习先进的生产技术与工具，稻作农业在土著居民的经济生活中所占比例越来越大。稻作农业的发展，影响并形成了土著居民"饭稻羹鱼"的饮食结构与生活方式，带动了以水稻为中心的棉麻种植、纺织与服饰加工等生产链，形成了土著民族的经济生活基本特征。

稻作生产的基础是田，壮族称之为"那"，还依据田地的形状、高低、肥瘠、大小、水源等特点给田地及其所在的村庄或地区命名，并沿用至今，亦成为一种独特的地域性地名文化景观。依那而居，依那而食，依那而衣，依那而行，依那而思，依那而乐，构成了"那文化"的完整体系。

多样的生态、地理环境亦导致了稻作生产具体方式的不同：平原地区地势平坦，水资源丰富，土地相对肥沃，一年两稻，产量较高，是广西主要的产稻区。坡地稍加平整即可用于耕作，以山涧溪流为灌溉水源，通过水渠、水车将低洼处的水提升到各个高度的种植平台。山区平地少而耕地更少，在坡地上沿等高线开垦出独具山地特色的梯田种植模式，阻滞径流、稳定土壤、保水、保土、保肥。在一些缺水的山区，旱地植物，如玉米等，则取代水稻成为主要农作物。农耕稻作不仅是一种生产、生活方式，更是影响土著民族文化与精神性格形成的重要因素。

2.　信仰体系

原始社会中，人类对世界的认知能力有限，对周围的许多现象都感到神秘难解，因而产生了各式各样的崇拜。自原始社会发展而来的百越土著民族，生活于封闭的自然环境中，在与中原汉文化相对隔离的历史条件下，其社会生活与精神生活受到了原始信仰遗存长期、持续的影响。多民族杂居共处的聚居格局，并没有使得广西各民族在精神文化层面形成统一的宗教信仰，而是保持着以"万物有灵"为本的朴实信仰，综合了佛、道教世俗化的思想，整体上呈现出多神信仰的复杂面貌。其崇拜对象多与生产生活方式密切相关，包括自然（日、月、星、辰、山谷、河流、土地、动植物等），图腾（狗、蛙、蛇等），祖先（如布洛陀、姆六甲、布伯等），英雄（莫一大王、甘王等）。

自然崇拜。自然地理环境对人类的生产生活方式影响极大，与之相关的自然对象往往被加以神化，受到众人敬仰，属于原始宗教崇拜的范畴。崇拜对象受到推崇的程度，往往视其在生产生活中的地位与影响力而定，主要包括：土地、水神、山神以及动植物崇拜。

图腾崇拜。实际上是自然崇拜与祖先崇拜相结合的一种信仰方式。图腾的内容与对象多为本部落或本民族的标记，视作保护神，奉为图腾加以崇敬、爱护，图腾崇拜主要包括虎、狗、牛、羊、蛇、蛙等。

祖先崇拜与英雄崇拜。由于生活水平低下，缺乏充分保障，需寻找可依赖的对象，人们便开始幻想鬼神可保平安、创幸福。人们认为祖先死后有灵，必将消灾除难，造福后代。

3. 社会组织结构

原始的人类聚居组织基本以血缘关系为纽带，组成聚落的基本单位则是家庭。百越诸族的家庭单位一般以核心家庭为主，规模较小。子女婚后不久即与父母、兄弟分居。这一方面是因为土著民族的聚居区多为山地丘陵，耕地少且分散，而劳作又必须限定在早出晚归的活动半径之内，于是，过于集中的大家族合居的方式必然影响到种植的便捷性与耕地面积，便采用分家、另立门户的方式来解决这一矛盾。另一方面，由于生产力不够发达，每一家庭人口的数量必须控制在各家庭能够供养的限度之内，从而也限制了家庭人口的规模与发展。小家庭的模式还表现在单体建筑体量、规模较小等形式特征上，多为3~5开间，以满足核心家庭的居住要求为宜。

拥有紧密血缘关系的若干家庭组成"房族"与"宗族"，三代以内为"房族"，以外则为"宗族"，家族是房族、宗族的总称。一个同姓宗族或家族，分户聚居，即形成一个基本聚落，较大的聚落也会由数个家族组合而成。

小家庭的聚居模式，并不意味着社会组织形式的缺失，事实上，百越民族相当重视宗族观念，其基本的聚落模式就是由一个同姓的家族或宗族构成的，较大聚落则由多个家族组合起来，形成以血缘宗族为纽带构成基本单元，以地缘关系为网络进行连接的组织方式。

壮族村落大多是同姓氏聚族而居，并建立都老组织，都老，也称为寨老，即壮族村民对族长或头人的称呼，是村寨内秩序管理、举办仪式的核心领导，多由村民民主选举产生，或由年迈卸任的都老举荐出一至三人，再各自具体分工负责。

侗族聚落由从家庭到家族、房族再至村寨的多层级"团寨"社会结构组成，在侗语中称为"垛"、"补拉"、"斗"、"寨"。最小的家庭单位称为"垛"，即为一个核心家庭，"补拉"通常为三代以内的家族组织，即由同一祖父所生儿子的各个家庭组成，血统极其靠近。房族或宗族为"斗"，与"补拉"在所涵盖的家族成员的辈分上有所不同，常为五代以上，但同样是以父系血缘为纽带的宗族组织。"斗"内的家庭以鼓楼为中心建造各自的房屋，形成居住组团，其公共活动亦多在"斗"内的鼓楼、鼓楼坪进行。"补拉"和"斗"均具有适度的开发性，在特殊情况下，考虑到安全与生活便利，也可接受有亲密的地缘关系，但并非同一房族、家族甚至是外姓居民的加入。房族、家族一般都拥有田地、林木、鼓楼等公产，并设"宁老"，即知识渊博、德高望重的族长。若干"斗"居住组团围绕着中心鼓楼，聚斗而居，则构成村寨，拥有集体公有、共同维护经营的墓地、树林、公田、中心鼓楼等[①]。各个"斗"选出有威望的长者组成"老人协会"制定整个村寨共同的村规民约并进行管理、组织工作。相邻的村寨不仅在地域上相互毗连，还多有较亲密的家族的交流、联系乃至姻亲关系，这些密切关联成为村寨结合的契机，于是由血缘型的宗族逐渐结合，形成了地缘型的寨或村。

在"村"这一组织级别之上，侗族社会组织与聚居体系中还设有"款"。"款"的设立和运行，服务于侗族聚落的社会秩序，对内维护经济生活和社会活动的正常开展，对外则是应对侵犯的社会动员与防御基础。"款"通常以村寨为单位设置，并划分大小层级。一般来说，每一大寨或数个小寨设"小款"，若干"小款"组成"中款"，"中款"之上再设"大款"。各级"款"中，立有必须共同遵守的"款约"（图2-5），拥举"款首"作为领导者。"款首"多由熟习"款约"的宁老担任，凭借其在村落中的威望、社会管理和生活经验以及对村落文化和现实的深刻理解，为符合公共秩序的村落生活领航。"款首"负责处理款内的日常具体事务，解释和管理"款约"，调解和仲裁纠纷；在发生战争时，"款首"便需肩负起军事领袖的职责。"款"是一种地缘性民间组织，其社会功能体现在村落的自治、自卫中；款组织的形成过程实际上就是以血缘为纽带的氏族公社被以地域为纽带的农村公社所取代的过程，反映出侗族社会组织中的某种远古公社特征。

仫佬族亦是同姓聚居，异姓杂居的情况只出现在一些较大的村落或圩镇中。并且，同一村落中的居民，若同姓而不共祖的，也必须分段居住，互不掺杂。

此外，苗族、瑶族是外来的少数民族，并不属于土著诸族。迁入广西后，在人口规模、经济地位上均处弱势，面对新的自然与社会环境，唯有积极与广西土著文化和汉族文化交流、相融，方能保障民族生存和延续，因而在文化上呈现出"近壮则壮，近汉则汉"的特点，少部分被汉族同化而融入其中，更多的则居于山区。在封建社会时期，苗瑶族群与土著民族同样受到统治阶级的压迫，相似的民族心理和相同的生存环境使其生活文化习惯更为偏向广西百越土著，形成了相近的民族文化特质。例如，广西的苗族与瑶族均具有"寨老制"组织，这种血缘型的家族组织形式，保持并影响至今。在大瑶山还发展出独特的社会组织形式——石牌制度（图2-6），也

图2-5　农民画《侗族讲款》（来源：三江县气象局）

图2-6　大瑶山石牌（来源：金秀瑶族博物馆）

① 熊伟，赵冶，谢小英. 壮、侗传统干栏民居比较研究［J］. 华中建筑，2012（04）：152-155.

是一种带有原始民族性质的法规制度，旨在保护生产发展，维持社会秩序。瑶族聚落内部通过不同的石牌组织，共同遵守着约定俗成的道德与法律准则。

2.3.2 汉族移民的基本文化特征

在历史上的不同时期，汉族因政治、军事、经济等原因，从中原、广东等地区经由湘桂走廊、潇贺古道与西江流域进入广西。不同类型的移民承载着原迁出地的文化特征，与土著族群相互作用，或融合、或同化，形成了岭南汉族各民系文化的多样性。在广西的汉族聚居区域内，宗族制的大家族聚居模式、儒教礼制规范以及耕读与市井文化是汉族移民的基本文化特质。

1. 宗族制的大家族聚居

宗法制度是中国古代封建社会的重要特征之一，是用以维持家族血缘关系的一种基层管理模式。从周朝的宗子贵族宗族制，魏晋至唐的士族门阀宗族制，唐、宋、元的官僚宗族制、明清的绅衿宗族制，我国的宗法制度不断地演化，发展出不同的形态，其作为巩固封建社会最基层社会组织——宗族的核心机制而长期存在，发挥了封建政权所不及的重要作用，既是一种宗族权力，又是一种意识形态。在中原动乱、汉人南迁的过程中，宗族作为凝聚力的核心将族人聚集在一起，发挥了重要而深远的作用。

汉族聚落的宗法制度主要依靠三项措施来维持，即建祠堂、编族谱、设族田。祠堂是全族的信仰中心及管理机构，是宗族活动的主要场所；族谱用于建立全族的血缘关系及次序，同时包含了规范族人行为的族规、族法；族田则是开展全族公共事务的经济保证与物资基础。

以血缘为基础，聚族而居的空间组织方式，反映到聚落的形态层面，则多表现为以宗祠为核心构建公共活动中心，这也是宗法制度的重要作用与体现。

宗族组织建立并维持着村落社会生活各方面的秩序，如村落选址、规划建设、伦理教化、社会规范、环境保护和公共娱乐等，因此这类村落的建设大多有一定的规划性，在族谱中也通常记载了村落的规划构思与意向图示。在宗族组织的绝对控制之下，乡村的文化生活与村落建筑、规划体系达到了高度的契合，并通过村落的布局、分区、宗族性公共建筑、景观、其他公共设施等体现出来，村落中物质环境构成要素的组织安排也表现出理性与秩序性。以祠堂为核心的内向型团块格局（图2-7）和防御性较强的家族性集体住宅（图2-8）在广西的汉族村落中较为常见。

图2-7　武宣下莲塘（来源：作者自摄）

2．崇尚儒教礼制

以儒学为中心的礼教乃中国的立国之本，亦为中国传统文化之精髓。早在周朝，"制礼作乐"政教一体的礼仪制度便得以确立。随后，孔圣人综合归纳了圣明帝王们创造的文化成果，并提出个人见解，再通过文献记录、留存乃至发展弘扬。汉武帝为加强中央集权，推行"独尊儒术"的政策之后，传统的国家宗教被彻底儒化。董仲舒结合当时的历史、社会背景，对孔子的思想进行重

图2-8　玉林硃砂垌（来源：作者自摄）

新解读与诠释，强调建立礼仪制度，尤其是祭天、祭祖的相关规范。儒教之所以重视礼仪，因其认为复杂、系统的礼仪制度与体系，有利于培养人们遵纪守法、安分守己的行为习惯，并能够通过人与人之间的关系礼法的确定，实现与切实维护社会统治秩序的稳定、长久。

乡村聚落与其中的家族、家庭，正是贯彻执行这种礼制的基层主体。在乡村社会中，礼教传统一方面规范着家族、家庭内部成员的社会行为与相互关系，以秩序化的集体为本，生活必须服从于礼制，每人都应严格遵守封建等级的社会规划和道德约束，以德、孝治家；另一方面，礼制是传统村落精神空间形成的基础，表达出一种对家族、祖宗至高无上的崇拜与绝对服从的精神。因此，汉族的传统村落讲究礼制秩序，在民居内部环境中则追求儒家的教化性空间，将"礼"、"仁"等思想融入群体组合、形态规格、空间序列、构件和装饰等空间要素中；在协调村落与外部环境的关系时，还强调对自然环境的尊重，与老庄思想相呼应。

3．耕读文化与市井文化

中国乡村自古便有耕读之风，汉族人多注重教育，追求"读书以课子孙，耕植以治生理"，读书入仕、光耀门楣被视为人生目标。在科举制度之下，中国传统的知识分子具有"达则兼济天下，穷则独善其身"的可进可退的思想观念，所谓的"耕读"理想，亦包括了进、退两方面的内涵：一方面为"读"，即通过读书，求取功名，以农耕生活为本，通过读书入仕，即便一生未中功名，亦以田园之乐为志趣；另一方面则是消极的隐逸闲适。即便功成名就，也终有告老还乡，隐逸山水之日，因而放宽胸怀。为了追求此种寄情山水、亲近自然、致力读书、通达义理之境界，将田园山水与耕读文化融合贯穿，孕育与寄托着中国传统村落的文化情怀。

迁入广西地区的汉族，仍崇尚习文，这无疑推动了耕读文化在广西的发展与成熟。随着教育的日益兴盛，村落中营造出浓厚的文化氛围，村落中的大小楹联不仅是建筑的点睛之饰，更演变为传承族人治家、治学和为人处世理念的重要载体。广西的汉族村落亦沿用了传统的村落构景手法，如桂林灌阳月岭村的"月岭八景"，是人文美与自然美的和谐，表达出对田园山水与生活的浓烈热爱（图2-9）。

农耕型的血缘聚落和地缘聚落在中国传统社会中一直占据主导地位，历代封建统治阶级认为农民弃农从商容易脱离封建政权的控制，因而都把工商业抑制在可控的范围之内，以维持稳固格局。工商阶层长期处于重农抑商国策的高压之下，社会地位低，生活压力大，为了提高

图2-9　月岭贞孝牌坊（来源：作者自摄）

图2-10　贺州粤东会馆（来源：作者自摄）

自身的社会地位，商人在经商成功后都回到乡村购置土地，修祠堂，建房屋，投资宗族公共事业，为增加宗族凝聚力与稳定性积极贡献力量。

随着社会经济不断发展，尤其在资本主义萌芽并开始对传统经济制度与模式发起冲击的明清时期，商品经济率先在人口基数大、交通便利繁忙的地区快速地发展起来，广州成为全国唯一的对外通商口岸，尤其是广府商人，其群体地位举足轻重。这一时期，除了农业开垦者外，数量众多的商人、手工业者自发迁入，其发展迅速而旺盛。其中，广府商人主要沿西江流域，上溯进入广西，以致绝大多数西江沿岸的州、县均建立了粤东会馆（图2-10），进而发展为当地经济的中流砥柱。商业经济所带来的"市井文化"促进了广西商业聚落的发展，阳朔兴坪、灵川大圩、兴安界首、鹿寨中渡、桂平江口、苍梧戎圩等集镇与灵川长岗岭、榜上、熊村、贺州八步等古村均因汉族商人的聚集而迅速发展，靖西旧州、龙州上金、扶绥渠旧、昭平黄姚等少数民族商业聚落亦在这一时期得以发展成熟。

2.4　广西少数民族聚居区空间分布演变特征与影响因素

如前所述，原始人类的活动遍布广西可上溯至石器时代，他们是百越土著民族的祖先。自秦汉始，中原汉人南下，聚居于桂东北，百越中的骆越与西瓯成为居住在广西境内的主要土著族群。宋元时期，壮、侗两族初现雏形、开始独立发展，壮族分布广泛，侗族则集中分布于湘、黔、桂交界地区。汉族持续大规模迁入，较为稳定地生活在桂北地区，甚至渗入桂西山区。苗、瑶、回族同样迫于战乱不断南迁，瑶族主要分布于桂中、桂北；苗族居于融水地域，回族则集中在桂林、柳城一带的城镇中。及至明清，外来移民数量达到峰值，汉族村落聚居点已全面铺开，广布于广西的东部，并通过河流向西部渗透、延伸，桂中则成为壮汉杂居最为显著的地区。此外罗城一带的土著民族发展为仫佬族，毛南族则在环江逐渐形成；水族由贵州迁入至南丹、宜州、融水、环江，与壮族杂居，彝族由云贵川地区迁入隆林、那坡；京族自越南迁徙到防城港，逐步定居于澫尾等岛屿，最终形成了多民族杂居共处的稳定的聚居分布格局。

由这段历史，我们可以探寻在时间维度上，广西各民族聚居区的分布演变概貌，同样，可以归纳空间层面各民族聚居区的分布演变的特征与规律，从而在时间与空间维度上综合分析少数民族聚居区的时空分布特征，梳理聚居演变的脉络主线，以全面地理解与挖掘传统村落在历史长河中变迁的背景与动因。

2.4.1　空间分布演变特征

将广西各时期、各民族聚居区的分布情况进行对比与综合分析，聚居区的时空分布存在以下主要特征：

（1）少数民族与汉族的聚居分布区域相对明确。汉族主要分布在东部、东北部，紧邻于湖南、广东两省，其势力范围与分布密度由东往西逐渐减弱。反之，少数民族则聚居于西部与云南、贵州、越南接壤的地区，且聚居区域的形态轮廓相对零碎、分散；就分布区域的地形地貌而论，汉族占据沿海、沿江、平原、浅丘的大部分低海拔地区，少数民族则分布在云贵高原余脉、高寒山区、大石山区、丘陵延绵的高海拔地区。整体分布格局与"高山瑶，半山苗，汉人住平地，壮侗住山槽"的俗语相吻合。

（2）广西的少数民族整体上呈现"大分散，小聚居"的格局。作为人口最多的少数民族，壮族分布范围广，基本连成一片，城镇、农村、平原、山区、河谷、山谷均有分布，从桂东到桂西，壮族分布密度呈现逐步增强的态势。其中相当一部分壮族与其他民族杂居，例如在桂东地区主要与汉、瑶两族杂居，在桂西北地区则呈多民族杂居的格局，与侗、苗、瑶、毛南、仫佬、仡佬等族不同程度地杂居共处。其他的少数民族，则因人口较少，势单力薄，在生活、生产资料的争夺中毫无优势，被迫向西部的高寒山区、大石山区、丘陵地带迁徙，分布呈现趋向于地形走势，带状延伸的形态。同为广西主要土著民族的侗族，分布于湘、黔、桂三省交界区域，在广西境内的则以桂北地区为主，三江侗族自治县最为密集，大多择丘陵山谷与河畔而居。瑶族是历史上迁徙最为频繁的民族，也是最为典型的山居民族，在广西东北地区的南岭、猫儿山、中部的大瑶山区均有瑶族聚居。苗族则在长期迁徙与不断发展中，形成了介乎农耕文化与游牧文化之间的既耕且游的生产生活模式，亦多居于高山丘陵之中，桂西北的越城岭、九万大山、元宝山等山区中均有广泛分布。其他土著民族，人口较少，分散在桂西、桂北的山区中。仫佬族聚居在桂北的罗城仫佬族自治县的中心、九万大山南部地区。毛南族主要分布在环江、南丹、都安的连绵起伏的半石山区与大石山区。回族主要分布在桂林、柳州、南宁三个城市。京族聚居于北部湾畔东兴市一带的"京族三岛"。彝族世代生活在崇山峻岭中，故主要聚居在百色的隆林、那坡、西林、田林等县域范围内。水族由贵州返迁而居于广西与贵州交界地区的丘陵平峒中，与当地壮、苗为主的其他民族交错杂居。仡佬族是广西境内少数民族中人口最少的，居住在隆林各族自治县的一些小村寨中。

（3）汉族聚居区总体上沿着湘桂走廊、潇贺古道与西江流域逐渐渗透、扩张、甚至覆盖，而其内部各民系的聚居分布格局各异。就开发时序而言，湘赣与广府民系最早，客家民系相对较晚，因此在东部的平原地区，湘赣和广府民系的传统村落呈面状地铺展开来，客家村落则以点状、小面积的斑块状分布于桂东、桂中的丘陵地区。受到迁徙路径与方向的影响，自北南下的湘赣民系，其村落主要分布于东北面，基本实现了对桂东北的"覆盖"。相较之下，沿西江流域溯流而上的广府民系村落分布范围则更广泛，从广西东部、东南部推进至中部，甚至渗透到桂西山区腹地，与土著民族村落和湘赣民系村落呈现出繁杂的渗透、交错、相容的状态。由于进入广西时间较晚，且势单力薄，长期受到多方压迫，客家村落往往散布于交通闭塞的山区丘陵，总体分布呈现东南密、西北疏、高集中、大分散的格局[①]。

（4）虽然从总体上看，少数民族聚居区与汉族聚居区呈现"桂西百越土著，桂东汉族移民"的格局，但其边界是交错、模糊、渗透的，或多民族杂居，或有散点状分布的各族村落的渗入，例如在汉族广泛且密集分布的桂中、桂东，仍留存了相当数量的壮族、瑶族等少数民族村落，然而其居民的生产、生活方式与相邻而居的汉族民系趋同，村落与民居风貌亦然。同样的，在百越民族聚居的地区，也散布着客家村落，或被"少数民族化"了的一部分汉族村落。

2.4.2 空间分布演变的影响因素

1. 自然地理：原始聚居格局的形成与分布

4亿年前，广西所处的地区还是一片汪洋大海，直至约1亿多年前，陆地才逐渐升出海面。多次地壳运动的升降起伏，造就了广西秀丽奇特的喀斯特地形与广泛分布的熔岩洞穴，为尚未懂得房屋建造的原始人类提供了理想的天然居住条件。目前发掘出的旧石器时期洞穴遗址多靠近能够提供稳定食物来源的水源地与广阔的森林草地。广西大部分地区都有原始遗址的发现，主要集中在广西的东北、东部、西部与中部。

到了新石器时代中、晚期，气候逐渐发展稳定，与现在差异不大，气温略高，更适宜动物生长，为原始人类提供了广泛的食物资源，人类活动范围广泛扩展到河畔、海滨等拥有丰富森林、水源，适合生存的地域。陆续发掘的900多处新石器时代遗址，密集分布在桂江、柳江、浔江、郁江与左右江下游，其中以桂林甑皮岩、南宁豹子头为最具价值之代表[②]。由此可见，在史前时期，广西原始居民就已经能够根据气候与地理条件甄别选择适宜的居住地域与生活方式，自由地繁衍生息。

自然地理环境不仅是原始聚居格局生成的影响因子，还是决定聚居点分布与村落形态的重要因素。广西山地面积广大，地质类型多样，丰富各异的自然环境在一定程度上导致了生产生活方式、居住模式、经济发展等方面的地域性差异。以广西东部平原地区为例，地势、气候、土壤等自然条件优渥，适合进行农业开垦，故成为汉族移民最早迁入、聚居、开发的地区，经济亦较为发达，随之而来的，是相对富裕的生活水平。在房屋建造的方式与材料上具有较多选择，广泛运用了砖、瓦等相对坚固亦略微昂贵的建材，为地居式村落的发展提供了条件。反之，在桂西、桂北十万大山、大瑶山等高寒山区，地势险峻，交通不便，气候复杂多变，生活水平滞后。尤其在一些缺水的大石山区，只能种植玉米、红薯等耐旱作物，因此一些山地族群在新中国成立

① 赵冶. 广西壮族传统聚落及民居研究 [D]. 广州：华南理工大学，2012.
② 覃乃昌. 广西世居民族 [M]. 南宁：广西民族出版社，2004.

前还保留着刀耕火种的生产生活方式，其居住环境艰苦、建筑形式亦简陋、落后。而在桂西北三江等地势较为缓和的丘陵河谷地区，土地相对肥沃，水系较为发达，更适于水稻等粮食作物的种植，因而其经济、生活条件优于山地村落，亦有助于社会、文化的发展①。同时，由于山地丘陵广袤，林业资源相对丰富，林业为主农业为辅的经济生活方式为丘陵地区的居民所普遍采用，纯木构的干阑式住宅因与自然环境和谐，且实用、适应性强而成为民居的主要形式。

2. 人口迁徙与行政建制：多元聚居格局的建构

自秦朝封建统治始，以汉族为主体的瑶族、苗族、回族等外来移民陆续迁徙、定居于广西各地，给广西的历史文化与聚居格局带来了剧烈变革与深远影响。人口迁徙的历程映射到地域、空间之中，则表现为聚居地域的逐渐转换与不同民族村落的交融更替。

（1）聚居地域转换

如前所述，自秦代开始，因避乱、经商、戍守或贬谪、流放等原因，中原汉族纷纷南下，几经辗转，陆续迁入广西，并逐渐遍布广西全境。在其以后的两千多年间，汉人四次大规模南迁，进入广西的人数不断增加，时空维度上发展的不平衡性也日益凸显。

从时间的维度进行考察，宋以前，汉人南下之规模并不大，迁入广西的人口数量更少，限制了汉文化在广西发展的速度与广度。又因桂西高寒山区、大石山区自然环境相对恶劣，山岭蜿蜒，道路崎岖，汉人不易进入，便于相对优渥的桂东、桂北地域定居，与土著民族杂处。这一时期，岭南地区百越土著文化相对发达，分批进入的汉族未能在文化上占据绝对的统治地位，因而在民族文化冲突、交流的过程中，土著文化作为底层文化沉淀下来，并加速了汉文化的变异、演化。

宋以后，为加强对少数民族的统治，封建王朝不断征发汉人入桂，甚至开始深入桂西山区，壮、汉杂居的局面初步形成。

至明清时期，汉人的迁入，在规模与速度上均达到顶峰，大约80%的汉人是在这一时期迁入广西并定居繁衍。广西地区的汉族人口甚至开始超过了土著民族的人口总数，尤其在桂东北的桂林、梧州、玉林等汉族较早迁入、开发的地区，少数民族聚居点已少有分布，或多被汉族同化。

在空间维度上，汉族中，各民系移民与文化的传播方式与分布格局亦各有特色。自秦以来，汉人主要通过连通着长江与珠江水系、沟通中原与岭南的重要通道——湘桂走廊与潇贺古道迁入广西，明清时期的汉族移民主要来自广东、福建，自西江流域迁入。由于主要的移民通道均位于广西东北部地区，汉族迁徙的路线亦大体上先由桂东北而下，逐渐扩张、覆盖整个广西东部地区，再逐步向西推移。因此，在地势相对平坦、更适合生产与生活的桂东地区，汉文化较为彻底地"覆盖"和取代了本土的百越文化。同时，通过西江水系向西进行"墨浸式"的逐步扩展。客家民系为躲避战乱，且"唯恐藏之不密"，因而以穿插、跳跃的迁徙方式为主，并且迁入地多选择在偏僻、封闭的地区，在广西境内，客家村落小部分分布在桂东南，大部分通过闭锁式和蛙跳式的传播方式，分散到桂东的山区之中。居住环境封闭加上对本族群的文化

① 熊伟. 广西传统乡土建筑文化研究［D］. 广州：华南理工大学，2012.

传统固守，客家的村落形态与整体风貌得到了较完好的保存。

土著民族在土地、水源等生产资料的斗争中毫无优势，唯有向西迁移，开垦丘陵河谷的土地，甚至深入崇山峻岭。土著民族注重聚居范围的守护与聚居区内的人口优势的保持。例如，桂中、桂西、桂南的柳州、河池、南宁、百色、钦州地区始终是壮族的聚居地。其他土著民族也坚守着各自的聚居地域，以维持本民族的生存、发展与文化特质，最终形成了"大分散、小聚居"的广西多民族聚居的分布格局。

（2）村落多元构成

在漫长的历史进程中，土著民族分化、融合，产生了多样的生活、生产方式与文化传统，外来各个民族又带来相应的生活方式与聚居习惯，逐渐形成村落的多元化构成。

因人口迁徙而造成村落多元化构成的现象，通常可划分为如下几类：

多源的迁入人群，造成村落类型的多元化。迁入广西的汉族居民，来源复杂，支系众多。基于迁徙之客观原因，可归类为政治型移民、军事型移民与经济型移民；而根据汉族民系属性，又主要包括广府、湘赣、客家三大民系。若从其身份与职业，籍贯与所操方言来看，其特点与称谓则更为繁杂，例如：菜园人、土州人、平语人、高山汉等，此类称谓多据其籍贯、迁入时期、职业、居住环境、语言、习俗之分异而命名，足见广西汉族发展在方式、程度、概貌上之纷繁复杂。同样，苗、瑶、回等少数民族移民，亦带来了具有本民族特色的生产、生活方式，共同造就了村落在文化与形态上的多元性。

开发时序与移民数量，造成聚居区域的交错镶嵌。在不同历史时期，来自不同地区、不同民族的移民，多次、分批进入广西，其文化背景、人口数量、开发时序等因素，均深刻影响着各自的文化传播方式，进而影响各民族聚居区域的分布及聚居的形成与发展。汉族与土著民族长期持续的斗争，亦加剧了迁徙与聚居区的变革，从而形成既有"覆盖"，亦有交错、镶嵌、混杂的各民族村落分布格局。例如，广西东部为汉族移民较早、大规模进入、开发的重点区域，汉文化占据强势地位，对少数民族文化形成了全面的"覆盖"。反之，在少数民族聚居的西部山区，也曾有因军垦、流放、避乱而迁入的汉人，但由于并非同时、集中、大量迁入，其聚居点分布十分零散，绝大部分被"少数民族化"，继而融入了土著民族社会。又比如，迁入广西较晚的苗族、瑶族，加上人口不多、势单力薄，唯有小范围地聚居于西北高山、丘陵地区，从而呈现各民族村落相互点缀、镶嵌、杂糅的分布概貌。

地域环境差异、生产生活方式的适应性调整带来的村落多元化。对移民而言，其繁衍生息地域内的自然环境特征的改变或多或少都会对其生产生活习惯造成影响，必须根据新的地形、地貌、气候、植被条件做出适应性的调整。同时，一些根深蒂固的思想观念、或行为模式也会促使其基于原本的生产、生活方式，对新的居住环境进行改造。文化上较为领先的汉族移民，将先进的生产技术与工具带入了广西，同时也开放、包容地吸纳周边少数民族的文化特点，逐渐形成新的生活习惯与生产方式。例如，多由中原迁入的客家先民，原本种植小麦，但受到广西的多山少田与气候条件的限制，不得不转变为种植水稻，大地主庄园式的生产模式也因此改为以小规模的家庭或家族为单位从事生产。同时，他们向土著居民学习耕山，种植五谷杂粮，形成以梯田为代表的土地利用方式。外来移民带来的多元化的村落原型在与当地环境进行磨合、调适后，最终形成更为丰富多彩的村落形态。

3．文化交流，经济推进：聚居区域的拓展、杂糅与村落形态的融合、分异

在漫长的历史进程中，生长于广西这片土地上的土著民族，或分化，或融合，或迁徙，并与以汉族为主的，陆续不断进入广西的瑶、苗、回等移民族群历经冲突与碰撞而实现交汇、融合，形成了多民族杂居共处的分布格局，这一过程中多源文化频繁、复杂的冲突与交流，更是促进了广西的文化、经济发展，形成了复杂多样的民族聚居分布与聚居形态特征。

文化的交流与传播主要通过扩展与迁移两种方式进行。

扩展，即某种思想观念或文化习惯在一个核心地区生成并发展起来后，逐步向外扩散辐射，为更广泛的地区与众多的人群所逐渐接受的文化传播方式。自古以来，百越先民的活动范围遍布广西全境，广西本土的民族与地域文化，正是通过扩展传播的方式由平原扩散到山区，进而影响到云南、贵州、湖南、广东甚至东南亚地区，与土著民族在岭南地区的自主发展历程、土地开发的方式与聚居区域的扩张相呼应。

迁移，则是伴随人口迁徙引入异质文化的传播方式。外来文化与迁入目的地本土、固有的文化冲突、碰撞，吸收与发展，逐渐具备了彼此的某些文化特征，从而融合为新的文化整体。就广西传统文化的发展脉络而言，汉文化的传播，无疑是最具影响力、标志性的文化现象。在广西地域范围内，汉文化的迁移扩散呈现出先东后西、先北后南，依托水系与路网，依海拔从平原、丘陵到高山渐次推延的传播特征，这也与汉族移民迁徙的路径、规模以及定居区域吻合。

广西的多元文化图景，实际上就是在百越土著文化的基础上，与汉、苗、瑶等各种形式的民族或民系的文化之间的碰撞、交流、影响，在广西这一特定的地域环境中长期相互作用、整合而成的。文化的交流，是推动广西各民族聚居分布变迁的主导因素。

文化的交流与传播同样影响着各民族的聚居形式与村落形态。例如，在汉文化处于强势地位的桂东北河谷地区，少数民族与汉族杂居，受到汉族生活方式长期且强烈的影响，表现到村落形态上，则呈现出有明显的宗法、礼制与风水意向的布局形式以及天井地居的建筑形制，"汉化"特征显著。而在百色田林一带，有一些自称"高山汉族"的山区居民，他们在生活方式上保留了汉文化的语言、风俗方面的某些特点，但却采用了干阑建筑的居住模式，并且村落空间格局亦依山就势、自然有机，呈现出明显的"少数民族化"特征。还有一些靠近汉族聚居区的瑶族村落，在封建土司制度的管理下，其社会生产力得以快速发展，与偏远的高山地区的瑶族村落在政治、经济和文化上的差异越来越大。这种社会发展的不平衡性同样反映在苗族社会中。原始苗族居住于树杈房或茅屋中，至今在一些偏远山区仍有留存。而到了汉人迁入杂居的苗族聚居区，其民居形式则在不同程度上受到汉族建筑风格与建造技术影响，出现了瓦屋。与此同时，与壮、侗族毗邻的地区也出现了吊脚楼等多样的建筑形式。民居建筑的变化反映出苗族接受各民族文化的影响程度，随着社会的发展演进，传统苗族的生活方式亦因应各族文化的影响而不断变革着。

伴随着文化的交流传播，经济与技术的发展亦成为民族发展的主要推动力，并更为直接地影响着村落的形态与构成。

广西自古以来就是我国典型的稻作文化区，百越先民通过对野生稻谷长期的观察与采摘，日渐熟悉其生长规律，并尝试进行稻谷的种植，最终形成了农耕稻作、饭稻羹鱼的传统经

济生产与生活方式。在这样的传统农业社会的背景之下，作为最有价值的生产资料，土地资源成为国家、政权、民族、家族、不同阶级人民之间竞相争夺的目标，也可以说，谁拥有了土地，谁就决定着生产关系的走向。因此，行政建制、人口迁徙、各民族间对土地资源的争夺，均深刻且剧烈地影响着各民族、族群聚居区域的重新划分。

同时，在历朝历代，广西均地处边陲，商品经济向来不发达，重农而轻商的传统观念根深蒂固。汉族移民的迁入，带来了先进的技术与生产工具，逐渐打破广西土著社会的轻商思想，促进了广西经济的兴起与繁荣。尤自明代以来，全国统一市场逐渐成型，广东成为商品经济辐射的核心，西江水路体现出了巨大的交通优势与经济潜力，成为广西与外界交流的枢纽。粤商沿西江航道大量迁入广西，推动了沿江商业聚落的发展，鹿寨中渡、贺州黄姚、靖西旧州、扶绥渠旧、龙州上金等桂中、桂西南商业型传统聚落均在这一时期迅速发展、成熟。由于传统商业对水陆交通的依赖性，汉化的或汉族商业型聚落便主要沿水系、道路渗透到少数民族聚居地区之中。

此外，随着经济条件的改善以及汉族生产工具、建造工艺的广泛传播，土著民族在生产、生活方式、聚居模式等诸多方面发生了巨大的改变。传统民居在建筑形式上相互交流借鉴，又受到了汉式建筑风格与生活方式的强烈影响，聚落格局亦逐步体现出多元文化共存的丰富面貌。

综上所述，广西丰富多样的自然地理环境，是传统聚落生成以及地域空间演变的起点，尤其是广布的喀斯特地貌与密布的河网，为原始聚落的生成与扩展提供了物质基础。同时，自然地理环境始终影响着聚落空间的演变过程，高山大川造成自然地理上的差异，作为历史时期文化传播的天然屏障造就与保存了文化的多样性与原生态。反之，河流水系却又成为文化传播、经济往来的廊道，加强了各民族内部、民族之间的交流与发展。

历代中央王朝对广西地区的统治方式不同，广西土著民族内部发展的速度不同，是产生民族文化的重要原因。伴随着行政建制的更替，不同民族、不同民系的移民在不同的历史时期迁入广西，直接影响着文化传播的方向与具体方式，为广西少数民族聚居的分布格局奠定了基础。

各民族在文化更新的历史进程中始终保持着最具民族个性的文化因子，并在生活方式与聚落形态中反映出来。文化交融与经济的推进，则作为引起聚落空间布局演变的内在因素，推动着聚落形态的融合与异化。

广西少数民族传统村落与聚居区空间分布演变的动因可用图2-11表述：

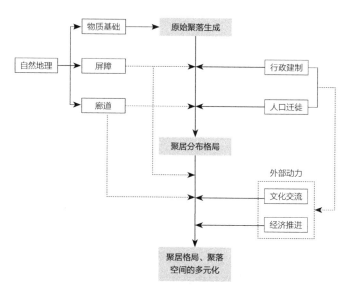

图2-11　广西少数民族传统村落与聚居区生成演变动因（来源：作者自绘）

2.5　本章小结

广西山区面积广、河网密布、气候温暖，雨水、热量丰富，独特的地理与气候为各民族与村落提供生成环境，造就了多样的地域人文生态。

从石器时代的原始居民与部落，到先秦百越的"骆越"与"西瓯"，逐渐分化、发展、演变为现在的壮、侗、仫佬、毛南、水等族，广西独特的地域环孕育了农耕稻作、小家庭聚居的土著民族文化特质。秦汉以降，汉、苗、瑶、回等少数民族源源不断地迁入，以汉文化为主的外来移民文化与土著文化碰撞、交融，推动了广西经济与文化的发展，最终形成了多民族杂居共处的聚居格局与多样化的村落空间形态以及多元的民族文化图景。

广西各民族传统村落的分布具有独特的时空特点：汉族移民进入广西后，集中分布在桂东平原、浅丘、河谷地区，各民系的开发时序与分布形式各异，势力范围呈现从东到西逐渐递减的格局；而少数民族则退居山林，聚居于桂西高山丘陵地区，呈现"高山瑶，半山苗，汉人住平地，壮侗住山槽"的立体分布格局。

总体而言，广西传统村落的生成、分布与演变规律可归纳为：地形地貌和气候条件是传统村落生成的物质基础，形成独具山水性格的聚居原始分布状态；族源、民族形成过程、行政建制与人口迁徙是多元聚居格局建构的历史文化基础，孕育了民族性格与内涵；文化的冲突与交融，特别是汉族移民文化的传播，则是促进各民族文化发展、村落构成多元化、空间形态差异性的外部动力。

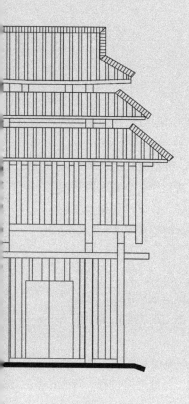

第 3 章

广西少数民族传统
村落公共空间形态
调查分析

公共空间具有物质与精神的双重属性，既包括空间的物态表现，又包含其形式所表达的意义与场所精神。公共空间的物质形态是空间的外在表现形式，是在人与自然、人与人之间相互作用的过程中逐渐建立的一种实体空间序列，涉及宏观层面的整体形态、中观层面的空间布局与街道形态、微观层面的公共空间构成要素及其外现特征。依附于物质形态之上的意态要素是公共空间不可分割的部分，往往涉及地域文化、传统民俗、生活方式、乡土记忆等多方面的内容，并通过丰富多样的公共生活方式呈现出来。因此，意态要素、物质形态及其互动作用，均是公共空间研究的重要内容。

村落公共空间的研究往往面临着图纸数据不易获取、调查深度与广度参差不齐、描述记录较为主观、内容与重点随意性大等难题与困境，加之其乡土性、多样性、复合性、随机性、开放性等特征，如何进行较为客观、翔实、规范的描述与记录，进而为不同村落间公共空间特征的比较、归纳提供可能，是研究的重点与难点。

本章对于公共空间的调查与研究建立在广泛的田野调查基础之上，借鉴类型学的理论和方法，对广西少数民族传统村落的公共空间进行"先分类描述，再整体归纳"的综合研究，以期提供一种客观、翔实的普查与记录公共空间特征的方法，从而有助于进一步分析、比较与提炼公共空间的相似性与差异性，从而梳理、归纳其多样的类型与特征，构建广西少数民族传统村落公共空间特征因子的信息数据库。

3.1　调查分析方法

村落公共空间，包括"公共"所反映的社会、政治、人文环境等社会属性，以及"空间"所表征的场所与形态的物质属性。本书所研究的少数民族传统村落公共空间，同样具备上述两方面的意义，既包括村落中容纳公共活动的实体要素所构建的空间与场所，例如鼓楼、戏台、祠堂、庙宇、井亭、田间地头等，这是公共空间的物态表现；亦涵盖在这些空间中所产生的社交生活、制度化的组织与活动形式，例如谈天说地、节庆集会、红白喜事等，亦可称为意态空间。这一内涵决定了村落公共空间研究的多元视角与侧重点，一方面关注空间的平面形式、界面形态、结构、材质、色彩等物质形态特征，另一方面则需考察公共活动的内容、方式、频率等空间中的行为模式与生活形态特征。物态空间与意态空间相辅相成、相互作用，共同构成了村落公共空间有机统一的整体。

传统村落公共空间的调查研究与分类描述的方法，一方面可借鉴城市公共空间研究领域的理论与方法，例如凯文·林奇将城市空间分为节点、边沿、路径、区域和标志物五类元素，克里尔和罗西运用类型学"先寻求秩序再分类"等方法；另一方面，又必须结合传统村落公共空间的地域文化条件，突出乡村的本质与特点。较之于城市，村落在生产生活、政治经济、自然环境等诸多方面均有所不同，反映到村落的物质形态上，便呈现出在类型、形态、结构、层次、属性等方面显著的差异性特征。因而不能生搬硬套西方语境下的"公共空间"概念，亦不能简单参照城市研究体系中广场、街道等公共空间的界定，需结合社会性、历史性、地域性、民族性等与村落的生成、发展密切相关的影响因素或特质，进行多角度的综合考量。尤其在我国根深蒂固的乡村社会与乡土文化传统之下，村落公共空间作为一个复杂的、动态的、具有精神文化特征的系统，必须根植于乡土本质与性格，方能恰当解析其内涵。因此，广西少数民族传统村落公共空间的调查分析方法的确定，主要结合了以下几点进行考量：

首先，广西少数民族传统村落产生与存在于广西特殊的地域文化之中，自然地理环境不仅是村落选址、生成与发展的物质基础，更是宏观层面的基本结构要素与公共空间的组成部分，对公共空间场所感的营造具有重要作用。因此，研究必须以自然环境做背景，全面把握传统村落公共空间在自然环境影响下的地域性特征。

其次，村落公共整体格局与空间形式是公共空间形态最直接、最具地域特色的外在表现。需要注意的是，分类研究不能只顾局部而忽略整体，不能只重视单一的建筑、空间的造型，而不从全局视角来考察村落形态。整体形态是传统村落公共空间的各组成部分相互作用的结果与外在表征，必须以整体与解构的方法与视角，辩证地看待传统村落的公共空间。

再次，对于公共空间形态的分析，除了关注平面、界面的形式特征，还应注重对其特有组织方式、结构规律的探讨。空间形态是形式、围合、尺度、方向、疏密等特征各不相同的公共空间要素通过拼贴、交叠、融合而形成的，对这一内在组织逻辑的梳理，既有助于把握空间的结构特征，又可透视、折射出乡村公共生活的特色、秩序与内涵。

此外，各少数民族的血缘族群特性使村落的空间形态往往带有显著的人文社会形态特征，孕育出独具特色的公共生活形式与内容，是宝贵的非物质文化遗产，也是广西少数民族传统村落最典型的特征之一。

因此，本章将传统村落公共空间划分为自然环境、空间形态、公共活动与场所三个基本层面，并进一步细分出子特征项，主要包括民族结构、地理分区、地形、水系、整体形态、村落规模、平面形态、界面特征、组织方式、空间尺度和主要的公共活动类型及其发生场所等具体内容。其中，公共空间形态特征是调查的重点，将分别从整体形态、平面形态、界面特征、组织方式以及空间尺度五个方面，从整体到局部、自下而上、由外而内地进行全面、系统的剖析。据此，对村落样本进行详细的实地勘察、调查记录和资料搜集，并依据特征调查表（表3-1）对各特征项进行统计、收录与标准化处理。

广西少数民族传统村落公共空间特征调查表　　　　　　　　　　表3-1

特征类	序号	特征项目	特征子项目	特征因子（说明）
村落概况	1	村落属性		自然村、行政村
	2	民族结构		壮、侗、苗、瑶、仫佬、毛南等或多民族杂居
	3	地理分区		桂西北、桂西南、桂中、桂东
自然地形	4	傍水而居	整体形态	无、穿村而过、绕村环转、一侧相邻、开挖蓄水
	5		空间节点	沿水岸散布的景观节点、沿水系布置街巷；横跨水面的桥、坝；穿插于村落中的水面、溪流等
	6	依山而建	整体形态	高山、丘陵、平地
	7		空间节点	垂直、平行、斜交于等高线的街道；因地制宜的广场
	8	农地格局		水田、旱地、梯田、经济林、园地

续表

特征类	序号	特征项目	特征子项目	特征因子（说明）
空间形态	9	整体形态		团块状、带状、组团状、散列状
	10	村落规模	人口数量	特大型≥1001；大型601～1000；中型200～600；小型<200
	11		空间半径	（m）
	12	平面形态	点状空间	宫庙、鼓楼、戏台、寨门、凉亭、井台、祠堂、谷仓、村树
	13		线状空间	道路结构：树枝状、放射状、网络状；河；桥
	14		面状空间	广场、鼓楼坪、芦笙坪、坡场、堰塘、与居住区混合的田地
	15	界面特征	底界面	形式（平缓、坡地、台阶、台地）；铺地（三合土、石块、石板、卵石、水泥）
	16		界面建筑	类型（干阑、半干阑、次生干阑、地居）；形态（材质、颜色）
	17		特殊界面建筑	类型（鼓楼、戏台、祠堂、碉楼）；风格（传统、汉化；与民居协调、对比）
	18		其他界面实体	晒排、公示牌、挡土墙、篱笆
	19		街道界面组织	类型（山地干阑型、平原地居型、商业街屋型）；特征（曲折、平直；封闭、开敞；连续、渗透）
	20		广场界面组织	构成要素、空间焦点、和谐对比、围合感
	21		整体界面特征	连续性、封闭性、整体性、标志性
	22	组织方式	边界	引导性边界空间；停留性边界空间
	23		中心	构成类型（弱中心、单中心、多中心）；围合方式（封闭、半封闭、开敞）
	24		路径	组织方式（曲折起伏、与建筑互动、道路节点）
	25	空间尺度	街道类型与宽度	街、巷、道路
	26		街道形式与尺度	断面形式；D/H
	27		广场面积与尺度	平面尺寸；D/H
活动与场所	28	生产生活	活动内容	交谈、休息、娱乐、家务、农副业生产
	29		主要场所	田间地头、房前树下、晒坪、圩市、商铺、井亭
	30	节庆集会	活动内容	节日、圩日
	31		主要场所	集市、广场、空地、风雨桥、鼓楼坪、芦笙坪
	32	红白喜事	活动内容	诞生、成年、婚嫁、寿诞、丧葬
	33		主要场所	住屋、土地庙、祠堂、鼓楼、鼓楼坪、风水树

（来源：作者自绘）

　　调查样本的选取结合国家住房和城乡建设部、文化部、文物局和财政部公布的《中国传统村落名录》与广西壮族自治区住建厅公布的《广西传统村落名录》，再辅以若干根据研究需要和实地踏勘所得而增加的村落案例，筛选出具备传统村落文化特质的研究对象。所有村落样本的选择均遵循以下标准：

代表不同的民族与地区的历史、地理及文化性文脉，从而可通过对比分析了解社会、自然环境、文化等因素对于传统村落公共空间形态的影响机制；具备相对成熟完整的形态特征，即传统建筑风貌完整，选址和格局保持传统特色，拥有较为丰富的非物质文化遗产资源，民族或地域特色鲜明；案例之间应在空间形态上呈现出多样性，涵盖广西少数民族传统村落公共空间的主要形态与特征，以保证样本库的完整、全面。

经过筛查，最终选定了132个广西地区的少数民族传统村落（附录1），其中除了121个典型的少数民族传统村落外，还包括了8个少数民族杂居、4个少数民族与汉族杂居以及2个"少数民族化"的汉族村落，作为研究样本的有效补充，为民族文化互动的讨论提供特例的支持（表3-2、表3-3）。

选定的广西传统村落地域分布表   表3-2

县市	南宁市	柳州市	桂林市	梧州市	来宾市	贺州市	防城港	崇左市	百色市	河池市
样本数量（个）	4	38	35	1	13	6	1	6	15	13
合计	132									

（来源：作者自绘）

选定的广西传统村落民族分布表   表3-3

民族	壮族	侗族	苗族	瑶族	毛南	回族	仫佬	彝族	少数民族杂居	与汉族杂居	少数民族化的汉族
样本数量（个）	35	20	14	40	3	2	3	1	8	4	2
合计	132										

（来源：作者自绘）

3.2 自然环境特征

3.2.1 傍水而居

水是日常生活与从事农耕稻作必不可少的自然资源。靠近水源的村落往往具备气候温润、物种丰富、土壤肥沃、资源充足等有利的环境基础与发展条件。

广西地区属湿润的亚热带气候，降水量大，水系发达，总体流势自西北往东南，并依倾斜的地形而起伏。除地表径流外，还拥有433条喀斯特地下河，山岭中的原始森林则为又一重要水源。调查统计显示，与水系密切关联的村落样本共计104个，其中又以侗族村落与水系关联最为紧密，近80%的侗族村落临水而建，并在村落中点缀有大大小小的堰塘。大石山区等不具备充足的天然地表水资源的村落则采用了靠近蓄水林、低地集水区建造村落或人工开挖水塘等积极的生态策略，以储备水资源。由此可见，傍水而居是各少数民族传统村落普遍的自然环境特征。复杂多变的地形、地貌造就了广西传统村落与水系丰富多样的形态关系，以及以水为主题的公共空间。

1. 整体形态与水系

水系与村落整体形态的互动关系可归纳为"临"、"环"、"穿"三种基本形式。

临，即为一侧相邻，在水系流量较大、河道较宽的平原河网密布地区，村落多线性布局于河道一侧的缓坡或台地上。由于河面较宽不方便架桥，一些村落以舟楫为渡，并在沿岸修建码头、寨门、种植风水树，以纳福气，形成了重要的公共空间节点。

环，即绕村环转，这类村落一般建于平坝或半山坡上，水系三面围抱村落，程阳马安寨是此类村落的典型。虽然河道与水岸形态限定了活动范围，但离水源近，生产生活十分便利，并使得村落具备天然的防御性。桥梁成为该类村落重要的空间要素，是主要的交通干道，也是重要的交往场所，并具有村落入口的标识意义。

穿，则为穿村而过，高山或溪水流量小的地区，水系穿插于村落内部，增大了临水面，方便生产生活用水。蜿蜒的水系活跃了整个村落的建筑布局，同时也成为水系景观营造的基础，小桥、沿岸景观建筑为村民公共生活提供了自然、生趣的空间。

一些村落的整体形态与水系关联的同时具备多种基本形式特征，并且村落的水系格局也并非一成不变。以三江县华炼寨为例，随着村落的生长，原本一侧临河的老村向河对岸扩展，建立新寨，整个村落则由一侧相邻发展为穿村而过。还有一些具备航运能力的地区，往往易于形成重要的交通商贸型村落，如鹿寨中渡、三江丹洲、龙州上金等。河流、湖泊结合村落内部的水塘、泉井，各种形式的水体与村落形成了丰富、和谐的布局关系（表3-4）。

水体形态调查表　　　　　　　　　　　　表3-4

水体形态	一侧临水	绕村环转	穿村而过	其他（堰塘、蓄水池）
典型案例	靖西县旧州村	三江县马安寨	融水县田头屯	那坡县达文屯
样本村落	57个	10个	30个	35个
比例	43%	8%	23%	26%
村落举例	三江葛亮、雁山潜经、阳朔龙潭、阳朔朗梓	三江马安、三江坐龙、融水雨卜、三江车寨	龙胜龙脊、龙胜金坑、龙胜黄洛、龙胜地灵	忻城古朴、那坡吞力、大化雅龙、大化弄立

（来源：作者自绘）

2. 公共空间形态与水系

村落与水系的密切互动，塑造了丰富的以水为主题的公共空间形态。经调查，广西少数民族传统村落公共空间与水体的关系主要包括以下几类（图3-1）：

沿水岸散布的凉亭、井台等公共空间节点。如三江马安寨林溪河两岸，散布着大量的凉亭、井台，供居民洗衣、挑水、劳作休憩。

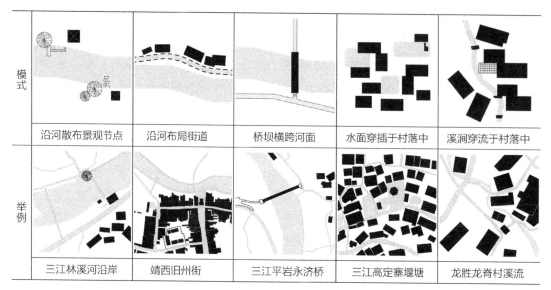

模式	沿河散布景观节点	沿河布局街道	桥坝横跨河面	水面穿插于村落中	溪涧穿流于村落中
举例	三江林溪河沿岸	靖西旧州街	三江平岩永济桥	三江高定寨堰塘	龙胜龙脊村溪流

图3-1　水系与公共空间节点关系图示（来源：作者自绘）

沿水系布置街道。这类公共空间在一侧临水的传统村落中尤为常见，河道的走势直接影响了村落空间形态，民居、主要街道空间多平行于河道布局、延展。

桥梁、水坝横跨水面。桥梁、水坝不仅是交通要道，更是落脚歇息、迎宾送客的重要交往空间，还往往构成了独特的水景观节点以及村落入口的醒目标识。

水面穿插于村落中。最为常见的是侗寨的堰塘，形态各异、大小不一，民居围绕堰塘布局，增加了堰塘空间的围合感与向心性，形成静态的水体景观公共空间，兼有养鱼、蓄水防火之功能。

溪涧穿流于村落中。较之于宽阔的河道，溪涧因其近人的尺度与自由的形态而与村落中的民居、公共空间乃至村民日常生活、社交活动的关系更为密切。

这几类与水系互动关联的公共空间节点在广西少数民族传统村落中非常普遍，或以一种模式为核心，形成与发展公共空间，或综合几种模式因地制宜地连接、组合为公共空间体系，其类型与分布等特征与村落的地域性的关联尤为密切。

3.2.2 依山而建

山多、平原少、熔岩广布是广西的地形地貌特点。总体来看，桂西北多山，层峦叠嶂；桂中多丘陵，起伏和缓；桂东南多平原，桂东以江河水系流域内的河谷平原为主，为人口密集聚居的地区。丘陵、河谷间的小型盆地，土壤较深厚肥沃，也成为主要耕作地带与传统村落的主要选址地域。在桂西北高山地区，地理环境的限制因素最为强烈。对于少数民族而言，顺应地形的生活方式，无疑是最为节约也最为现实的。

1. 整体形态与地形

依据地形特征，可将样本村落的整体形态划分为高山型、丘陵型与平原型。高山型村落分布于高程变化显著且坎坷不平的坡地上，重峦叠嶂，沟壑纵横，林木繁茂，但缺少平地，如龙胜龙脊、金竹；丘陵型村落同样被延绵的山丘或者独立的山岭所环绕，村落择山间之盆地、河谷而建，背靠山脚或坡地，坡度稍缓，有少量平地，因而总体环境较高山型略有宽裕，在三江、环江、河池地区有较多分布；平地型村落，地处平原或起伏不大的低山、浅丘地区，地势较平坦开阔，水土丰茂，适于耕种，这类村落常与生产性景观相结合呈现出明显的田园风貌特征，如武宣洛桥、靖西旧州。在地貌丰富、地形变化多样的地区，村落整体形态则呈现出适应地形变化的交叉、过渡形式。

　　调查发现，侗族村落位于丘陵地区的数量最多，占总数的35%；平地型村落多以低山、浅丘间的小块平原为基底，完全处于平原地区的极少。除位于河边滩地、丘陵平原的小部分村落与山体的关联性较小以外，90%的样本村落几乎都依山而立（表3-5）。

地形地貌调查表　　　　　　　　　　　　　　表3-5

地形地貌	高山型	丘陵型	平地型
典型案例			
	龙胜县龙脊村	三江县芭团寨	象州县纳禄村
样本村落	52个	58个	22个
比例	40%	44%	16%
村落举例	龙胜龙脊、金坑、黄洛、三江高定、高友	三江平岩、八协、坐龙、环江南昌、柳城滩头	武宣洛桥、靖西旧州、阳朔朗梓、龙潭

（来源：作者自绘）

2. 公共空间形态与地形

　　多山、起伏的地形地貌与依山而建的村落宏观格局塑造了因地制宜、与地势协调发展、变化多样的公共空间形态，直接影响着街道的形式、广场的布局等（图3-2）。

　　街道空间与山地地形的关系主要有三种模式：垂直于等高线，以高低起伏的台阶形式为主；平行于等高线，其平面形态多弯曲变化，在广西传统干阑式村落中，这些平行于等高线的街道往往呈现半边街的空间形态；斜交于等高线，目的性较强、便捷的路径，多为坡道结合台阶。

　　因地制宜的广场布局模式则主要包括：核心型广场，位于村落内部，多利用地形高差形成台地，山体、边坡与建筑物共同环绕，围合感强，往往具有向心性或空间与精神意义上的聚合性；边缘型广场，利用村落边缘或道路尽端较为平坦的空地，形态自由、大小各异，缺少围合，场地边界由水体、植物等自然要素限定，界定模糊，开放性强，与自然环境融合。

　　经调查分析，高山型与丘陵型的传统村落的街道空间往往兼具上述三类空间模式，并通过三类空间的穿插组合形成丰富层次。同时，这类村落中广场数量很少，在一些地形限制特别大的村落中甚至没有此类公共空间形式，并且这些为数不多的广场空间，在其形式与分布上均

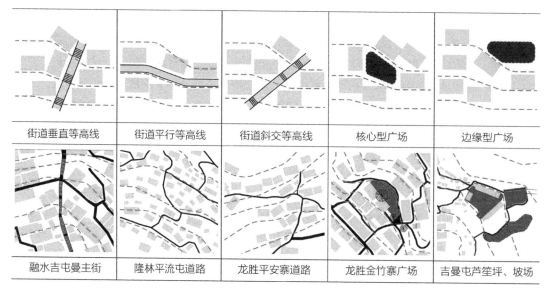

| 街道垂直等高线 | 街道平行等高线 | 街道斜交等高线 | 核心型广场 | 边缘型广场 |

| 融水吉屯曼主街 | 隆林平流屯道路 | 龙胜平安寨道路 | 龙胜金竹寨广场 | 吉曼屯芦笙坪、坡场 |

图3-2　地形与公共空间形态关系图示（来源：作者自绘）

具有较大的随意性，以边缘型广场居多。侗族因其宗族观念、公共生活方式与独特的建筑形式，即使在高山、丘陵地区，仍设法通过开挖、填土等手段来实现核心型的鼓楼、鼓楼坪广场空间，体现了民族性对于广场空间塑造的影响。

平地型村落的街道空间受地形的影响极小而较为平直，却往往特意通过界面建筑的布局与形式的处理，营造出凹凸曲折、层次丰富的空间效果。平地、浅丘村落中的广场空间亦较为丰富，规模较大、形态规整，核心型、边缘型兼备。

3.2.3 农地利用格局

农业活动伴随着人类聚集定居而逐渐形成与发展，其对大地基底的直接作用构成了多样的农地利用格局与形式各异的农田肌理，这是村落居民长期的生产、生活活动的结果与表征，体现了乡村以农业为本的乡土本质。

在调查样本中，村落大部分分布于高山丘陵地区，平地少，耕地面积也比平原地区要少，所幸林木繁盛，水源丰富，各族人民意识到森林水源之重要性，以村规民约的形式严禁砍伐水源林，并大量种植人工林以保持水土。同时，为了保证并尽量开拓耕地面积，劳动人民发挥创造力，沿着等高线在山地、丘陵上开垦出大面积的梯田，以涵养水源、稳固土壤、提高产量，因而形成了独具地域特色的村落空间格局与农耕文化。在大石山区，地表水源稀缺，植被覆盖率极低，夹杂在石缝中的沙土则显得尤为珍贵。村民将石缝修整为小块田地，或用碎石垒砌为田埂，保护小面积的可耕作土壤，成为垒石梯田的景观与肌理。此外，一些少数民族村落选址"凭险而居"，将平坦的土地用于耕种，或在墓葬习俗中采用岩洞葬，又或尽量将阴宅建于陡峭贫瘠之处，少占耕地，从而尽力保护有限的、对农耕村落而言极其宝贵的土地资源。

因此，在研究中切不可忽略对农地格局的关注，它不仅与村民的生产活动密切相关，更是重要的公共空间，并时刻影响着村民的日常交往，自然地生发、演变，成为有趣的公共空间形式，进而影响村落的整体空间格局（表3-6）。

农地利用格局调查表　　　　　　　　　　　　　　　　　　　　表3-6

水田	果树林	茶园	梯田与村落	石质梯田
桂中、桂东平原	桂西丘陵河谷、平原；桂中、东平原	桂西北丘陵地区三江侗族聚居区	桂西北高山地区	桂西大石山区

（来源：作者自绘）

农地格局与公共空间的交融互动同时发生于水平与垂直的立体层面上。平面上，水田呈现出自由、不规则的网格状，其与村落建筑实体、街巷、公共场地的界限较为规整、明晰；梯田则为自然弯曲的等高线状，并因地制宜地线性延伸、渗透，甚而穿插出现于村落内部，与公共空间密切联系、结合。林地则多以块状或带状分布于村落上方水土较为丰厚之处，形成风水林，也有与村落空间相容的小规模果园、经济林，成为村落中不可或缺的绿化景观。形式与质感各异的农地肌理，包裹着村落公共空间，相互渗透、局部点缀，形成自然和谐的整体格局。而在垂直方向上，较低矮的水田、阶梯状起伏的梯田，塑造出不同的公共空间基底背景形态。高度不一的果树、茶树、杉木等经济作物，与涵养水源的林木，通常于村落边缘区域形成屏风似的围合界面，或是在房前屋后、街头巷尾小面积密植，形成村落内部层次丰富的公共空间（图3-3）。

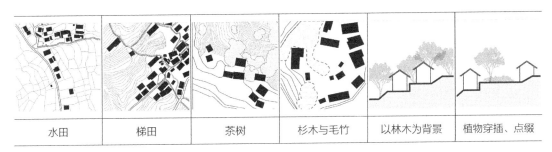

水田	梯田	茶树	杉木与毛竹	以林木为背景	植物穿插、点缀

图3-3　农地格局与公共空间形态互动（来源：作者自绘）

通过对自然环境特征的调查，广西少数民族传统村落呈现出依山而建、傍水而居，农地格局以梯田与经济林为主的特点。在选址布局、公共空间的构成与形态上，均表现出"尊重地形、利用水源、合理开耕"与自然环境休戚相关、和谐共生的互动关系。

3.3 空间形态特征

3.3.1 整体形态

如前所述，公共空间的整体形态强调在一定地域空间范围内，各要素的综合作用和总体的空间感受，是村落形态的框架与基础，在描述与分析中，必须以整体与解构的方法与视角来描述传统村落公共空间的整体形态。在以往的研究中，学者们根据各自不同的视角与目标，发展出诸多对村落形态进行描述与分类方法，如以疏密程度为分类标准，有聚集型、松散团聚型、散居型；将疏密与轮廓形态综合考察，又可划分为点状（散村）、线状（路村、街村）、环状（环村）及块状（又称群组型村落、团村或集村）等。基于调查与研究目的，首先从平面形式的角度来考察空间的整体形态，将广西少数民族传统村落公共空间整体形态归纳为以下几类（表3-7）：

带状——村落因地形限制，建筑沿河流、山体、交通运输线呈线性展开，河道与主街常成为村落延展的依据和边界，在调查样本中占总数的30%。

团块状——位于地形较平坦开阔区域，用地较为宽松，规模较大。或因紧密地聚族而居形成规模较大的团块状布局。在调查样本中，以壮、侗族村落为主，占总数的22%。

散列状——规模较小，形状分散，随地形变化自由布局。用地范围不规则，街道系统不明显。此类样本多分布于高山丘陵地区，灵活而适应性强，占总数的46%。

组团状——由多个建筑组团随地形或道路、水系变化，形成的相互联系密不可分的群体组合空间形态。常因少数民族的聚居性与宗族观念而形成，几个氏族组团或新旧村寨，布局于丘陵间的平坦地带，结合成为无论在形态上还是社会生活中都密不可分的村落群整体，在社会主义新农村建设中，一些村落采取了异地重建的方式在老村附近选址建设，也形成了组团状布局形态，该类型占到总比例的12%。

随着村落的不断发展、扩张，其空间形态日趋复杂化，在一些较大型的村落中，亦呈现出多种类型拼贴、叠加的复杂形态特征。

村落整体形态调查表　　　　　　　　　　　　　　　　表3-7

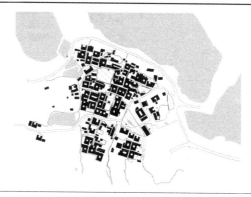

| 带状 | 团块状 |

40个（30%）	29个（22%）
三江芭团、三江马胖、扶绥渠旧、龙胜平等	三江高友、三江高定、上林古民、环江南昌

散列状	组团状
46个（34%）	17个（12%）
那坡达腊、隆林平流、龙胜地灵、灵川老寨	三江平岩、金秀龙腾、阳朔龙潭、龙胜宝赠

（来源：作者自绘）

　　村落的整体形态与其中的公共空间形态是相辅相成的，带状村落中最突出的公共空间即为其骨骼——主要街道，村落空间依附于街道的线性走势，延伸拓展；散列状村落的公共空间分布随机，形态也多自由开放，充分融入环境；团块状村落的公共空间多位于村落内部，较易形成围合感与向心性。组团状村落则常具有多层级、多功能复合的公共空间，兼有核心型、边缘型、封闭围合或自然开放的空间形态。

3.3.2　村落规模

　　村落规模的大小，通常从人口、占地面积、建筑数量等几个方面来衡量。由于本研究主要关注中、微观层面的公共空间整体形态与特征，故倾向于选取与村民公共生活密切相关的人口规模与空间半径作为村落规模调查研究的主要参考指标。

　　调查发现，特大型传统村落多为若干自然村相连而成的村落群或行政村，建村时间通常较早；大多数村落人口规模在600人左右，高山地区的村落相对于丘陵、平原地区的面积较小，人口亦少；小型村落多分布于偏远高山或大石山区，分布零散（表3-8）。

村落规模调查表

表3-8

村庄规模	特大型	大型	中型	小型
人口规模	≥1001	601~1000	201~600	≤200
样本数量（个）	35	27	55	15
村落举例	平岩、平安	龙脊、龙腾	达文、古朴	弄立、大塘
比例	27%	20%	42%	11%

（来源：作者自绘）

　　村落的尺度规模与自然环境条件、建筑形式、村民的生产生活等密切相关。我们以从村落居住区到农耕区的空间距离，即空间半径，来考量传统村落的空间尺度规模。山地村落受到地形变化与有限耕地的限制，干阑式建筑排布较为紧密，村落规模不大，例如，大石山区的达文屯，63户265人，村落半径约为136米；也有规模较大的山地村落，如龙胜龙脊村、平安寨，多因当地拥有较为丰富的地下水与林木资源，环境的承载力得以提升，随着各姓氏居住组团的扩张，逐渐连接、融合成为较大规模的村落或村落群；而丘陵地区地形相对缓和，且常有河流流经，利于村落的发展与规模的扩大，因此村落的空间半径约为300~400米；平原地区村落布局整饬，天井地居式宅院单体的规模也较大，受到根深蒂固的大家庭聚居宗法制度的影响，村落形态以团块状为主，规模与家族的规模相适应，空间半径约200~400米（图3-4）。

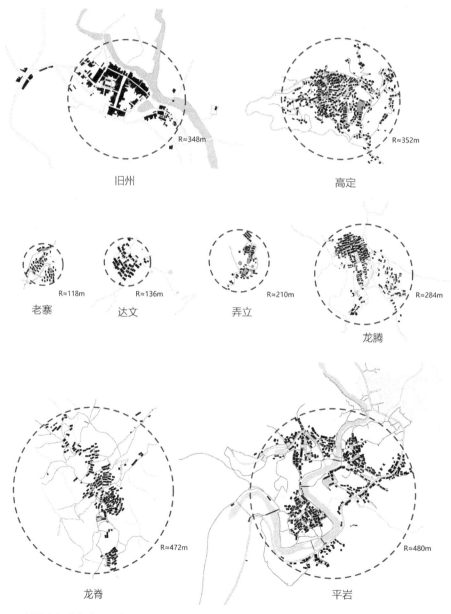

图3-4　村落空间半径举例（来源：作者自绘）

3.3.3 平面形态

对于传统村落公共空间的形态研究，同样可以从不同标准与角度进行归纳。在平面构图和空间形态中，点、线、面被视作必不可少的基本形式要素，基于类型化与量化的目的，本研究从主要平面形式与空间尺度上，对传统村落公共空间形态进行考察，据此将其划分为点状、线状以及面状空间。

1. 点状空间

点状空间是村落中的小尺度公共空间，以少量的小型空间元素组合而成，主要为少量人群提供较静态的公共交往活动。数量多，分布广，与村民日常生活密切相关。其具体形式主要有公共建筑、古树、井台等。在实地调查中，村民在点状空间中主要进行较为静态的日常交往活动，如聊天、乘凉、棋牌、家务，并且参与活动者相互较为熟悉、关系亲密，距离亦较近。从村落的空间意向角度来看，点状公共空间常具有标识性和领域感，在空间位置上比较突出，或形态上易于识别，又或包涵某种特殊意义。对应于凯文·林奇的意向五要素理论中，则可转译为"节点"，即某些特征的集中点或是外部观察的参考点。广西少数民族传统村落中常见的点状公共空间有如下几类：

（1）庙宇

作为精神寄托，庙宇在以多神崇拜为主的少数民族地区分布极广，形式各异。

土地庙是广西传统村落中最为常见的庙宇，各地、各族村落中均有较多分布。土地神之所以得到百越的普遍敬畏与供奉，源于农耕族群对土地的崇拜。由于神格不高，属基层信仰，土地庙多形制简单，小则三两石块垒筑，大则木构、砖砌小棚。庙中多无神像，唯用红纸书写"土地公之位"贴于墙上以供祭拜，相关的祭祀活动于庙旁空地进行。土地庙常位于村口大树下或风水林中，有护寨之意味。逢年过节或遇重大危难事件，必到庙中跪拜求签。集体祭祀则每年一小祭，三年一大祭。开春作"春祈"，求风调雨顺，人畜平安；秋收需"还愿"，谢土地公之厚赐[①]（图3-5）。

壮族的莫一大王庙、侗族的萨坛、飞山宫、瑶族盘王庙、汉族伏波庙则是广西地区较为常见的具有民族、地域性特征的庙宇建筑。莫一大王、飞山圣公和盘王都是各族神话传说中，对氏族部落的生死存亡与繁荣发展做出重要贡献的英雄人物，因而被神化为地方保护神

图3-5　土地庙（来源：作者自摄）

① 互动百科-壮族http://www.baike.com/wiki/%E5%A3%AE%E6%97%8F.

a）莫一大王庙   b）飞山宫   c）盘王庙   d）伏波庙

图3-6典型民族性、地域性庙宇建筑

（来源：a）：熊伟. 广西乡土建筑文化研究［D］. 广州：华南理工大学：2012；b）、c）、d）：作者自摄）

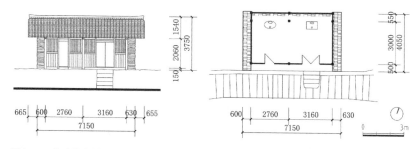

图3-7 龙胜龙脊村莫一大王庙（来源：作者自绘）

或各族的祖先与精神领袖。此类庙宇建筑的规模形制常根据民族、地域、供奉对象而有所区别，这也是质朴的英雄崇拜的物化表现（图3-6）。

广西少数民族传统村落中，庙宇类公共建筑的形式与尺度多与民居协调一致。龙胜龙脊村莫一大王庙，面阔两开间、进深一开间，单层木构建筑。檐面为木屏风外墙，片石堆砌为单墙，无论开间尺寸、模数，结构或立面形式、材质均与当地传统民居无异。低调的体量、较偏僻的选址，使这类公共建筑并不醒目突出，这也是广西少数民族传统村落庙宇建筑的普遍形式与特征（图3-7）。

三江良口和里乡三王宫，则是其中的特例，明末清初，村民为纪念古夜郎国竹王三子而建。由庙堂、舞台、前后院落组成，

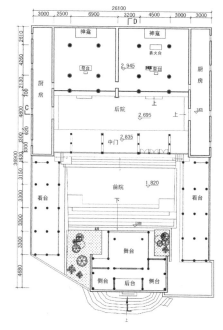

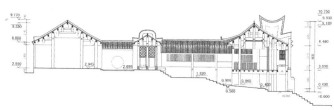

图3-8 和里三王宫（来源：作者自绘）

规模宏大，兼有祭祀、戏剧、民俗活动等多种功能。歇山砖木结构、灵活运用架空与天井、对称的平面布局，融合了汉族宫殿、院落风格与侗族传统建筑形式，十分罕见（图3-8）。

（2）鼓楼

鼓楼是侗族村落的标志，古谚语云"有寨必有楼，有河流必有桥"，足见鼓楼之于侗寨的非凡意义。原始社会时期已有氏族或部落商议要事的"堂卡"或"堂瓦"，"堂"指大伙，"瓦"为说话，大伙说话之地，是为鼓楼之雏形。原始鼓楼形式也非常简朴，或为遮风避雨的大树，或是简易搭建、与民居类似的公房，随着社会的发展、村落的扩张、建造技艺的不断精进，才越发高大精巧起来。桂西北三江、龙胜的侗族村落中分布着数量众多的鼓楼，一些规模较大的村落甚至拥有6、7座鼓楼，靠近侗族聚居区的一些苗族村落中，也建有鼓楼。这些鼓楼的形式与尺度各异，即使在同一村落中，其选址与建造的方式也不尽相同，但都具有空间与精神上的凝聚力（图3-9）。

广西侗族传统村落中的鼓楼可分为塔式与阁式两类基本形式。塔式鼓楼形似古塔，较为挺拔，在视觉上与周边建筑形成对比，平面上则多为方形，对称、规整、严谨。马胖鼓楼是三江地区规模最宏大、造型最雄伟、结构最严谨的传统塔式鼓楼，高10.5米，宽11米，面积约132平方米，为广西鼓楼中面积之冠。长宽高比例较为接近，因而形成稳定、敦厚的外部造型。室内中心处布置火塘，上方逐层内收的木构体系营造出高大深远的神圣感。大厅坐落于河畔高地上，且与密集的干阑建筑群通过宽阔的广场与道路稍作间隔的布局方式，使得马胖鼓楼的视觉焦点与核心空间的形象更为凸显（图3-10）。

图3-9　鼓楼与修建倡议书（来源：作者自摄）

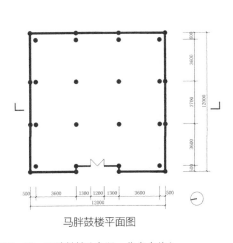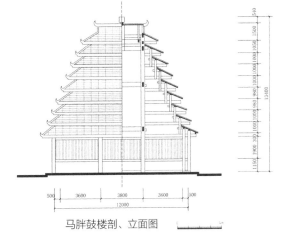

马胖鼓楼平面图　　　　　　　　马胖鼓楼剖、立面图

图3-10　马胖鼓楼（来源：作者自绘）

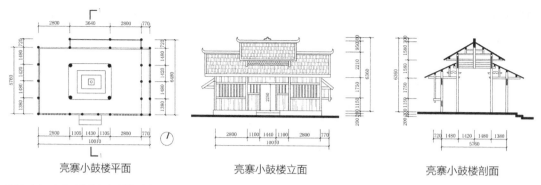

图3-11   三江林溪亮寨鼓楼（来源：作者自绘）

与塔式鼓楼相比，阁式鼓楼规模较小，小至十余平方米，如皇朝寨小鼓楼。朴实造型与近人尺度与干阑式民居相似、融洽，平面与选址布局上更为自由、灵活，林溪葛亮寨小鼓楼为典型的阁式鼓楼，面阔三间，进深四架，穿斗与抬梁混合的木结构。与民居相区别的是局部升起的屋面，利于排烟、通风、传递鼓声，更从造型上提示出其特殊的功能与意义。小鼓楼选址靠近村口，与寨门和民居围合出一块形状不规则的小型广场，空间布局灵活，尺度亲切宜人（图3-11）。

（3）风雨桥

广西少数民族传统村落多傍水而居，桥梁因而成为必不可少的交通枢纽，"有河必有桥"。风雨桥多以青石为墩，杉木铺面，青瓦盖顶，有廊亭、栏杆、长凳，为来往村民提供遮蔽风雨、休憩之所。广西许多少数民族村落中都有风雨桥，其中侗族因建筑技艺最高，其桥梁亦格外的气势雄浑而又精美雅致，尤以程阳风雨桥为代表。其他少数民族的风雨桥则从实用出发，造型简朴，且数量不多，通常也称为"凉桥"，在三江、龙胜一带与侗族杂居或邻近的相对富裕的壮族、苗族村落中较多见（图3-12）。

侗族的风雨桥的造型是侗族干阑建筑的再现，创造性地结合了亭与廊的空间元素，桥亭形似鼓楼，挺拔向上，桥廊则强调横向线条的层叠与延伸，与干阑民居呼应。由石块垒砌的六角形桥墩，悬臂简支梁结构的桥跨，榫卯嵌套、梁柱交叠形成的桥面和屋顶，依附于结构灵活设置的栏杆与坐凳，共同结合成为牢固、稳定的整体。风雨桥线性的空间形态与间隔出现的桥亭空间节点，模数化的木构件及其规律性重复，形成了点、线结合，有节奏、有韵律的空间序列。

坐落于三江县林溪乡平岩村口的程阳永济桥，全长77.76米，桥廊宽3.75米，顶高11.52米，"两台三墩四孔，五座五重檐塔阁式桥亭与十九间桥廊"，雄浑精美，是广西地区最大的

地灵风雨桥（侗族）   金车风雨桥（壮族）   金坑风雨桥（瑶族）

图3-12   典型风雨桥（来源：作者自摄）

风雨桥。桥亭分别采用重檐六角攒尖顶、重檐攒尖顶与重檐歇山顶三种基本的鼓楼屋顶形式，既有对比、起伏，又有对称和韵律，和而不同（图3-13）。

在河道狭窄处，则多选择较小规模与简化的桥梁形式。如坐落于平岩村中的万寿桥，仅十余米长，无桥墩，屋顶局部抬高，形成重檐，以活跃造型，形式与尺度接近于周边民居，甚至在空间上相互联系，形成引导、连续的步行公共空间（图3-14）。

壮族风雨桥较之于侗族风雨桥，规模小，且造型简朴。多跨于山涧小溪上，长约10米，宽2~3米，桥廊形式与侗族相近，但无桥亭。如龙胜枫木风雨桥，抬梁式木构架，悬山顶，柱间设有栏杆、座凳，自然朴实，无多余装饰（图3-15）。

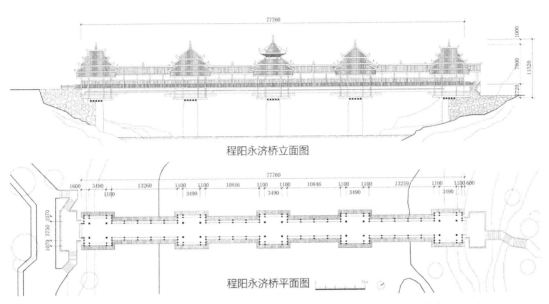

程阳永济桥立面图

程阳永济桥平面图

图3-13　程阳永济桥（来源：改绘自李长杰. 桂北民间建筑［M］. 北京：中国建筑工业出版社，1990.）

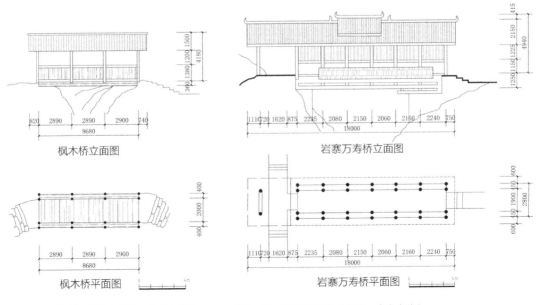

枫木桥立面图

岩寨万寿桥立面图

枫木桥平面图

岩寨万寿桥平面图

图3-14　龙胜枫木桥（来源：作者自绘）　　图3-15　岩寨万寿桥（来源：作者自绘）

（4）戏台

戏台是乡村建筑中最具娱乐性质的场所。侗族戏台在数量与形制上，仍为少数民族之冠，得益于其戏剧文化丰富且发展充分。侗族村落中的戏台，常与鼓楼、鼓楼坪、观景长廊等一并形成聚落的核心公共空间群（图3-16）。戏台的造型与体量虽不如鼓楼般高大精美，但同样注重重檐、歇山顶、局部的雕饰等细节处理，从而塑造出和而不同、醒目突出的造型特征。

平铺寨戏台的选址尤为独特。出于防火需求，平铺寨整体呈现"田"字型布局，其中有宽约20米的两条防火隔离带横纵交叉，将村落划分为四块居住组团。戏台恰位于防火间隔带十字交叉处，无论地理位置或视觉感受，均是村落之核心。平铺戏台借鉴鼓楼的造型元素，三层重檐上叠置八角攒尖顶，形式独特，其空间与视线的焦点地位更甚于东西两侧的鼓楼（图3-17）。

八协戏台与鼓楼、武庙依次坐落于整个村落的中轴线上，共同界定与营造出村落的核心公共空间。戏台规模较大，高11米，总面积约330平方米，共设有3层。储藏室设于地下层，首层类似于鼓楼，兼具休憩、集会之功能，二层为演出空间，整体造型沉稳、雄浑，亦不失精美的装饰与醒目的色彩（图3-18）。

马胖戏台同样与鼓楼相对而设，但并不严格正对，其间形成梯形的鼓楼坪广场。戏台采用了较为罕见的砖木结构，飞檐雕饰，与马胖鼓楼起翘的檐角、精巧的雕饰以及鲜艳的檐绘相呼应（图3-19）。

图3-16　三江冠小侗寨戏台与景观长廊（来源：作者自摄）

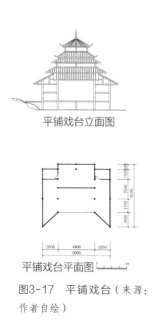

平铺戏台立面图

平铺戏台平面图

图3-17　平铺戏台（来源：
作者自绘）

八协戏台立面图

八协戏台平面图

图3-18　八协戏台（来源：作
者自绘）

马胖戏台立面图

马胖戏台平面图

图3-19　马胖戏台（来源：
作者自绘）

（5）寨门

寨门，顾名思义，是村落的主要出入口，表征空间序列开端的神圣空间。其坐落因地制宜，或于坡地、田野、密林，与自然要素结合为天然的村落边界，或于地势险要处，与垒石围墙连接一体，而具有一定的防御性。除了防范匪患，寨门还被视为阻挡邪恶鬼妖入侵的关口，是村民精神、心理上的安全线，因此其选址、朝向、动工时辰都是村落的集体要事。随着村落的扩张，防御性需求减退，日积月累的损毁，许多村落的寨门已不复存在，仅存的一些寨门也仅作为装饰、界定的仪式空间（图3-20）。

龙胜龙脊石寨门　　　　金秀瑶寨夯土寨门　　　　三江高定寨门　　　　三江座龙寨门

图3-20　典型寨门（来源：作者自摄）

侗族的寨门数量、形式均较繁多，规模较大的村落还设有多座寨门，如三江高定寨原有4座寨门，琶团寨亦有4座。侗族寨门多为木构，有内设座椅或储藏空间的楼阁式、简洁精致的门阙式，以及高大雄浑的牌楼式。

平岩村岩寨寨门为楼阁式，首层架空为出入口，二层以上整体造型形似小型的塔式鼓楼，并有简易的连廊通向相邻建筑（图3-21a）。

亮寨寨门为典型的门阙式，体量较楼阁式的岩寨寨门小，简洁、清晰的对称格局，立面装饰丰富、色彩鲜艳（图3-21b）。

八协寨门则为门阙式与楼阁式的结合，并运用了与八协鼓楼相似的斗栱叠顶的装饰手法，造型独特、精美，加强了村落公共建筑的整体性（图3-21c）。

其他少数民族村落寨门多体量小、形式简朴，为木构或条石搭建的方形门框，如龙胜龙脊村廖家寨东、西寨门（图3-22）。

（6）凉亭、井亭

广西山地分布广泛，且山高路陡，日照强烈，村民上山下山、耕田劳作，非常辛苦，因此素有在村寨周边通往田间的通道旁修建凉亭的风俗。其位置以方便往来劳作的村民使用为宜，靠近村寨的山坳、道路交叉口或田间地头，视野、景观足够开阔处。也有建于村落内部的。结构形式均较为简单，仅供遮风避雨、歇息乘凉。修建凉亭被视作热心公益、尊老敬贤、积德行善之举，因而其建设往往得到村民的慷慨解囊，献工献料，体现与象征着村寨的团结、家族的和睦。

凉亭建筑形式简朴。平面方整齐，面积多在10平方米以内，由四、六或八根立柱卯接穿枋木搭建，双斜坡瓦顶或草顶，四面开敞，用木板依凭立柱搭设喂坐凳。不同民族不同地区的凉亭形式大致相同，只是在细部构件、局部装饰上略有不同，从而反映出一定的民族风格。

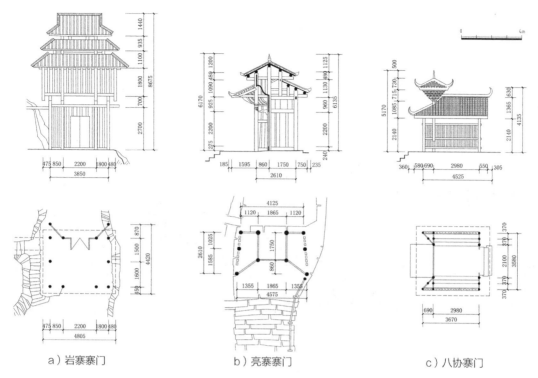

a）岩寨寨门　　　　　　　　b）亮寨寨门　　　　　　　c）八协寨门

图3-21　侗族寨门举例（来源：作者自绘）

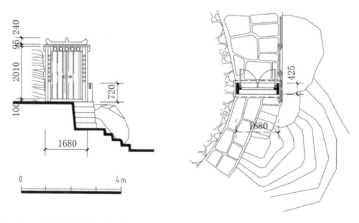

图3-22　龙脊村西寨门（来源：改绘自：
孙娜，罗德胤. 龙脊十三寨[M]. 北京：清华大学出版社，2013.）

　　马胖凉亭位于村落中几条道路交汇之处，面水通风，适宜纳凉歇息。双开间、穿斗式木构架、悬山顶的凉亭架空于溪流之上，利用吊住悬空获得较宽敞的空间，利用移柱的方式设八字门，形成欢迎之势，形式简洁、体量宜人，与环境要素和谐（图3-23）。龙脊平寨凉亭属当地规模较大者，面阔5间，宽7.7米，进深3米，抬梁式，重檐顶，形似歇山。四面设围栏，内外两层立柱之间架板条凳。凉亭坐落于村口的半圆形空地一侧，与村树相对而设，其上为新建的龙脊生态博物馆，共同形成平寨与廖家寨交界处的活动中心（图3-24）。

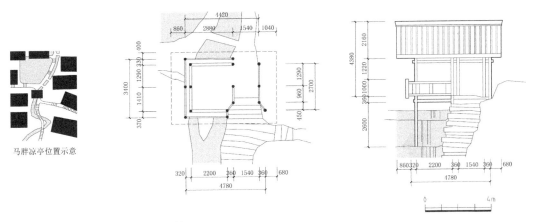

图3-23　马胖凉亭（来源：作者自绘）

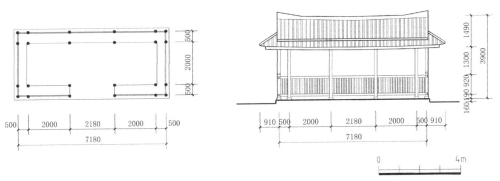

图3-24　龙脊平寨凉亭（来源：作者自绘）

图3-25　凉亭、井亭与井亭边的集会（来源：作者自摄）

　　广西拥有丰富的地下水资源，村寨里常有多处井泉，作为饮用水和部分生活用水的来源。水井、泉眼的数量往往与村落规模成正比，并多分布于村边、河岸边，利用石头砌筑矮墙，形成井台空间，便于洗衣洗菜；又或点缀于居住区内的街巷交汇、转弯处，借助住居墙面围合成半封闭式的空间。为了保证水质清洁，还通常在井泉上修建通透开敞的井亭。各族、各地村落的井亭形式各异，简繁兼有。亭内常备水瓢、椅凳，可取水亦可乘凉、歇脚。取水、劳作的过程酝酿着多样的社交活动，进而成为村民聚会、娱乐的公共活动空间。井亭也多由村民捐资献工献料，同样表征着村落的团结和睦（图3-25）。

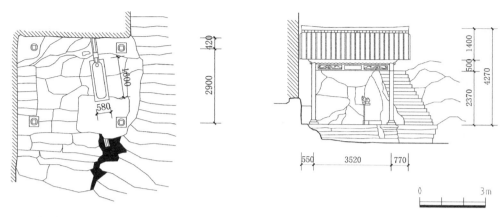

图3-26 龙泉亭（来源：改绘自：孙娜等. 龙脊十三寨［M］. 北京：清华大学出版社，2013.）

龙泉亭坐落于龙胜龙脊廖家寨村边，靠近西寨门，面宽一间，体量小但造型精致。泉亭背靠两块巨石，泉水绕石一侧流入石质水槽中（图3-26）。

（7）祠

祠堂是宗族或家族的凝聚核心与精神象征，尤其在封建礼制思想主导的汉族传统村落中，祠堂是必不可少的礼制建筑。由于较早较深刻地受到汉文化的强势影响，加之根深蒂固的、淳朴的祖先崇拜，少数民族住居的堂屋亦多设有神位与祖先牌位，尤其在土司治所所在地域，以及与汉族密切杂居的桂东少数民族传统村落中，多设有一座甚至多座祠堂，其形制与汉式接近，家族围绕祠堂聚居，进而影响到村落空间的整体规划，如阳朔龙潭、金秀龙腾屯。祠堂不仅是祭拜祖先的重要空间，还是定族规、立族谱，宗族议事、办学等集体公共活动的场所，发挥着维系血缘共同体，强化认同感与凝聚力的物质与精神功能（图3-27）。

（8）村树

村树是传统村落必不可少的景观要素，许多村落中都保留有多棵远高于普通民居的古木、大树。它在村民心中占据重要地位，在苗族村落中，树木被认为具有灵性而加以崇拜，成为族群蓬勃发展的象征，并且是村落精神的核心。巨大的树冠具有归属感和安全感，成为村民日常交往、聊天乘凉的天然公共场所（图3-28）。村树还常常与祠堂、村庙、井台、寨门等结合，成为村落中最为稳定的核心空间要素。

朗梓村瑞枝公祠

龙腾村梁氏祠堂

图3-27 祠堂（来源：作者自摄）

图 3-28 田头苗寨古榕
（来源：作者自摄）

2. 线状空间

线状空间是村落整体空间系统的骨架，将点状空间与面状空间串联起来，从而构成了完整的村落空间结构。村落中的线状公共空间主要有水系与街道，水系已在前文自然环境要素的研究中进行了分析，故在此仅对街道空间进行重点分析。

少数民族传统村落常先建寨后铺路，待房屋建成之后，由人们行走的需求与习惯，结合地形特征，构成有机、变化的道路网络。当村落规模较小、建筑分布分散时，道路或小径只起着交通联系的作用，未形成具有封闭围合感的街巷空间，并且，道路与建筑物之间常常有篱笆、猪圈、菜地、水塘等缓冲地带，走向随机、自然且富于变化：或夹于两檐之间，或穿架空层而过，又或顺势蜿蜒。道路系统在形成和延伸过程中，没有固定的模式，以方便实用、融入环境为本，从而塑造了丰富而独特的道路空间和景观。

街巷是在道路的基础上形成的，随着道路两侧建筑的不断增加，密度越来越高，逐步形成两侧封闭、围合感较强的街巷空间。因此，街巷的空间形态、比例尺度受到两侧建筑的极大影响，相较于道路，公共性弱，封闭围合感强。例如，干阑村落与地居村落相比，后者因街巷两侧为高大、厚实的墙体，而较之前者底层架空、木板围合、悬山顶的立面，更显得封闭、幽静。同样，地形变化较大的村落，其内部的街巷除平面曲折外又增加了高程的起伏，街巷空间更加变化多端。

传统村落中的街道系统联系着村落中的建筑、广场等各个组成部分，与其布局、方位与形式相互影响、作用、协调。同时，承载起丰富多彩的公共活动，散步、偶遇、聊天、锻炼等，使村落公共生活井然有序、充满活力。

本节从平面形态与布局的角度，将广西少数民族传统村落的街道的形态与格局分为树枝状、放射状与网络状三大类（表3-9）。与平面形态同样重要的，影响街道格局空间感受的另一个重要方面——界面特征，将在后文详细论述。

道路结构调查表　　　　　　　　　　　　　　　　　表3-9

树枝状	放射状	树枝网络状	规整网络状
灵川老寨	三江马安	龙胜龙脊	靖西旧州
那坡达文、那坡吞力	三江大寨、三江座龙、	龙胜平安、那坡达腊	金秀龙腾、上林古民
59	19	31	23
45%	14%	24%	17%

（来源：作者自绘）

（1）树枝状街道格局

以一或两条贯穿村落中主要节点的街道作为主干，巷道垂直于主干呈树枝状展开而形成，体现出一种总分的结构态势。村落的生长方向与自然环境因素的引导与控制，均影响着主街的延伸方向与形式。村落规模较小时，建筑组合形式简单，即沿主要道路一侧或两侧布置，该主干道路便成为汇聚着村落日常生活、公共活动的核心空间，从而往往易于发展成线状或带状的村落形态。当村落规模扩张，主街道受到地形等因素的影响弯曲盘旋，则呈现出更为复杂、有机的街道格局。

（2）放射状街道格局

此类格局通常是由于村落选址在山水环抱处，或围绕标志性公共建筑、广场、风水塘等村民户外生活和聚会交往集中发生的重要中心节点布局而形成的。受到地形地貌的限制或生活习惯的作用，村落道路或由中心节点空间向四周扩展延伸，或围绕中心区域形成小环路，再继续向外扩散，从而呈现由内向外延展的空间形态。村落不断发展、扩张，新的核心空间也会随之出现，而新的道路仍然延续着这种潜在结构，围绕新中心而向外辐射展开，从而形成多核心的簇团状的空间形态[①]。

（3）网络状街道格局

随着村落不断发展、扩张，线性、树枝状的街道体系进一步发展而成为纵横交错的面状网络型道路系统。在地形地貌的影响与制约凸显的高山丘陵地区，村落道路因地制宜地自由延展，而形成交织状的网络形态；而在环境限制较少的平原地区，传统村落街道则呈现较为规则整齐的网格状，近似于城镇的棋盘式街道格局。

3. 面状空间

面状空间是村落公共空间体系中的核心，在长宽比例上类似于点状空间，只是规模、尺度更大，具有较明确的公共空间功能。该类公共空间在村落中分布数量少，一般位于村落入口处，一些小规模村落甚至可能不具有此类空间。面状空间为村民举办大型集体性、纪念性、宗教性活动提供了场地。传统村落中的面状公共空间主要有广场（鼓楼坪、芦笙坪、坡场）、公共绿地、体育活动场地、堰塘、停车场等。广西少数民族传统村落中的面状公共空间，常因地形地貌复杂多变，而导致形状不规则，依据自然要素或建筑限定范围，并时有倾斜起伏，面积亦受到限制，但却对调节建筑密度、丰富空间层次起到重要作用，是少数民族外向型的社交活动不可或缺的聚集性公共空间。

（1）广场、鼓楼坪、芦笙坪、坡场

就功能而言，广西少数民族传统村落中的广场主要有入口广场、集会广场、生活广场、交通广场等形式。

入口广场、生活广场、交通广场多是从生产生活、交通功能出发，自然形成的，是因地制宜、利用剩余空间的结果，在布局、形态与尺度上，常表现出极大的随机性与多样性，占地面积大小不一，形状灵活自由，边界模糊不清（图3-29）。

鼓楼坪、芦笙坪、坡场，是宗族性的公共集会空间，由于使用功能、场地面积、精神意义的需求，其选址的考量则较为周全（图3-30）。

① 田莹. 自然环境因素影响下的传统聚落形态演变探析 [D]. 北京：北京林业大学，2007.

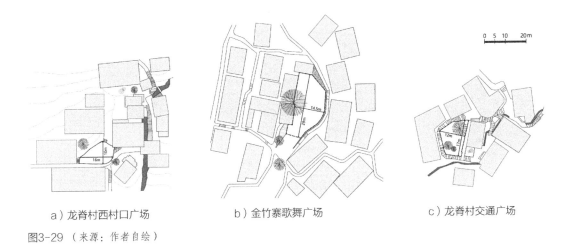

　a）龙脊村西村口广场　　　　　　b）金竹寨歌舞广场　　　　　　c）龙脊村交通广场

图3-29 （来源：作者自绘）

　　　　鼓楼坪　　　　　　　　　　芦笙坪　　　　　　　　　　　坡场

图3-30　典型广场空间（来源：作者自摄）

　　鼓楼坪为侗族村落鼓楼前的活动场地，通常由风水先生进行鼓楼选址时一起确定其方位，并保留出足够开阔、平整的场地以保证其形状尽可能方正、实用。在一些高山丘陵地区的侗族村落，难寻开阔地带，则采取将鼓楼局部架空让出鼓楼坪的巧妙方法，确保实现这一公共场地的营造。除了日常中的社交休闲、节庆时的集会、祭祀、庆典，在农忙、秋收之际，鼓楼坪还承担起晾晒谷物的生产性功能。

　　三江平岩村马安寨的鼓楼坪，利用梯级阶地的处理手法来化解南北面的高差，并起到增加层次，景观立体化的效果。鼓楼坪由鼓楼、戏台和若干民居围合出近似矩形的平面，尺度适中，长约25米，宽约17米，对比于7层重檐的马安鼓楼，相得益彰，烘托出鼓楼的统率地位，亦不失和谐、宜人之尺度。鼓楼坪呈三面围合之势，南侧没有建筑遮挡，视野开阔（图3-31a）。

　　平岩村平寨的鼓楼坪布局则独具一格，由两个梯形广场直角相接，组合而成，两个鼓楼坪分别以平寨鼓楼和平寨戏台为统率。平寨鼓楼统帅的鼓楼坪，平面形态不规则，由规模不大、形式简单的鼓楼，体量小巧、造型独特的井亭，以及体量相对高大、布局自由的民居围和而成。鼓楼坪的西北角设有一座四角形小门亭，为两个广场的交接点，也是戏台广场的入口标志。广场北端高大的戏台、东侧高台上的民居、西侧沿河的廊亭共同围合出戏台广场，受河流、高差等地形因素的影响，而呈不规则平面（图3-31b）。

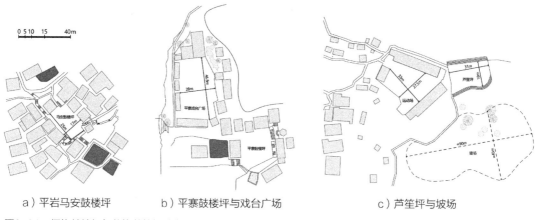

　　a）平岩马安鼓楼坪　　　　b）平寨鼓楼坪与戏台广场　　　　　c）芦笙坪与坡场

图3-31　侗族鼓楼坪与苗族芦笙场（来源：作者自绘）

　　与鼓楼坪相似，芦笙坪亦为苗族村落空间与精神的核心。通常每个村落设有一处小芦笙坪，几个同姓或联姻村落共用一处中等规模的芦笙坪，地缘性的、服饰、方言相同的苗族聚居区又共享一处大型笙坪。平日里，各个村、寨、屯的歌舞活动均在各自村落内部的小芦笙坪进行，节庆、坡会时，各村寨的居民、芦笙队都会聚集到大型芦笙场举行活动。也可以说，芦笙坪的大小是与其中的文化活动的盛大程度成正比的[①]。坡场在功能、规模与使用方式上均与芦笙坪相近，最为独特的是，坡场在平日里就是林木葱葱，村民种植、放养牲畜的自然场地，感受不到公共活动的热闹气氛；而到了跳坡节、歌会等重大节庆，周边村寨的居民纷纷盛装出席，来到坡场，吹芦笙、歌舞、爬坡竿，草地被熙攘的人群踏平，坡场成为了欢乐的游乐场。

　　融水县吉曼屯的芦笙坪与坡场均位于村落东面的边缘区。芦笙坪东西长31米，南北宽18米，南北两侧有4～5级阶梯状看台，是村内举行集会、娱乐活动的场地。芦笙坪南侧的缓坡则为坡场，并无明确边界，草木葱郁，节庆时方成为邻近村落共聚一堂的活动场所（图3-31c）。

　　（2）堰塘

　　少数民族对水格外依赖与亲近，"有居住必有水源"。除了傍水而居，还多于村落内部开挖水塘，蓄水防火、养鱼或塑造为乘凉休憩的景观空间。村落内往往修建有几个大水塘，一些住居边上也深挖一小水塘，便于就近取水。依山而建的房屋，小水塘往往修建在比房顶稍高的地方，以便居高临下取水扑火。穿插、点缀于村落中的堰塘（图3-32），使局部空间具有聚合感，营造出独特的水景观效果，有效调整村落建筑的疏密、层次，更增添了生活氛围与情趣，成为人们乐于亲近、发生活动的场所。

　　三江平岩村马安寨居住组团内部的堰塘，其平面尺寸与民居接近，民居围绕堰塘布置，几块水面交错、穿插，连接起整个居住组团，塑造出层次丰富、围合感强的生活氛围。水面间的石板路则成为日常出行、嘘寒问暖、水边休憩、洗衣洗菜的交通与活动空间（图3-33a）。林溪亮寨同样有大大小小的水面穿插、点缀于民居之间，环绕鼓楼四周的堰塘与民居共同围合出独特的以水为主、层次丰富的村落核心公共空间（图3-33b）。

① 过竹. 始祖母·祭祀崇拜·娱神乐人——苗族芦笙与芦笙文化［J］. 民族艺术，1990（04）：197-205.

图3-32　高定寨堰塘与民居（来源：作者自摄）

（3）与居住混合的田地

少数民族传统村落的建造较少受
到规划的限制而呈现出建筑松散布局
的特征。为了有效利用村落空间、增
加耕地面积，村民充分利用房前屋后
的边角空间、紧邻建筑群的村落边缘
区开辟出小型的田地、菜地、果园，
形成了田地与住居错杂、混搭的空间
效果。于其中从事劳作，更容易与往
来村民发生社交活动，交流生产、闲
话家常（图3-34）。

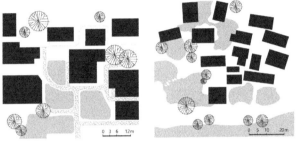

a）马安寨堰塘空间　　　　b）亮寨堰塘空间

图 3-33　堰塘与民居（来源：作者自绘）

3.3.4 界面特征

空间是由界面围合而成的，界面
特征是空间形态的基本属性，是影响空
间认识的重要因素，例如，街道两侧建
筑高度和建筑间距、围合的程度不同，
使得空间的开闭感与视觉通透度发生变
化，所形成的空间感受及空间活动都会
有所不同。传统村落的空间界面主要由
底界面、侧界面构成，底界面包括地形
信息、铺装材质等，是承载公共活动的

图3-34　忻城北更古朴屯与居住区混合的菜地（来源：作者自
摄、自绘）

基础；侧界面不仅是外部空间的围合面，同时也是空间内外之间分隔、渗透的介质，还是外部空
间与村落整体空间之间的联系要素。

类型学研究常基于空间导向将村落空间形态要素划分为四种基本类型：建筑体块界面、

街道界面、广场界面、街区界面，进而逐项分析其底界面、侧界面的形式、尺度与风格等。这样的分类方式可较好地描述城市空间形态，但在传统村落研究中，则需要依据村落的空间特征与乡土特性而进行调整。

1. 界面的构成要素

广西的少数民族村落中，构成界面的建筑、构筑物单体形式相近、建筑组合连续性不强烈且组合方式的不确定性强，因而最主要的公共空间——街道与广场均具有较强的开放性与渗透性。因此本文试图以更为整体、更切合实际的方式剖析传统村落公共空间的界面特征，综合分析广场与街道的底界面、侧界面乃至村落整体界面风貌，进而从底界面的形式与材质，侧界面的形式、材质、虚实、色彩，以及整体界面的尺度、与自然环境要素的空间关系等方面进行"分类——叠加——综合"的描述与推论。

由于传统村落空间独特的开放性、渗透性与相似性，由天空、屋檐、树冠等构成的顶界面对空间形态与感受的影响并不那么强烈，故不具体展开分析。

（1）底界面

竖向变化与地面肌理是决定村落底界面特征的关键。坡道使底界面具有连续且整体的空间感受，台阶通过划分不同标高的地面而强调出地形的变化特征，面状空间的下凹或凸起则可强化局部的中心性或标志性。尤其在广西的山地、丘陵村落中，街巷、广场顺应地形错落变化，铺装材料就地取材，其质感、路径走向与引导等，均强调出自由灵活、因地制宜的特征与魅力。三合土、砖、石块、石板、水泥是广西传统村落中最常见的地面材料。其中，青石板是最高等级的材料，多用于村落中最主要道路，或经济条件较好的村落中的商业街道。山区村落拾级而上的山路、台阶多运用当地常见的卵石、毛石、石板铺砌。偏远地区较为原始的村落的道路与入户小径仍以素土为主（表3-10）。

常见底界面形式要素　　　　　　　　　　　　　　　　　　　　　　表3-10

（来源：作者自绘）

（2）侧界面

侧界面是突出于底界面，并对之进行围合或划分的建筑与实体。侧界面为公共空间营造或开放或封闭的视觉与空间感受，并使空间中的公共活动得到约束、限制或支持、促进。依据界面构成要素的功能类型与形态特征，可划分为界面建筑、特殊界面建筑和其他界面实体三种基本类型。界面建筑，组成公共空间的周边、背景、环境的建筑物，主要考察其规模、尺度、屋顶轮廓、立面形式、材料与色彩等；特殊界面建筑，包括公共建筑、公共空间范围内的建筑，或是形成不规则、特殊界面的建筑物，包括村中地标、景观小品等公共设施；其他界面实体则主要涵盖公共空间周边的植被、围墙、栏杆等[1]。

1）界面建筑

民居是界面建筑的主要构成元素，在广西少数民族聚居区，干阑式楼居是本土、原生的传统住居形式，天井地居则是随着汉族移民与汉文化的传入，经过本土气候、地形地貌的修正，而形成的另一种具有代表性的广西地域建筑类型[2]（图3-35）。

干阑民居立面简单朴实，一般分为三层，底层为架空层，或完全架空，或用木板、竹条、夯土以及片石围合成通风性能良好的空间，部分地区檐柱底部做高脚石质柱础，防雨防潮。当建筑建造于台地或斜坡上，地板一部分使用架空地板，一部分依附原有地面，成为半干

全干阑（高脚）　　　　　　　　　半干阑

次生干阑　　　　　　　　　汉化地居

图3-35　界面建筑主要类型（来源：作者自摄）

① 黄健文. 旧城改造中公共空间的整合与营造［D］. 广州：华南理工大学，2011.
② 熊伟. 广西传统乡土建筑文化研究［D］. 广州：华南理工大学，2012.

阑，俗称"吊脚楼"。干阑式楼居曾广泛分布于广西各地，随着汉文化传播、生活观念转变、族群迁徙、人口增长以及木材资源枯竭等原因，干阑建筑逐渐消退，只在桂西北的少数民族和部分高山汉族聚居的偏僻山区中保留、繁衍下来。

地居式建筑则主要有汉化地居与本土干阑地面化两大类型。干阑建筑地面化是多因素共同作用的结果，常常随地域不同而呈现出不同的演变过程与造型特征，作为干阑与地居建筑的一种过渡状态。这类民居广泛分布于桂西北、桂西等少数民族聚居地，如德保那雷屯、金秀六巷村的民居，其空间布局、立面形式、建造结构仍然延续着传统干阑的某些特点，亦可定义为广西干阑民居的次生形式。

在汉文化强势地区，如桂东北、桂东、桂东南等地，少数民族传统村落多被汉化，其建筑形制向当地的汉族平地式建筑趋同。其中，以广府、湘赣风格、形式居多，亦有少量客家风貌，又以阳朔龙潭、朗梓、富川福溪及金秀龙屯最具特色和代表性。

基于传统民居的界面特征，可将其进一步细分为屋顶的形式、装饰与材质；墙身的形式与材质；以及其他侧界面构成要素，如墙基、柱础、挑檐、吊住、门窗等特征项进行分类研究（表3-11）。

传统村落常见侧界面形式与要素   表3-11

屋顶	形式	悬山：出檐口深远，保护墙面，多见于木质干阑、夯土干阑	悬山+披厦：扩大使用空间，遮挡雨水	歇山：多见于桂西北，建筑技艺较高的侗族及周边民族相互学习借鉴而成	重檐：多见于桂西北，建筑技艺较高的侗族及周边民族相互学习借鉴而成	硬山：建材变化与外来技术传入，多见于桂东汉化地区、桂中次生干阑区
	装饰	无装饰、石块压瓦：最为朴实的屋顶形式，压瓦防风	举折、升起：线条优美，多见于桂西北	拼瓦脊饰：图腾崇拜，祈福许愿，灵动活泼。常见狗、金钱、牛角、雕花等	彩塑、灰塑：广府装饰风格，夸张醒目和通透，整体风格因而显得较为轻巧	起翘、挑檐：翘角形式以叠瓦、动物花草居多
	材质	小青瓦：最为常见	红瓦：见于桂西大石山区一些村落	茅草：见于经济困难的苗族与山地瑶村落（如布努瑶地区）	树皮：见于经济困难的苗族村落（如融水勾滩苗寨）	

墙身	**形式**					
		架空：干阑民居基本形式	架空+木板、竹条、夯土或片石围合：方便圈养，利于防雨防潮	实体承重：节省木材，就近取材。发挥砖、夯土防火防蛀、防水优势	檐面设楼梯：或垂直、或平行，多见于壮族村落	山面设楼梯：平行与山面，常设披厦遮蔽，多见于侗族村落
		人字山墙：受汉式风格影响，桂东地区常见	马头墙：多受湘赣风格影响，桂北壮族、瑶族村落常见	瑷耳山墙：多受广府风格影响，桂东南地区常见	凹入门斗：广府风格影响下的建筑檐面入口形式	影壁+门楼：受湘赣风格影响的建筑檐面入口形式
	材质					
		木材：传统干阑建筑的基本建材，多用杉木	泥砖、夯土：耐久、耐火、防潮，多见于水田或生土资源丰富地区	石材：就地取材、节约木材，透水防水。多见于卵石多的沿河地区	木骨泥墙：工艺简单、防火性能得以提升，见于偏远落后村落	砖墙：次生干阑、汉化地居，防火性强。桂东北多青砖，中西多红砖
其他						
		墙基、柱础：多为石料砌筑，防腐防潮。桂北、桂东也多用砖砌筑	出挑、吊廊：层层出挑提高空间利用率，塑造富于变化的形体。瓜型吊柱装饰	廊道：干阑建筑二层入口部分常出挑形成门廊。侗族干阑在室内设有敞厅	门窗：杉木为材，多为方格状搭配雕花形式	栏杆：多为竖向木条。苗族常见"美人靠"可坐可倚，呈曲线飘出，美观独特

（来源：作者自绘）

依据以上少数民族传统村落界面建筑的形式、装饰、材质的分类研究，可对各民族各地区的村落界面建筑特性进行简要归纳（表3-12）：

各民族各地区传统村落界面建筑特征   表3-12

壮族	桂西北	高脚栏杆 底层架空，以木板、竹条、夯土、片石局部围合。三江、龙胜地区采用杉木拼接的屏风墙形式，开横向长窗，檐面设门廊或通廊，顶层开敞通透，虚实对比强。受汉族一明两暗格局影响，楼梯与入口平行或垂直设于檐面当间。构件简洁，少雕饰，装饰集中于屋脊、柱础、柱头、门窗上			
	桂西南	原始干阑 架空层以石块砌筑栅栏，有较高的石质柱础。檐面设通长的门廊，山墙多用泥砖、夯土或木骨泥墙。建材匮乏，故体量较小，门窗、装饰简洁			
	桂中	次生干阑 采用夯土、泥砖筑墙，墙体厚重，开窗少，较木构干阑封闭。建筑底部设50~60厘米高基座，片石砌筑。檐面挑出木结构晒台，山墙开规则小窗，悬山顶，出檐深远，体量高耸，虚实对比强烈。夯土的颜色鲜艳，质感斑驳，与环境的协调统一。简朴自然，绝少装饰			
	桂东	天井地居 广泛采用砖石、夯土等材料作为承重墙体和维护结构。木结构坡屋顶形式。多为汉化的广府、湘赣或客家风格，其中以广府风格最为多见	广府	以清水砖的山墙（镬耳和人字山墙最为常见）和门楼门廊为主要造型元素，尤以镬耳山墙与凹以门斗最为独特。脊饰通透且夸张醒目，挑檐、吊柱与封檐板装饰精美，整体风格轻巧细致
			湘赣	以马头墙或人字山墙以及瓦檐作为收束。墙体不抹灰，露出清砖，基底勒脚用石材或卵石砌筑。山墙与入口为外部造型的主要元素
			客家	多用泥砖和夯土作为墙体的主要承重砌体，只是在重要建筑或重点部位使用青砖和石材。悬山式屋顶，屋脊装饰砌以灰梗压瓦，装饰简单。无镬耳墙、马头墙般造型强烈的山墙形式
侗族	桂西北	高脚干阑 与桂西北壮族干阑形式接近，但更高大精美。入口与入户楼梯位于山面，悬山顶与山面增设披檐形成类似歇山作法的"披厦"。体量高大者还设重檐披厦。檐面设敞厅，仅有栏杆而不设墙板封闭，为半开放的灰空间。檐部处理精细，檐角反翘，挡雨披檐错落层叠，富于变化			
苗族	高山	"半边楼"、"吊脚楼" 区别于周边其他少数民族的独特干阑形式。于斜坡上开挖土石方，垫平后部地基，后部接地，前部做穿斗式木构架空层。檐面设半开敞退堂望楼。"美人靠"栏杆形式	近壮则壮 近侗则侗 近汉则汉		
	丘陵	干阑或次生干阑 与同一地区的壮族或侗族建筑相似			
	平原	天井地居 苗族特色通过构件、装饰体现。如马头墙的"鳌鱼"装饰的座头。墙基以乱石砌筑出"人"字形的"鱼骨"墙裙			
瑶族	山地瑶	木构干阑 歇山或悬山大坡顶、杉木构架与墙面，偶有木骨泥墙。门窗形式简单，装饰较少，简朴实用。南丹地区的高山瑶建筑亦采用局部架空的半干阑模式，与苗族"半边楼"不同的是，其局部架空位置灵活多变，适应于地形，或前或左或右。金秀瑶族建筑大门旁离地约两米处，挑出独特的供青年约会的木结构"爬楼"			
	平地瑶	天井地居 屋顶以硬山、悬山为主，挂小青瓦，砖木结构为主，墙面多用青砖，也有红砖或夯土。木质门窗雕花复杂，构件装饰精美，彩绘运用丰富活泼			
仫佬族	大石山区	天井地居 石基砖墙瓦顶或砖瓦木结构的平房。建筑基部以火砖砌筑高约一两尺的地台，墙体以泥砖做维护，墙基、柱础、台阶多用精美石料。山墙以龙凤麒麟、烟墨蓝靛绘饰。门窗尺度讲究"模数"与比例，运用"鲁班尺码"			
毛南族	丘陵	木石干阑 建材以石为主，多为木石结构、泥墙。墙基用青麻石，木构架立柱的底部为石柱，台阶、山墙、门坎、晒台、栅栏等构件均为条石、石块雕琢砌筑而成。建筑多为两层、三开间，体量不大			
其他		受壮、汉文化影响较大，其他民族传统特色在建筑界面特征上反映不多，不展开讨论			

（来源：作者自绘）

　　　　　　a）凉亭　　　　　　　　　　　　　b）鼓楼　　　　　　c）炮楼

图3-36　常见特殊界面建筑（来源：a）、b）：作者自摄　c）：http://www.xcar.com.cn/bbs/viewthread.php? tid=19738077%20）

　　2）特殊界面建筑

　　在广西少数民族传统村落中，特殊界面建筑与前文中所描述的典型公共建筑的范畴大致相同，特殊界面建筑与界面建筑通常呈现出同构相容或对比突出的关系（图3-36）。

　　壮族、苗族村落中，同构相容的现象尤为普遍。例如少数民族村落中的祠堂、庙宇、凉亭的规模都不大，形制与体量趋同于民居，只是在空间格局、比例、装饰、色彩等方面存在些微差别，以突显公共建筑之形象。朴实的造型使得这类公共建筑与周边民居在界面特征与风貌上和谐统一。

　　擅长营造的侗族则十分重视公共建筑的营建，因此作为村落入口标志的风雨桥、寨门和村落核心的鼓楼、戏台均结构精巧、形式多样，在周边民居的映衬下醒目而突出，统率的标志性形象显著。此外，在一些历史上战乱较为频繁的地区，村落出于防御性的需求，建造有碉楼、炮台等造型独特、体量高耸的建筑，也常成为村落整体空间的焦点。

　　3）其他界面实体

　　广西少数民族传统村落中的其他界面实体主要包括晒排、篱笆、沟渠、信息展示板、构成或影响村落界面的植被等。其中，晒排是最具民族传统特色的构成要素，也是高山丘陵地区农耕型村落必不可少的生产辅助空间，它通常位于干阑的檐面或者向阳的山面，用石柱、杉木、竹篾、竹席等搭建，并可与住居的内部空间相连通，以方便晾晒劳作。在石山地区，多以石块垒砌出晒台，底部兼有储藏功能；亦有活动式的晒排，安装了滑轮、绳索，可根据需要拉出或收入屋内。由于喀斯特地貌分布广泛，许多地区石料资源丰富，传统村落中常以石块砌筑篱笆，围合限定居住组团中的院落、菜园或作为台地的挡土墙，形成村落中独特的景观（图3-37）。

晒排

篱笆、栅栏

沟渠

信息展示板

图3-37　常见其他界面实体（来源：作者自摄）

这类界面实体虽不丰富，但简朴实用，即使是以围合为主要功能，仍保持着空间之间、空间与自然环境之间良好的渗透、沟通与和谐统一，开放性较强。

2. 界面的组织方式

传统村落公共空间界面是由多种界面要素相互影响、作用、拼贴、连接成的有机整体，通过从类型学视角上对构成要素进行分类梳理，同时考虑到传统村落中界面构成要素的同构性以及界面组织方式与公共活动的直接关联，本节将以街道与广场这两类村落中最基本的公共空间形式为切入点，归纳公共空间界面组织的典型模式与基本特征。

（1）街道界面的组织

1）高山丘陵地区干阑村落的街道界面

干阑建筑的山面与檐面形式、尺度接近，因此地形地貌的变化与自由灵活的布局成为该类型界面形态的主要影响因素，例如龙胜龙脊村，道路垂直于等高线拾级而上，底界面随地势起伏；两侧的干阑住居朝向不一，其山面与道路成一定的角度，亦不时有檐面正对道路的现象，因此侧界面形态同样曲折错落，临街密度不高，与自然环境相互渗透；再加上道路分支较多，交叉口打断了界面，因此整体的界面连续性较弱，但由于其构成要素风格统一，具有视觉上的韵律感（图3-38a）。

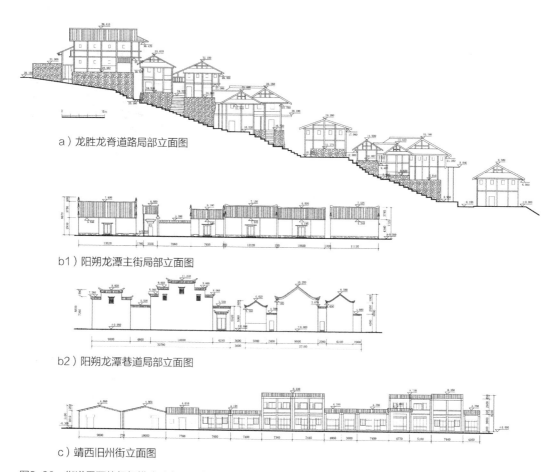

a）龙胜龙脊道路局部立面图

b1）阳朔龙潭主街局部立面图

b2）阳朔龙潭巷道局部立面图

c）靖西旧州街立面图

图3-38　街道界面的组织模式（来源：作者自绘）

2）平原地区汉化地居村落的街道界面

汉化村落因其建筑布局、朝向较为统一，因此其街巷的等级划分与形态差异较为明显。龙潭村"举人巷"为村落主街，3米宽，东西贯穿全村，青石板条石铺地。主街南面为南侧宅院的后墙，高约3~4米，较少开口，其中段的北侧则为村落中最重要的公共建筑——徐氏宗祠，二层湘赣式宅院，柱础保存完整，雕塑纹饰图案精美。各家族宅院均坐北朝南，依次排列于宗祠两侧，多为两进三开间、二层砖木结构的硬山式建筑，高约8米，局部屋脊达到10米左右。宅院多开侧门，或设照壁，因此该主街的界面较为连续、封闭。垂直于主街还有若干青石板巷道，巷道两侧为建筑高大的山墙，以马头墙、人字山墙与院墙错落的形式为主，巷道的空间形态、界面特征十分相似（图3-38b1、图3-38b2）。

3）商业街屋

街屋或骑楼构成的商业街，多分布于广西境内西江沿岸、交通便利的商业型村落、集镇中。街屋与骑楼的原型为竹筒屋——广东地区常见的单开间民居，面宽窄，约为4米，联排形成的商业街平面形似竹节，故得此名。旧州道路格局方正、规整，沿街街屋多为单开间，少量双开间，开间宽度统一为3.5米左右，沿街为一或两层青砖灰瓦的厅堂、商铺，并在统一高度挑出1米的前檐，以遮风避雨。整体的沿街界面和谐统一、连续而有韵律（图3-38c）。

在三种基本的界面组织模式之上，因应地域与民族文化的不同，还发展出许多拼贴、兼容，或是过渡性的界面形态，例如，在桂中平原浅丘地区，许多村落建筑单体采用部分干阑、部分围合的楼居与地居的过渡形态，街道亦是整饬中又有凹凸曲折，因此街道界面形态既有干阑式高低疏密的丰富变化，亦有地居式的平直整饬、山墙封闭之特征。

（2）广场界面的组织

侗族鼓楼坪与汉化村落的宗祠广场是广西少数民族传统村落中的典型广场空间。

鼓楼坪的界面主要由鼓楼、戏台、民居组成，偶有井亭、长廊、飞山庙等功能、造型各异的建筑共同围合，张弛有度，简繁皆宜，是富有活力的空间界面。马安寨鼓楼坪为三面围合的近似矩形的台地广场，广场北侧为该空间最重要的建筑物——鼓楼，平面方正，七层顶，高约12.6米，体量与形式起到统率作用。与之相对的南面，为通往林溪河岸的台阶、挡土墙与开阔的田园景观，东西两侧则为底层售卖纪念品的商住型干阑民居，戏台以相近的体量、独特的造型点缀于东侧民居之中，达到和而不同的效果。整个广场空间以鼓楼为核心主题展开，从围合方式、界面构成等方面，均烘托出鼓楼形式与精神之意义（图3-39a）。

金秀龙腾屯是汉化的壮族村落，村落中心的梁公祠前广场，规模较大，长66米，宽25米，同样为三面围合的形式，东西侧民居仅以少数辅助性的小门开向广场，界面连续性很强，南侧为村落对外联系的公路，因此广场的边界比较明确。两侧民居为大型的宅院，以人字山墙与院墙起伏交错之形态面向广场，形成了一定的围合感与封闭感，而其高度以1~2层为主，并不高大，广场本身尺度又相对宽敞，因此空间氛围并不封闭、压抑（图3-39b）。

梁公祠是广场最重要的界面，其规模为村落中最大，长条形大青石砌筑屋基，以上均为青砖墙，青瓦盖顶，屋檐及房瓴翘角飞檐装饰，屋椽房梁亦有精美雕刻花纹图案，为典型的官府风格，无论在建筑规模，还是建筑造型和细部上，都与其他界面不同，突出了祠堂在广场空间中的地位，最大限度吸引了广场上人们的视线。

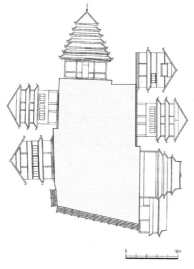

a）马安鼓楼坪界面

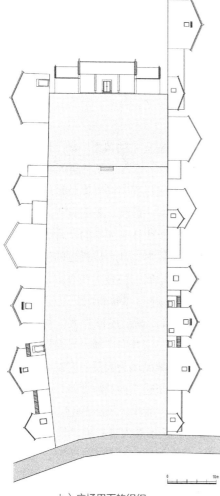

b）广场界面的组织

图3-39　界面组织（来源：作者自绘）

3. 整体界面特征

界面建筑、特殊界面建筑与其他界面实体的有机组合构成了形式各异、和谐韵律的街道与广场空间界面。这些公共空间界面的延伸、连结、演进则形成了多样化的村落公共空间的整体界面特征。依据前文列举与调查的界面构成要素与组织方式，界面建筑的形式与风格是村落整体风貌的直接影响要素，由此切入，可对广西少数民族传统村落公共空间整体界面特征进行归纳。

（1）干阑村落

在干阑村落中，建筑常联排布局，同一房族的住居甚至无缝紧邻，整体上形成近似于水平方向带状排列的视觉效果。干阑建筑的体量相仿，因而屋檐高度接近，随着地势轻微起伏，连接成略有错动、间断的横向屋顶轮廓线。立柱、门窗框则形成有节奏、重复的竖向阵列，加强了整体界面的秩序感和统一性。层层出挑的造型使得村落的沿街界面与整体界面更添韵律、层次与活力（图3-40）。

地形起伏、住宅的疏密变化，道路与建筑之间的篱笆、猪圈、菜地、水塘等缓冲地带使得街巷空间不那么封闭，道路交叉口、广场等开敞空间将道路界面断开，使村寨内部空间与自然环境相互渗透。在地形起伏较大的村落里，住宅沿等高线呈梯级排列。平行于等高线的横向道路常形成一种"半边街"的布局，道路一侧紧邻建筑界面，另一侧则随山势顺坡而下，或是前一排建筑的屋顶，均体现了街巷空间界面的开放性（图3-41）。

（2）夯土村落

而夯土泥砖建筑多各户分离，在垂直方向上发展出高大的体量。较为鲜明的土黄色夯土墙面，于繁茂树林的映衬下十分醒目，但却并不突兀。这种就地取材的大地色系的黄土，在手工建造的过程中掺杂了碎石、泥沙而具备了自然的色彩变化与斑驳的质感，整体界

图3-40　整体界面与道路界面特征（来源：作者自摄）

自然开放的小道　　　　　　　　　　　　半边街

图3-41　开放性较强的道路界面（来源：作者自摄）

a）夯土村落　　　　　　b）湘赣风格村落　　　　　　c）客家风格村落

图3-42　夯土村落与汉化村落整体界面特征（来源：作者自摄）

面效果是明亮而质朴的。可以说，无论是外在表现形式还是内在的生成逻辑，均与自然环境实现了和谐统一（图3-42）。

（3）天井地居村落

汉化村落的天际线构型较为丰富，化整为零、层叠错落的马头墙、倾斜灵巧的人字山墙与弯曲柔美镬耳山墙确定整体的大廓形，再以积瓦、飞檐、脊饰、吻兽、翘角等细部装饰构件点缀，大气而精致。民居建筑的组合方式讲究秩序与规律，其高度以1~2层为主，因而体量相仿，统一严整。在不同民族的风貌、风格引导下，界面构成要素顺应地形或因应具体功能等造型逻辑进行组合，各种形式的墙面在不同高度穿插搭配，饰以形式多样的装饰构件，使得本来稍显封闭呆板的建筑组团乃至整个村落面貌都富有生气而活泼起来，统一中蕴含着无穷的变化。

与广府、湘赣风格不同，在儒家礼制与宗法制度强烈影响下的客家风格汉化村落具有独特的布局方式、构型秩序，从而形成了封闭感显著的界面特征。广西客家风格村落主要采用横堂屋的建筑形制，中轴对称，半月形的池塘、方整的禾坪，以及作为建筑组团核心的高大的祖堂依次排布在轴线上，厅堂两侧对称地设置略低矮的横屋与天井。在整体形态上，中轴对称的严谨格局，中间高大两边低矮的体量对比，烘托出轴线上厅堂空间的庄重威严。而在界面形式上，出于防御心理，客家风格建筑大都外墙高耸，围合封闭，只在墙面上部开设一些小的观察口、枪孔，以作防备。

此外，在侗族村落以及一些防御性较强的村落中，高耸的鼓楼、炮楼，横跨桥面的风雨桥等特殊界面建筑，常常在方向、体量、尺度上与民居构成的界面建筑形成强烈的对比，以强调其作为公共建筑与公共空间的特殊性与标志性，在统一中有变化，使村落整体界面产生起伏变化的节奏与韵律感。值得注意的是，这类特殊建筑虽然形象突出，但在材质、色彩、造型元素上仍与界面建筑保持一定的相似性与延续性，相互呼应从而实现"和而不同"的村落整体空间效果。反观近年社会主义新农村建设中涌现出的新公共建筑，千篇一律的混凝土白墙方盒子，与传统的建筑风貌剧烈冲突、极不协调，这样的反例值得关注与反思（图3-43）。

　　　　　a）和谐　　　　　　　　　　　b）和谐　　　　　　　　　　c）不和谐

图3-43　传统村落整体界面特征（来源：a）、c）：作者自摄　　b）：http://www.xcar.com.cn/bbs/viewthread.php?tid=19738077%20）

3.3.5 空间结构与组织方式

传统村落公共空间是各类公共活动与空间的聚合体，其中的物质要素和公共生活的巧妙安排，反映并满足了人们在思想和意识形态上对于村落公共空间的需求。场所性是村落公共空间的基本特性，为公共活动提供物质、文化的环境与载体，承载公共生活的价值与精神意义。村落居民与环境之间的联系的确立、安全感的产生、对村落内涵体验的深度和强度、对场所的安全感与归属感，均是通过边界、中心、路径和节点等各方面空间的营造与拓扑关联中实现的。公共空间的结构体系并非单一要素所构成，而是多种构成要素遵循某种内在逻辑组成的丰富节点与统一整体。

前文已从平面形态、界面特征对传统村落公共空间的构成要素进行了划分与归纳，亦涉及了"节点"与"路径"。因此，本节则将以"边界"与"中心"为分析的重点，从村落整体空间结构的角度对构成要素的组织方式与内在逻辑进行解析。

1. 边界——边缘性公共空间的构成

传统村落的边界表征着村民公共生活的范围。广西少数民族的传统村落大多把自然环境要素作为村落边界条件加以利用，形成自然边界。环村的河流、坡坎、山坳、环丘等自然地形景观均可作为村落边界的一部分或全部。此外，还有非连续性的人造的象征性边界公共空间。例如，村口，通常由寨门、村树、土地庙形成入口的标识空间，在一些村落中还有风雨桥或寨墙等。这些处于村落边缘区，形式与体量均不同于民居的建、构筑物，共同暗示与界定了村落的领域，形成边界的场所性、多样性和层次感，是为边界型的公共空间。广西少数民族传统村落的边界型公共空间大多具有较强的开放性，依据其构成要素与功能类型可归纳为以下几种模式。

（1）引导性边界节点

寨门、牌坊、过街楼、门楼、牌坊等是以引导和交通功能为主的、聚集停留的功能次之的边界型公共空间，是人们进出村落的行动与视觉的指引、标志（图3-44）。

龙胜龙脊村廖家寨东寨门坐落在和平村通往大寨的大路上，是廖家寨东村口的标志物。由石门框、石刻屋顶与木板门（已腐朽）组成，门洞宽1.2米，高2.1米，门旁边砌筑有长约100米的一段石墙。

三江皇朝寨门亦属此类，坐落于山崖边，通往村落的道路在此转折，寨门形似凉亭，除了靠山一侧均设有围栏，山坡上有高大古树一颗，体现出寨门的功能与象征意义。

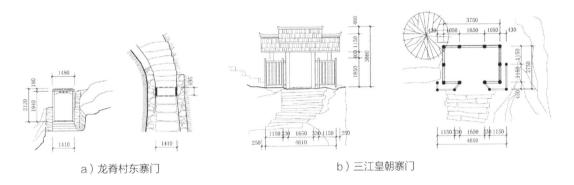

a）龙脊村东寨门　　　　　　　　　　b）三江皇朝寨门

图3-44　引导性边界空间案例（来源：作者自绘）

（2）停留性边界空间

广西少数民族传统村落边缘区域的停留性节点空间主要是村口和村边广场。

1）村口

村口是出入村落的必经之地，村落边界的重要节点，也是村民公共活动的中心。尤其是在高山丘陵地区，平地有限，村口亦往往成为唯一的户外公共活动场所。村口空间的组成要素通常包括村落主干道、寨门、村树、巨石、庙宇、石碑等。依据传统的选址，有水源条件的村落多以水口为村子的入口，藏风聚气，因此也常建有风雨桥，而成为村口的醒目标志。

　　在高山丘陵地区的少数民族传统村落，村口的形态多受到自然环境的影响，而呈现出与地形、自然要素结合的自由式布局，在组成要素上，则规模、繁简各异，一些村寨村口形态简单，如前所述的仅有石制寨门一座的龙脊廖家寨东村口、高定村口牌坊式寨门，仅为通过性的村口，不具有停留、聚集的功能；龙脊金竹寨、枫木寨以大树、巨石等自然要素突出村口的标识性，树下空间对聚集活动有所吸引，具备了一定的停留性；龙脊平安寨村口的风雨桥，兼具了寨门与凉亭的功能，如今成为旅游商品售卖的聚集地。侗族村落也常见以风雨桥为边界与出入口的村口形式，如程阳马安寨风雨桥。

　　规模较大的龙脊廖家寨，其西村口的形态与功能都要完整得多：联系各村寨的石板路、溪流、寨门、"三鱼共首"风雨桥、禾坪、桂花树、龙泉亭、村委会与几座从事旅游服务的干阑住居围合出平面形态不规则、竖向高差变化丰富的村口空间（图3-45）。

　　平段寨是旧时龙脊村的中心，龙脊十三寨的寨老集会议事之处便在平段村口，因此平段寨的村口为龙脊地区规模最大、功能多样、复杂整合的一处公共空间。村口顺着穿村而过的溪流与石板路，呈线性布局，由北至南依次有红豆杉、庙宇旧址、樟树、墓葬、旧社址、石碑、凉亭，占地面积达千余平方米。每逢四月初八传统会期，周边村落的村民聚集于此，参加各种体育、歌舞、贸易活动（图3-46）。

　　在瑶族聚居区，盘王庙则成为村口的主要标志建筑物。例如灵川老寨村的盘王庙就坐落于村落主干道一侧，与寨门共同形成村口空间（图3-47）。新寨村村口则由溪流、风雨桥、盘王庙及其前方新修整出的歌舞广场组成，规模较大，形态自由（图3-48）。

　　近年来，随着村落建设、旅游开发，许多村落的村口附近逐渐发展出整合了植被、水体、道路等要素的广场、停车场或景观带，作为进入村落的标识与缓冲空间。

　　2）村边广场空间

　　在一些村落中，建筑排列紧密，村落内部缺少足够规模的平整空地，则多选择村落边缘的开阔场地作为集体活动的空间，从而形成村边广场，这一方面便于邻近村寨居民抵达，节庆

图3-45　廖家寨西村口（来源：改绘自《龙脊十三寨》）

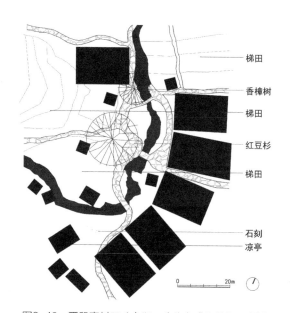

图3-46　平段寨村口（来源：改绘自《龙脊十三寨》）

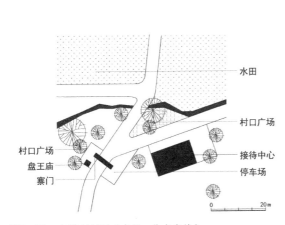

图3-47　老寨村村口（来源：作者自绘）

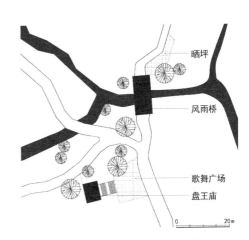

图3-48　新寨村村口（来源：作者自绘）

图3-49　南昌屯村边广场（来源：作者自绘）

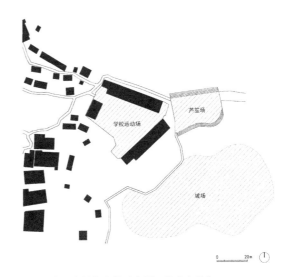

图3-50　吉曼屯村边广场（来源：作者自绘）

时可共聚于此，另一方面则靠近田地，在农忙时节可转变为临时的生产空间，具有功能上的复合性。

　　融水吉曼屯的入口广场、芦笙坪、坡场均设于村落边缘区域，围合感弱，形状不规则，坡场更是无明确的边界，在坡会期间根据集会活动的内容自然地划分与开辟出活动场地（图3-49）。

　　环江南昌屯毛南族广场，坐落于村旁田地中央，规模较大，是周边地区毛南族大型聚会的场所。广场四周有略呈放射型的若干田埂通往居住区与田地，使得广场形态更醒目突出（图3-50）。

　　综上所述，传统村落的边界性公共空间是从自然环境到村落领域的过渡，开放与渗透性强，形态自然和谐，随着组成要素的完备与规模的扩大，场所感与功能性逐渐加强，从而建立起村落居民心理上的安全感与活动空间的场所性。

2. 中心——中心性公共空间的构成

中心与边界是人们认识与建构村落空间的基础。依据中心的数量和强弱，可将村落公共空间分为弱中心、单中心、多中心三种空间组织形式。弱中心空间常见于高山丘陵地区的自由散点式布局中，其位置随机，并不一定在地理形态的中心，空间形态与规模均不突出，但具有一定的精神凝聚力与活动

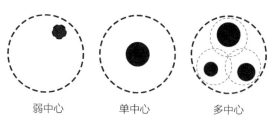

弱中心　　　　单中心　　　　多中心
图3-51　中心空间组织方式（来源：作者自绘）

吸引力。单中心空间或是村落空间的形态中心，也可能是村落的重要精神或功能的中心，这样的空间组织形式在侗族传统村落中最为常见，村落从该中心空间向外，以放射状或同心圆的形式拓展；当村落有多个中心时，这些中心或沿着线性要素展开布局，使整体形态呈带状或组团状；或在发展过程中，逐渐形成多个地位同等重要的精神或功能中心，从而形成大规模团块状村落（图3-51）。

可见，中心性公共空间是村落空间秩序的焦点，是村落精神凝聚的核心，是公共生活的汇聚点，并使村落在局部或整体上呈现出内聚特征，从而让人们更易于通过这一中心把握村落的布局、结构与秩序。

在广西少数民族传统村落中，中心性公共空间围合感与封闭性均较边界性空间有所加强，但仍不似城市公共空间般封闭。在地形起伏、道路穿插、界面的虚实变化作用下，即使是四面围合的公共空间亦具有很强的渗透性，封闭感被削弱。因此，从围合与构成方式来看，中心性公共空间大致可分为以下两类：

（1）半封闭的中心公共空间

这类公共空间常位于村落的形态中心，由具有宗族性与标志性的祠堂、鼓楼、戏台等公共建筑与民居组成，建筑排列较为紧密，三至四面围合为主，形成空间围合封闭感。建筑之间的巷道为该中心空间的出入口，由于开口较多，渗透性仍较强（图3-52）。

三江高友寨中心空间是由鼓楼、戏台、活动中心及住宅围合的长方形封闭空间。与中心空间相连的道路均位于广场的角部，保持了四个界面的连续性与整体性，但空间封闭性有所削弱。

三江程阳大寨格局略呈规则网格状，其村落中心空间位于十字路口的一角，由鼓楼戏台综合体、民居、道路共同围合出平整的矩形广场，面积不大，且被道路穿越、切分。

三江平岩马安寨中心由鼓楼、戏台、住居及台地组成三面围合的中心空间，鼓楼正对开阔的鼓楼坪，戏台与住居体量高大，整齐地排布于鼓楼两侧。鼓楼坪南侧为台地的尽端，远眺视野开阔，回望可感受到中心空间的围合感，而从村口远观台地，则此中心空间的统帅地位十分突出。

其他少数民族村落的公共建筑类型不丰富，中心性公共空间数量很少，规模亦小。龙胜金竹壮寨坐落于高山坡地之上，由于地形坡度较大，台地面积有限，其中心空间由山体、大树、凉亭与建在下一层台地的干阑住居围合出半圆形的小广场，这样的半封闭型中心公共空间在桂西北高山地区并不多见。

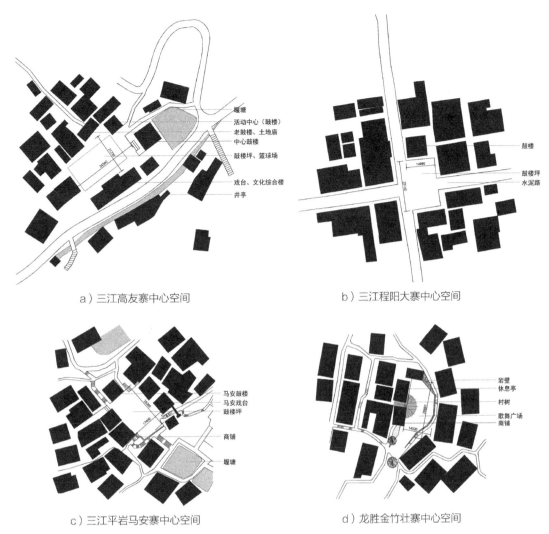

a）三江高友寨中心空间

b）三江程阳大寨中心空间

c）三江平岩马安寨中心空间

d）龙胜金竹壮寨中心空间

图3-52　半封闭中心公共空间举例（来源：作者自绘）

（2）开敞的中心公共空间

在广西少数民族传统村落中，开敞的中心公共空间更为普遍，即建筑实体相距较远、排列稀疏，界面连续性不强，或与树木、河流等自然要素穿插、交错，因而空间整体围合感较弱。这类中心空间多趋近村落边缘区，而非落于村落的形态中心（图3-53）。

三江县八江乡马胖寨的中心空间靠近八江河岸，以鼓楼为统率，空间开阔，广场形态自由，戏台与鼓楼相对而设，对场所有一定的界定与控制力，但因其周边住居密度较低且布局、朝向自由零散，因此中心空间边界模糊，封闭性较弱。

三江县林溪乡亮寨为多中心的村落，其中在靠近寨门处，有一座小规模的阁式鼓楼，鼓楼、寨门、干阑住居、坡地围合出一处不规则的梯形广场。起伏变化的地形，错落、层次丰富的围合界面，形成了开敞的中心性公共空间。亮寨的另一处鼓楼，位于林溪河畔。形态各异、大大小小的堰塘散布于鼓楼四周。鼓楼坪的面积并不大，但水面使得视野开阔、空间开敞，与自然环境要素和谐相融，形成了独特的水景观中心空间。

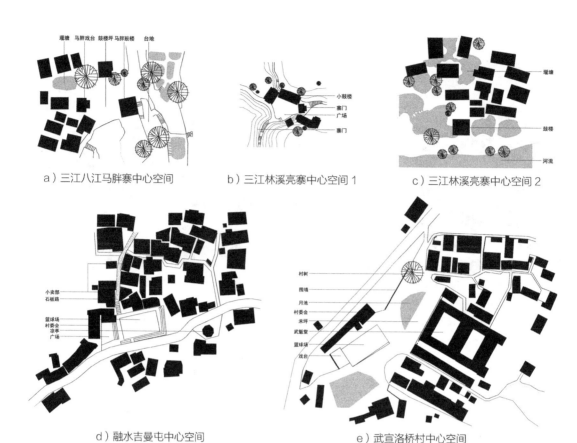

图3-53　开敞的中心公共空间举例（来源：作者自绘）

　　融水吉曼屯村委会选址靠近村口，L型平面的村委会、几处大大小小的民居、商铺、凉亭朝向各异，自由围绕篮球场和一处梯形活动小广场布局，公路邻广场一侧穿过，古老的石板巷道亦通过广场与公路垂直交叉。由于地形坡度大，公路南侧的建筑体量不高，视线通透无遮挡；北侧广场围合界面断续、曲折，形成了一个开敞的中心空间。

　　武宣县东乡洛桥村的中心空间由武魁堂、禾坪、月池、古树、球场、戏台组成，由于整体规模较大，且西侧沿路的围墙较低，局部视线可通透，从而空间的开放性较强。

　　（3）中心性公共空间的组织方式

　　综上所述，广西少数民族传统村落的中心空间常见的构成元素包括：鼓楼、戏台、祠堂等公共空间建筑，树木、山体、水面等自然要素以及民居，以其中的一种或几种要素共同形成了具有功能复合性、空间多义性的中心空间，构成丰富的公共生活图景。就其构成元素的组织方式来看，则有因地制宜的自由式布局与有秩序的组织两类手法。

　　1）因地制宜自由布局

　　在调查样本中，大多数高山、丘陵地区的传统村落的中心空间采用了因地制宜的自由式的布局，一方面，是顺应地形地貌，等高线变化、起伏，巧妙地设置空间要素，而营造自由灵活的氛围；例如，三江平岩村平寨鼓楼与戏台，鼓楼坐落于居住区之中，戏台沿河畔而建，民居与堰塘穿插、点缀，形成L型垂直相接的两个半开敞的活动广场。又如三江华炼寨，地形高差大，鼓楼坪的形态与规模疏导限制，于是通过"Z"形台阶将鼓楼坪与河岸边的空地连接，成为由上部广场与下部广场共同组成的统一的中心空间整体。并且鼓楼与戏台并非中轴对称的布局，自由灵活、层次丰富。

另一方面，则是将不利的环境限制转化为活跃的界面或元素，形成独特的空间布局与建筑组合，丰富空间层次。例如，龙胜金竹寨坐落于地形起伏很大的山坡，用地局促，为营建出一个歌舞广场，将坡地局部开挖、平整，形成台地，台地边缘设置凉亭、观景廊道，视野开阔，另一侧的山体石壁则成为歌舞表演的背景（图3-54）。

2）有秩序的组织

有秩序的组织手法则多见于汉化的少数民族传统村落与一部分侗族村落中的半封闭中心空间，多表现为运用轴线为控制要素，组织空间，建立秩序（图3-55）。

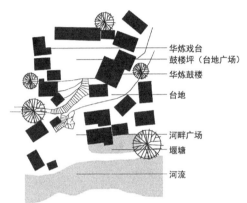

a）三江华炼寨中心空间

b）龙胜金竹寨中心空间

图3-54　因地制宜的空间组织（来源：作者自摄）

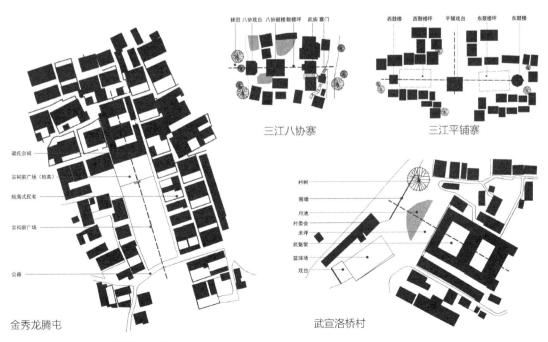

金秀龙腾屯　　　　　　　　　武宣洛桥村

图3-55　有秩序的空间组织（来源：作者自摄）

金秀龙腾屯采用了广府式的梳式布局，其中心空间——梁公祠，坐西北朝东南，周边的大宅以之为中心，左右对称布局，围合出方整的矩形广场。

武宣东乡洛桥村的中心空间继承了客家横堂屋式布局，月池、禾坪依次布置在横堂屋中轴线上，与武魁堂中的庭院、天井等内部公共空间形成严谨、有韵律的空间序列。

三江侗族聚居区的一些村落中心公共空间，也采用了轴线、对称的有序组织方式，如三江县八协寨的中心空间，由武庙、鼓楼广场、戏台广场、戏台沿着中轴线的纵深方向依次设置、逐渐展开的，最为高大精美的鼓楼坐落于轴线的中后部，构成了视觉焦点。平铺寨中心空间形式独特，两座鼓楼分列戏台西南、东北两侧。鼓楼造型、体量各异，两个鼓楼坪对称布置，与戏台广场呈丁字布局。

3.3.6 空间尺度

传统村落的发展均围绕着公共建筑、街道与广场等公共空间有机地进行。规模各异、富于变化的公共空间要素创造了多义的空间功能，而宜人的空间尺度则是满足人们物质、精神、心理、行为需求，形成丰富多彩的公共活动的诱发因子。在传统村落中，街道与广场空间与人们的公共活动关联最为密切，其尺度是影响空间品质的重要因素。

1. 街道空间尺度

底界面、侧界面与顶界面构成并决定着街道空间的比例与形状，底界面与侧界面的交接决定了街道的平面形状和大小，侧界面限定了街道空间的大小和比例，其与顶界面的交接又形成了天际轮廓线。影响街道空间尺度的要素，主要包括街道的宽度、高宽比以及界面的尺度协调等。

（1）类型与宽度

街道的宽度往往取决于其功能性质的需求：主街尺度比巷道尺度要稍大，主要由其功能的多元化决定的，承担着村民日常公共活动的功能，如商业、聚会等，而巷道则只需满足出入功能或排水要求、地形限制。

在山地丘陵地区的干阑村落中，由于地形的变化多样、干阑建筑底部空间的灵活开放，街、巷、道路的等级与尺度划分并不十分明显，甚至没有形成完整的街道体系，因而其主要与次要街道在宽度上的差异并不大。例如，在龙脊村、金竹寨等树枝状与树枝网络状道路结构为主的村落中，道路大致可分为两个级别：主道与支路。主路通常是垂直于等高线拾级而上的纵向道路，由石板铺设而成，宽度约为2～3米，大约为一人牵牛而行的，或是肩挑扁担加一个错身位的宽度；支路是生活性的辅助巷道，多平行于等高线横向延伸至各民居入口，宽度在1.5～2米左右，并且随着民居布局的错动、转折，或是首层架空、后退，道路的宽窄也有变化（图3-56a～图3-56c）。

同样的，在山地丘陵地区以放射状道路结构为特征的侗族村落中，道路在形态格局上似乎有等级之分，但在实际的空间尺度上并无太大差异，宽1.5～3米不等，仅有在一些经过旅游开发改造的村落中，如平岩村，为接待游客，靠近村口的街区被改造为特色商业街，道路的宽度达到3～5米，以满足大量游客进出的需求（图3-56d）。

a）主路与支路宽度差异不明显　　　　b）主路　　　　c）支路

d）改造的商业街　　　　　　　e）主街　　　　　f）巷道

图3-56　街道类型与宽度（来源：作者自摄、自绘）

在平原地区的汉化村落中，街道呈现较为规则的网络状，街巷的等次与尺度差异才逐渐明显，村落对外联系的交通枢纽，宽6~8米，可供车行；内部的主要街道平行于建筑开间方向，两侧通常布置有祠堂、祖屋、商业建筑等，宽度约为4~6米；巷道多为垂直于开间方向的入户道路，具有私密的生活性质，宽1~2米（图3-56e、图3-56f）。

（2）形式与尺度

空间尺度常通过街巷与建筑之间的高宽比（D/H）来进行分析研究。D为街道宽度，H为街道两侧的建筑或其他界面要素之高度。当D/H<1时，人的视线受到限制，空间界定感极其强烈，给人压抑、不安全感，这类空间尺度多见于狭窄的巷道中。

当D/H=1时，空间内聚力强，又不至于压迫，是一种舒适、安定的交往尺度。当 D/H=2时，空间与视域范围扩大，仍保持内聚、向心的空间感受，尺度关系也较好。当 D/H=3时，空间围合感已较弱，视线开始分散，不易集中于视觉焦点，人们对空间整体性的感受亦较弱。若D/H继续扩大，则空间愈空旷、开放，失去围合感。

街道空间的断面形式对空间的高宽比乃至比例尺度与空间感受，均具有直接的、强烈的作用，其形成受到地形、建筑、水体和农田等因素的影响与作用，可据此将广西少数民族传统村落的街道空间断面形式归纳为以下基本模式（图3-57）：

模式1：建筑—街道—建筑

该模式在山地丘陵地区的干阑村落与平原地居村落中的表现形态差异较大。

在高山丘陵地区，并无街与巷之区分，路面宽度通常只有1米左右，街道两侧住宅墙面紧

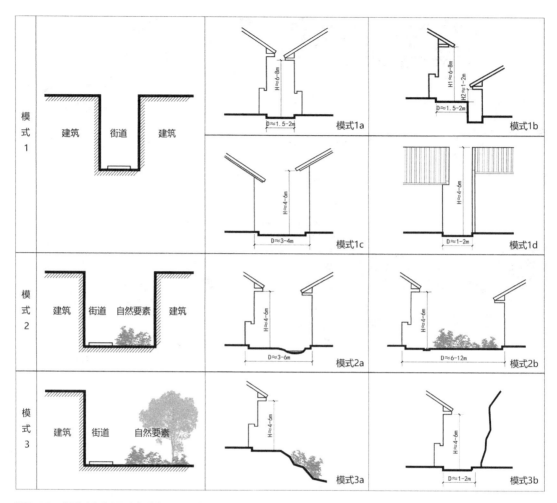

图3-57　街道空间断面形式（来源：作者自绘）

邻，高宽比悬殊，D/H<1；加之干阑建筑出檐深远，道路曲折多变，封闭与狭窄感强烈，尤其在桂西北地区的侗族与壮族村落中，干阑住居体量高大，且采用层层出挑的方式，街道呈现下宽上窄的"凸"型断面，顶界面层次丰富，仅余"一线天"，也有利于炎热多雨地区的遮阳避雨，如图3-57模式1a。

当道路两侧的建筑坐落于不同高程的台地上时，两侧界面高差悬殊较大，其宽高比呈现两个不同的数值，较低一侧的D/H增加至1~2左右，视域范围扩大，围合与限定作用衰减，形成山地村落中独特的"半边街"的街道空间，如图3-57模式1b。

而在平原汉化村落中，天井地居建筑的高度相仿，檐面、山墙形式简洁、一致，开窗、凹凸较少，因而街道断面形式简洁明了，主街与巷道的等级差异较为清晰，尺度与空间感受有所不同：

a）主街。广西少数民族村落中的地居建筑层高多为1~2层，因此檐口高度约为4~6米，主街较稍宽，3~4米，在宅院入口、门廊或商业街屋的檐廊，则有约1米的凹进或退让，D/H≈1，具有一定的围合感，可容纳社交、停留活动，如图3-57模式1c。

b）巷道。广西汉化村落的巷道宽度很窄，约1~2米，其两侧由建筑山墙界定，无论是广府、湘赣或是客家宅院的山墙，几乎都是不开窗的实墙，营造出狭长、封闭的带状空间。山墙形式多样，坡度变化、错落组合，形成极富韵律的天际轮廓线，平均宽高比 $0.1 \leqslant D/H \leqslant 0.6$，为具有一定私密性的生活性交通空间，如图3-57模式1c。

模式2：建筑—街道—自然要素—建筑

街道紧挨一侧的建筑，另一侧则挨着堰塘、溪流、绿化等自然要素，这类道路空间较为开敞，以交通功能为主，同时兼具一定的公共生活性的场所。其高宽比取决于与道路融合的自然要素的形式与规模，若为较窄溪流，则 $D/H \leqslant 1$，若为小块水塘或菜园，则宽高比约在 $1 \sim 2$ 之间。若水面、绿化面积达到一定规模，往往形成半开敞、围合感较弱的空间，已非街道层级的空间感受，而接近于广场的尺度。

模式3：建筑—街道—自然要素（田地、堰塘、河道、坡地、山体）

该断面形式往往出现在村落的边缘，如临水的街道，横堂屋前月池边的道路等。在坡度很大，住居布局稀疏且排列在不同高度台地的高山丘陵村落中，道路一侧为建筑界面，另一侧则为农田、溪流或水面，形成半开敞的，集交通、休憩、劳作等活动的场所。这种道路形式往往结合地形的变化形成两种断面特色。若自然要素为高耸的山体，则道路空间演变为模式1的形态，封闭、狭窄。若自然要素为顺山势而下的坡地、梯田，街道空间的开放性更强，视线更为开阔。

在这三种基本道路断面形式的基础之上，道路往往顺应地形起伏，尊重并充分运用自然要素，调整、变化出更为灵活、丰富街道空间形式，如龙胜龙脊村攀缘向上的主路。

2. 广场空间尺度

广场是传统村落中尺度较大的公共空间，承担着聚集活动的功能，如前所述广西少数民族传统村落中的广场主要包括边界性的入口广场与中心性的集会广场，商业型集市广场由于重农抑商等根深蒂固的传统而非常少见。

边界型的入口广场，大多结合地形、树木、河流等自然要素与寨门、土地庙等小型的公共建筑形成形状不定、相对开阔的空间，这类广场周边的界面要素仅起到依托与背景的作用，其空间尺度因地制宜，并无特定的规律。

中心型的集会广场，以侗族的鼓楼坪、汉化村落的宗祠广场、月塘与禾坪为代表，这类广场往往围绕或紧邻村落中宗族性公共建筑，虽形式与规模各异，但其空间尺度适当、宜人，对重要公共建筑起到衬托的作用。

例如，三江平岩村马安寨鼓楼坪，长25米，宽17米，鼓楼高12.6米，戏台与周边民居高度相仿，界于 $8 \sim 11$ 米范围内，形成 $D/H \approx 1.5 \sim 1.8$ 的空间比例，垂直视角大于22.6°，在广场上可观看到完整的鼓楼、戏台造型，有良好的围合感和景观焦点（图3-58）。

洛桥村的广场构成形式较为复杂，由对齐于横堂屋——武魁祠的月池、禾坪，大树与树下的休憩设施，篮球场、戏台三个部分拼贴融合而成。虽然形式复杂，但各部分空间主题明确，尺度体验舒适。广场长53米，宽30米，垂直视角介于 $7° \sim 15.5°$，较为空旷。除东侧仅有一层高的横堂屋门堂，西侧约1.5米高的围墙，该广场空间并无其他实体围合元素，空间的开放性很强。

金秀龙腾屯，以宗祠广场为核心布局，由于周边的民居均为大型的宅院式，围合出的广场规模较大，长66米，宽24米，垂直视角仅为6°，这种狭长的形态使空间产生强烈的纵向引导性，易于将视线聚焦于广场尽端的梁公祠上。为了调和空间的尺度体验，适应功能需求，又在

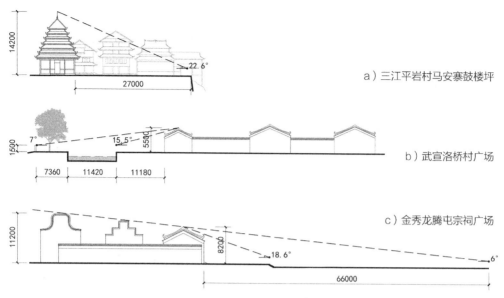

a）三江平岩村马安寨鼓楼坪

b）武宣洛桥村广场

c）金秀龙腾屯宗祠广场

图3-58　广场空间尺度举例（来源：作者自绘）

靠近梁公祠的区域设置台阶，将广场局部抬高，分为两个区域。小型的广场紧邻祠堂，形态方整，垂直视角18.6°，尺度适宜，与宗祠建筑的从属关系明确，比例和谐。

3.4　活动与场所特征

　　人在空间中反复的行为，形成习惯，甚至发展为习俗，从而构成行为活动与特定空间之间密不可分的互动关系。一方面，人的行为模式影响着空间，传统村落中的公共空间是根据活动需求而创生的产物，日常生活中发生的事件，所体现的仪式、权力等内在性格通过空间形象化、具体化，思想意识与地域环境的融合使空间具有了形态、属性与内涵。另一方面，空间也会反作用于人，对人的公共生活和社会交往起着积极的作用与意义。空间中的交往行为，也凝聚着公共空间的场所精神。

　　公共活动与公共空间的互动，展现出传统村落空间形态的社会文化特质。不同民族具有不同的生活习惯和社交方式，这对村落的空间布局、形式乃至整体风貌均有影响。例如，侗族较为完善的宗法组织"款"，决定了其社交活动多在家庭以外或室外进行，这种外聚式的社交特征，促使侗族村落建立起了以鼓楼为中心的空间体系以及鼓楼坪、戏台、风雨桥等侗寨特有的宏伟公共建筑。壮族的社交活动则喜于住居内部进行，属于内聚倾向的社交模式，火塘、堂屋因而成为民居的重要组成部分，也是公共活动的主要发生空间。

　　杨·盖尔在《交往与空间》中将人们的户外活动划分为必要性活动、自发性活动和社会性活动三类[①]。在村落中，公共活动呈现出较大的随意性与偶然性，但大致上也可参考这三种

① 扬·盖尔，何人可. 交往与空间［M］. 北京：中国建筑工业出版社，2002.

类型来概括总结：

必要性活动：无论在什么程度下都不可避免，不能全凭本我意识来决定。必须要参与的活动。对照乡村公共生活，则主要是生产劳动、饮食、学习等，田间地头、树下、井台与河边这类具有一定规模，形态自由并能满足生活生产需求的场所是此类活动发生的主要空间。

自发性活动：有三个必要条件，有参与的意愿；在时间可能的情况下；在地点可能的情况下，即对周围环境和外部物质条件的要求较高。大部分户外的娱乐休闲活动都属于这一范畴，包括锻炼、散步、呼吸空气、围观、闲谈或者晒太阳等。这类交往的发生比较随机，因此相对应的公共空间分散且数量较多，规模不一。

社会性活动：不能独自完成的、有赖于他人参与的各种活动，包括赶集、祭祀、民俗、节庆等集体性活动。社会活动发生的场所空间各式各样，小至住宅、门前、庭院、露台，大至公共建筑、工作场所、广场等。在传统村落中，节庆集会、婚丧嫁娶等重要的社会性活动，常发生于村落的核心位置，反映并传承着传统文化与思想。

上述三类公共活动共同形成传统村落丰富的公共活动风貌，构成社会学意义的公共空间，又称为意态空间。依据各类公共活动与公共空间关系的异同、传统村落的乡土特性，结合研究目的，可将必要性活动与自发性活动综合为生产生活类。社会性活动，依据文化意义以及发生的频率与时间，又可拆分为节庆集会与红白喜事。本节将从这三类活动展开，分析广西少数民族传统村落中公共活动的类型、特点与发生空间等，探讨人的行为活动与场所之间，意态空间与物态空间之间的密切联系与互动机制（表3-13）。

公共活动类型与空间　　　　　　　　　　　　　　表3-13

类型	功能/特点	发生的场所与空间
生产生活	犁田、插秧、收割、砍柴、采茶、摘果； 晒谷、编织、纺织、修补农具等生产活动； 赶圩、贸易、经商； 闲暇时亲友相聚，谈天纳凉，唱山歌跳舞蹈	田间地头 户外空间 圩市 房前树下、井亭
节庆集会	在节日节庆，集市贸易、歌舞表演、铺排宴席； 如传统体育活动——抢花炮、斗牛、斗马、摔跤； 集体文娱活动——赛芦笙、唱戏、歌圩、铜鼓舞； 集体宴会、仪式：百家宴、迎客酒、拦路酒等	户外、集市 广场、开阔地 风雨桥 鼓楼坪、芦笙坪
红白喜事	反映地域、民族文化的婚丧、嫁娶等风俗； 大型集会、交往活动，常集体设宴； 当村寨来客或遇喜事时，往往会在鼓楼坪摆开长桌，设百家宴； 土葬、二次葬、岩洞葬	住屋 庙宇、鼓楼、祠堂 鼓楼坪、芦笙坪 风水树

（来源：作者自绘）

3.4.1　生产生活

生产与生活紧密联系、相生互动是传统村落公共活动的特征之一。

1. 生产贸易

田间地头既是农耕稻作的生产空间，更酝酿着村民劳动间隙的社交活动。除此之外，与民居混合的田地、菜地、茶园、房前树下、堰塘河畔、晒坪、篱笆、鼓楼、凉亭等阳光充足、空气新鲜的空间，均是人们从事生产、农副、家务劳动的宜人场所，晾晒谷物、编织刺绣，劳作之余喝水歇息、唱歌娱乐、闲话家常。又如侗族典型的堰塘空间，既可养鱼、蓄水，又以其宽阔宁静的水面形成独特具吸引力的水景观节点；泉眼、水井、溪河，同样孕育着集中的取水、洗衣等家务劳动与社交活动。风雨桥是村民平日外出劳作、进出村寨、休息、乘凉、聚会、观景的场所，每逢节假日或接待重要宾客，桥内便会被装扮一新，村民盛装打扮，于桥中唱拦路歌、饮拦路酒，济济一堂，其乐融融（图3-59）。

晒台旁修补农具　　　　　井亭边家务劳动　　　　　　　风雨桥对歌迎宾

图3-59　少数民族传统村落生产生活举例（来源：作者自摄）

贸易活动也是村落经济生产活动的重要组成部分。历史上，各少数民族均表现出不同程度的"重农抑商"的思想倾向，专门经营商贩者极少，只是在冬季农闲时，靠近圩场的一些农户，筹集小本，往返于圩场之间，贩卖一些农副产品，而到农历二月间又逐步转入农耕生产中。通常各民族贩卖的主要商品因地制宜、就地取材、略有不同方利于实现互通有无，如仫佬族多贩卖煤炭、茶麸、桐子等，毛南族的小贩多为米贩，回族经商者较多，多以杀牛、宰羊和开饮食小店为业。

圩市是少数民族进行贸易的传统场所。壮族圩市通常选址于周边村落密集、靠近河道或公路、地势平坦、区位适中的区域，即"中心村落"。圩场的格局，通常是两边或四边为平房或二层高的店铺，相互比邻，铺面整齐[①]。壮族人认为，留走廊给人方便是功德，故留出五尺左右的通廊，供赶圩人避雨、休息。圩场中间是公用市场，建有一排或几排圩亭（或称圩厂、圩篷厂）。圩亭用砖或片石垒柱，上架梁檩，盖上鱼鳞瓦片，四周不砌围墙，中间亦不砌隔墙，供商贩和群众摆卖货物。摊位及摆卖的物品排列在圩亭两侧，对面相向。顾客从中间走过，两边都可以选购物品。圩场上通常按售卖物品的种类成行成市：百货行、杂货行、土产行、禽畜行、粮行、木器行、竹木行，以及在圩尾或圩外路边、草坪树荫下卖牛卖马的牛马行

① 曾欢欢，申茜，吴晓霞等. 明代大学者董传策记录的广西民俗［J］. 开封教育学院学报，2013（05）：234-236.

骑楼

圩亭

图3-60　圩场与赶圩（来源：作者自摄）

等（图3-60）。各圩场有约定俗成的圩期，普遍是三日一圩。在地理位置上较为靠近的圩场，其圩日必然不同，以实现在一个县级地域之内每日均有圩。大部分的圩场为日市，即约上午九时始，太阳落山为止。

　　侗族聚居地区在清朝时也有了商品集散的固定市场，如三江的同乐街、龙胜平等寨。而苗族、瑶族大部分地区未形成本民族的交换市场，多把农副产品拿到附近壮、侗、汉族聚居区的圩场进行交换。许多村镇、圩场上的店铺，是由广东、湖南和广西城镇汉族商人首先开设，其后本地少数民族中的部分居民才逐渐仿效，开店做生意。如今，随着经济发展、交通便利，村落中小卖部、小超市已随处可见，圩市已然失去了往日的热闹，但在一些乡镇，这项传统依然保留了下来，甚至作为一种民俗文化包装成为旅游产品。

2. 生活交往

　　除了生产过程中发生的大量社交活动。闲暇时间，村民常在房前屋后、街头巷尾、路旁树下休息、乘凉、聊天、等待外出的家人归来等。广西少数民族传统村落的一个重要特征是传统意义上的街巷较少。村落中的道路封闭感不强，视线开阔、流线自由。也正因如此，这种可视、可感、可交谈、渗透性强的道路更易激发如打招呼、聊天等日常交往活动。此外，融入自然的广场、古树、古井、古桥、戏台等都是重要的谈天说地、唱歌跳舞的公共空间（图3-61）。

图3-61　房前树下的日常生活交往（来源：作者自摄）

3.4.2 节庆民俗

　　民俗节庆与集会活动是少数民族最为丰富多彩的公共活动形式，也是最能体现民俗文化、对公共空间依赖性最大的公共活动。在节日中，村民聚集在户外场地或各类公共建筑周

壮族	侗族	苗族	瑶族	毛南族
a）三月三歌会	d）二月二侗族大歌	g）打同年	j）祝著节唱山歌	m）分龙节
b）开耕节爬梯田	e）侗戏	h）融水芒蒿节	k）盘王节铜鼓舞	n）分龙节、同顶
c）侬峒节	f）芦笙踩堂、多耶舞	i）坡会斗马	l）红瑶晒衣节	o）放飞鸟

图3-62　广西各少数民族特色节庆活动（来源：除注明均为作者自摄，a）http://www.gxmn.org/html/news-4908.html；d）http://www.gxnews.com.cn/staticpages/20140303.html；i）http://dp.pconline.com.cn/dphoto/list_3190596.html；m）河池市住建局提供）

边，进行集会贸易、歌舞娱乐、设宴待客等活动，因而也促成了规模较大，能容纳集会、歌舞活动、位置便利的广场类空间。

广西少数民族节庆格外繁多，有"四季皆聚庆，无月不过节"的说法（见附录2：广西各民族节庆与公共空间）。其节庆内容有祭祀、时令、交游、纪庆之区别，涉及生产、生活、宗教、民族历史等方方面面，娱人、娱祖、娱神，又或三者兼而有之。其中，有的节庆为广西各民族或其中某几族所共有，有的则为单一民族所特有。多姿多彩的歌舞文体活动成为传统节日的主题，既保留着浓厚的民族传统，又承载了鲜明的时代精神（图3-62）。

3.4.3 红白喜事

红白喜事主要包括婚礼、丧葬习俗，是地域的风土文化的重要体现。据史料记载"秦汉时，广西骆越之民无婚娶礼法"。其后，随着汉族南迁，中央封建王朝派往广西的官吏不断推广中原文化，少数民族逐渐受到影响，始有嫁娶之礼。然而，自唐、宋到明、清，壮、侗、瑶、苗各族婚姻仍保留许多本民族特点。如婚姻尚早，多踏歌为媒等。同样地，广西各民族的丧葬礼仪复杂多样，既有社会礼仪的特点，又包含信仰之行为。岩洞葬是壮、瑶族的一种较为独特的丧葬习俗。至今，随着社会文明的进步，各民族的良好礼俗得到发扬，落后礼俗得到改革，新的礼俗逐步形成。

婚丧嫁娶风俗往往伴随宴请、集会、庆典等大型的集体交流、交往活动。在婚丧嫁娶中，常在住屋或公共场所集体设宴，每当村寨来客或遇喜事时，往往会在广场摆开长桌，设"百家宴"，宴请亲朋、接待贵宾（图3-63）。

a）祭祖　　　　　　　　　b）接新娘　　　　　　　　　c）百家宴

图3-63　少数民族传统村落红白喜事（来源：a）、b）：作者自摄；c）：http://travel.sohu.com/20140907/n404132313.html）

广西各族人民逢年过节和有婚丧、生育、寿辰、迁居、迁职、升学等人生大事时，都会邀请全村人乃至外地亲朋好友到家中参加仪式，置办酒席，宴请宾客。亲朋好友、五房之内相互往来，互帮互庆。这时，村寨内的居民，尤其是街坊邻居，备宴席，主动提供劳动或物资支持，帮忙一同筹办宴席，如采购食材、准备饭菜、招呼客人、收拾碗筷和桌椅板凳等。"一家有喜，全村同乐"已经成为一种习惯和不成文的规则，无需多言，大家都自觉做到。侗族人民还会到鼓楼张贴告示以邀请村民。

通过广西少数民族传统村落公共活动与场所调查，可初步归纳出一些基本特征：

（1）公共活动的频率高、随意性大、持续时间长。传统村落是熟人社会，村民聚族而居，彼此沾亲带故，社会关系紧密。同时，生产与生活的方式基本相同，彼此的需求与价值观大体相似，闲暇时间较多，公共活动随时都可能发生。尤其是日常生产生活与社会交往活动，无需事先安排、没有特定规律、固定场所、主题与目的，随意性大。

（2）公共活动与公共场所均具有高度的自然性、开放性。较之于城市，传统村落中的灰空间较多，人们随意串门，公共活动与场所的开放性很强。同时，在广西自然山水文化的影响下，公共活动与场所追求与自然环境的和谐，一方面表现在节庆、祭祀活动多与自然崇拜相关，活动内容与农作物、动物密切相关，歌舞形式与灵感亦来源于大自然等；另一方面则通过公共空间的依山就势、因地制宜、就地取材而与自然求得协调统一。以自然环境为基础，并在自然环境中发生，体现了少数民族传统而朴实的生态观。

（3）公共活动、公共空间与农业生产密切联系，具有鲜明的稻作文化特色。传统农耕稻作生产过程中有诸多环节需要在户外进行，生产原料与工具也多于室外储放。当自家晒台、院落、储藏阁楼的空间不能满足某些生产需求时，公共的广场、空地、局部道路空间，便成为临时的生产场所。由于有充足的阳光和新鲜的空气，房前屋后、村口树下，均是从事农副业生产的宜人场所[①]。村民聚集于这些公共空间中进行生产与家务劳作，自然地发生着聊天、交流等公共活动。因此，房前屋后的田地、菜园、田埂、溪流既是生产场所，也是公共活动频繁发生的空间。此外，少数民族的节庆活动通常反映出季节与气候的变化，具有明显的生产节律性，与相应时节的农事活动密切相关。

（4）公共空间承载着民族色彩浓厚的文化生活，在满足村民社会交往等日常生活需求的

---

① 刘坤. 我国乡村公共开放空间研究［D］. 北京：清华大学，2012.

同时，保留并传承着大量的少数民族传统、聚居生活习惯等原始风貌。少数民族热爱公共生活，乐于集体交往，因而节日不断，其节庆文化更是异彩纷呈。集会、歌舞、走村串寨、设宴迎宾等风俗文化与相应的公共空间始终相互依存、相辅相成。祖先崇拜对广西各族人民是最重要的信仰，因而各类公共活动与场所都具有与祖先崇拜相关的形式与内容，如节庆中的祭祖活动、鼓楼、祠堂、祖屋、堂屋供奉排位等，村落公共空间体系的组织与秩序也往往反映出强烈的宗祖观念。

（5）公共空间的类型与功能的复合化、重叠度较高。空间之间并没有十分明确的界限和边界，同一公共空间还往往容纳了不同类型的公共活动，例如，鼓楼兼具了信仰、生活、娱乐、生产等特性；同一类公共活动又多在不同的公共空间中进行，如交谈可以发生于房前屋后、街头巷尾等多种公共空间中。

综上所述，在广西少数民族传统村落中，公共生活与公共空间存在着互动共生的关系：公共空间的营建缺少规划思想，而以日常公共生活为产生与发展的内在机制。人们依凭行为模式和精神心理的本能需求构建出公共空间，历史文化、社会制度、传统风俗深刻地作用于公共空间的形态。在各方面需求不断变化的过程中，人们也在对空间进行改造，使之与自己的生活、活动、习惯乃至更高层次的思维方式、审美观及习俗文化等更加契合[①]。而公共空间作为一种建成环境，其形态及内涵对生活其中的人们又持续地施加着影响，通过人的知觉过程而潜移默化地改变人的心理模式、价值观念，进而形成了一定的行为模式。

3.5 广西少数民族传统村落公共空间调查小结

经过田野调查、记录统计，广西各主要少数民族传统村落公共空间的主要类型与特征如下（表3-14）。

主要少数民族传统村落公共空间形态特征   表3-14

特征类型	壮族	侗族	苗族	瑶族
地域范围	桂东、桂西北、桂西、桂中	桂西北	桂西北	桂西北、桂北
自然地理	"八山一水一分田"，依山而建、傍水而居			
整体形态	山地散列、平原整饬；带状或团块状	向心的带状或团块状；多寨相接则呈组团状	散列状	山地散列、平原呈相对规整的面状
庙宇	土地庙、莫一大王庙、家庙	土地庙、萨坛、飞山宫	土地庙	土地庙、盘王庙
风水树	榕树、枫树、木棉	枫树、杉树	枫树	红豆杉
寨门	少，石寨门	多，木，形式丰富	极少，木构	极少，平地瑶门楼

---

① 卜巍，张伶伶. 城市地标认知系统及其内在互动关系研究 [J]. 华中建筑，2008，26（12）：63-65.

特征类型	壮族	侗族	苗族	瑶族
宗族建筑	桂北、中、东村落有祠堂、祖屋或碉楼	鼓楼	靠近侗族聚居区的苗族村落有鼓楼	极少，平地瑶村落有炮楼
戏台	临时搭建	结合鼓楼、鼓楼坪	临时搭建	临时搭建
亭	多，凉亭、井亭	多，凉亭、井亭	较少，形式简单	较少，形式简单
桥	简朴风雨桥 石板桥	高大、精美的风雨桥	少量风雨桥，似侗族	极少
谷仓	干阑木构，似民居 桂西北有集中群仓	晾禾架，兼有祈求丰收之意	干阑木构	独立型，木构方仓 白裤瑶特有圆仓
道路结构	树枝状为主，大型村落呈树枝网络状，汉化村落呈规则网络状	村落中心以放射状为主，大型村落道路错综，呈树枝网络状	树枝状为主	树枝状为主
面状空间	面状空间因应地形、道路自然形成	鼓楼坪设于村落中心，堰塘错叠、点缀	芦笙坪为主要面状空间	面状空间较少，因应地形、道路自然形成
界面特征	随分布区域的变化，呈现从"干阑-半干阑-次生干阑-地居"的过渡。干阑村落道路渗透性强，广场无明确边界，较开放，界面构成要素协调统一；地居村落则道路整饬，界面连续，封闭违和感较强	干阑木楼，高大精美，鼓楼突出，形成焦点，街道广场围和感强整体界面统一，有韵律	半干阑为主，公共建筑形制近侗则侗，有精美的鼓楼、风雨桥；近壮则壮，空间类型较少，形式简朴实用。道路与广场界面渗透与开放性强，形式和谐统一	高山瑶寨多原始、简单的干阑建筑，布局松散，渗透性强，街道、广场界面围合很弱。平地瑶村落以湘赣风格为主。街巷界面连续、封闭。整体界面富有韵律，和谐统一
组织方式	以河流、山体等自然要素为边界，边界较模糊，弱中心或无明确中心，空间层级不明显	以河流、山体等自然要素为边界，桥梁、村树为出入口标志，单中心或多中心多层级结构	以河流、山体等自然要素为边界，边界较模糊，弱中心或无明确中心，空间层级不明显	以河流、山体等自然要素为边界，弱中心或无明确中心。平地瑶则多以祠堂、碉楼为核心
空间尺度	山地型村落主次道路均较狭窄，宽度与尺度差异小，但界面断续、渗透强，故封闭感弱。广场形状自由、边界模糊，尺寸不定。汉化平地型村落街道宽敞，主街、次街、巷道差异分明，空间围合封闭感强烈。广场方正、尺度不一。D/H多小于1/2	道路等级相对分明，界面较连续，主要道路D/H≈1，较为舒适，次要道路较狭窄，封闭感强。广场方正，20~25米见方，与鼓楼的D/H介于1/3~1/2之间，舒适得当	主次道路宽度与尺度差异不大，均较狭窄，但界面断续、渗透强，故封闭感不强。芦笙坪约20~25米见方，亲切宜人。坡场无明确形式与边界，与自然环境融为一体	山地型村落道路体系不完整，道路无等级划分，尺度松散，围合感不强。广场形状自由、边界模糊，尺寸不定。汉化平地型村落主街、次街、巷道差异分明，主街宽敞舒适，巷道狭窄，空间围合封闭感强烈。广场空间较尺度不一，方正、宽敞
公共活动	内向型，多于干阑住居室内、敞廊、晒台进行社交活动。户外集会活动则多于村口、田间地头举行	外向型，鼓楼、鼓楼坪、戏台、风雨桥为村落节庆集会的核心空间。日常社交休闲活动还多见于风雨桥、井亭中	芦笙坪与坡场为公共活动的核心空间。部分村落亦有风雨桥、鼓楼作为日常社交休闲与节庆集会的主要场所	盘王庙、平地瑶祠堂、碉楼为宗族祭祀与节庆仪典的核心空间。日常社交与节庆集会多于村口、树下、田间进行
文化内涵	农耕文化为本 汉化特征突出 多元一体格局	稻作、林业的二重性 聚族而居的群体性 技术与风水的结合	农耕为主，林牧为辅 原始古朴性 多样性、兼容性	游耕农业为主 地域特色鲜明 变异多样性、融汇性

（来源：作者自绘）

由此，可初步归纳出广西少数民族传统村落公共空间的总体特征：

依山而建、傍水而居，农地格局以梯田与经济林为主的自然环境特征。在选址布局、公共空间的构成与形态上，均表现出"尊重地形、利用水源、合理开耕"与自然环境休戚相关、和谐共生的互动关系。

空间形态特征：①整体形态上，高山地区多散列状村落分布，平原、丘陵以规模适中的团块状为主；②各少数民族拥有各自独特的公共建筑形式，且反映出各民族的信仰崇拜特点。其中，侗族公共建筑高大精美，形式突出，而其他少数民族则以简朴实用、与民居相近的公共建筑形式为主，且数量相对少、规模小，公共空间以形态不规则、无明确界限的面状活动场地为主；③街道网络多呈自由有机的树枝状，随村落发展而进一步扩展为交织的树状网络；④空间界面类型以干阑式与地居式为基础，拼贴、融合、衍生出诸多过渡形态，形式丰富，但均强调和谐统一。干阑式界面韵律感、渗透性较强，地居式则相对规则、严整、封闭、连续。其中，侗族与汉化的壮族、瑶族村落中，拥有体量与形式较为突出、与民居形成对比的公共建筑，如鼓楼、祠堂、碉楼等，从而形成界面的视觉焦点。⑤边界多由自然山水要素形成，少数设有桥梁、寨门或村树以标识入口；⑥侗族与一些汉化的少数民族村落拥有中心性的公共空间，村落围绕鼓楼、祠堂布局，空间结构具有向心性，其他村落公共空间体系则组织松散，无明确中心；⑦街道与广场空间多因地制宜，加之界面连续性弱，故渗透性强，融于自然。大多数村落的街道无等级之分，且多与自然要素结合，形成丰富层次与亲切尺度。广场空间亦顺势而为，形态不规则，规模较小，围合感弱，视线通透。侗族鼓楼坪与汉化村落的宗祠广场作为村落精神与空间组织的重要核心，则相对规整，围合感较强，空间尺度各异，未经仔细规划或计算，但均以能看清核心建筑的整体，营造内聚向心的宜人尺度与场所感为目标。

活动与场所特征：①公共活动的频率高、随意性大、持续时间长；②公共活动与公共场所均具有高度的自然性、开放性；③公共活动、公共空间具有鲜明的稻作文化特色；④公共空间承载着浓厚的民族色彩与风貌；⑤公共空间的类型与功能的复合化、重叠度较高；⑥公共生活与公共空间互动共生：公共生活影响公共空间的形成和使用，公共空间潜移默化地作用于公共生活的行为模式中。

进一步梳理可以观察到，各民族、各地区传统村落公共空间存在一定的相似性，与自然环境结合紧密、整体形态松散、公共活动丰富多样等。同时，在公共空间形态上呈现出多样性与差异性，其中，侗族公共空间类型最为丰富，形式最为精美，规模较大；壮族次之，形式相对简朴；苗瑶村落公共空间较少，形式更为简单，在一些多民族聚居的地区，有与周边强势民族相似的公共建筑与空间。将自然地理环境、公共生活内容、民族文化内涵等与公共空间的形态特征联系起来分析，可初步推断：地域性与民族性因素对公共空间形态有重要影响。地域性要素与整体形态、道路形式、空间尺度、界面形式密切关联，民族信仰、宗族组织、民俗节庆等民族性因素则直接影响着庙宇、风水树、宗族建筑等主要公共空间的类型与形式。此外，建造技术的高低还决定着公共建筑形式的精美与否或规模大小。

3.6　广西少数民族传统村落公共空间实例分析

为了进一步阐释广西少数民族传统村落公共空间调查方法，本书以三江县林溪乡平岩村为案例，运用上述调查方法进行实际操作与示范，剖析其公共空间特征，并进一步综合空间句法的技术手段，对空间形态与公共生活的互动关联进行验证。

如前所述，公共空间形态的多样性与民族性、地域性密切关联。因此，案例研究选取了地域性特征最鲜明的桂西北地区。桂西北地区同时又是广西少数民族聚居最为密集的地区，传统村落数量众多，亦是本研究的重点区域。其中，侗族村落的布局独特，营建技艺高超，且历史上与汉族接触较晚，其村落空间格局受影响较小，民族性、原真性保存完好，可较为典型地反映出桂西北少数民族传统村落的地域性与民族性。作为侗族传统村落中规模较大，保护与发展较早的村落，三江县林溪乡平岩村在其自然环境、社会组织、生长过程、整体布局、公共空间形态、建筑形式，乃至当下的保护与开发等方面，均具有代表性意义与研究价值。

3.6.1　案例调查

1. 村落概况

程阳八寨，是在桂西北丘陵地区，沿河谷，呈带状分布的八个典型的传统侗族村落。其中，平岩行政村由八寨中的平寨、岩寨、马安寨三个自然村首尾相连，形成多核心多层级的簇团状村落群。因其坐拥现存完好、规模最大的风雨桥——永济桥，并具有紧邻公路、靠近县城的区位优势和保存较好的干阑建筑、服装、歌舞、节庆等文化传统，而成为旅游观光的重点区域（图3-64）。

图3-64　平岩村全貌与主要公共空间（来源：作者自摄）

2. 自然环境特征

就自然环境格局而言，地处丘陵的平岩村乃至程阳八寨的选址，均遵循了传统选址观念中"负阴抱阳"的理想格局，择平缓的坡地或河谷平坦区域而建，岩寨、平寨一侧临河，马安寨为河流所环绕，民居之间穿插着大大小小的堰塘，农田沿河岸布局，坡地上则种植杉树与茶树。可以说，村落选址、规模、形态与山形水势的互动非常灵活。

3. 空间形态特征

从整体形态上看，各村寨组团的空间形态各异，马安、平寨为团块状，岩寨为河道与山体包夹，则呈带状，三个组团首尾相连，随着村落的发展、扩张而逐渐模糊，呈现出多核心、多层级的簇团村落结构，并最终形成沿河岸带状排列成高密度块状村落群。

村落公共空间的类型比较丰富，高大精美。主要公共空间构成要素包括点状的鼓楼、戏台、寨门、井亭，河流、风雨桥、放射状曲折蜿蜒的街道等线状空间，以及堰塘、鼓楼坪等面状空间。

建筑界面以木构干阑为主，即使是一些近年新建、改建的混凝土民居，亦以木条饰面，整体和谐而有韵律。鼓楼高大挺拔的体量在平坦开阔的鼓楼坪与相对低矮、高度统一的干阑民居的烘托下，尤为醒目、突出，各组团中心的鼓楼遥相呼应，形成和而不同、高低有致、有韵律有节奏的整体界面特征。

平岩村的边界由道路与河流、水塘、陡坎、田地等自然要素所界定，风雨桥和寨门为其出入口的重要标志。鼓楼、鼓楼坪、戏台围合出核心公共空间，并以此为焦点向四周辐射出蜿蜒起伏、与干阑穿插互动的街巷，各组团从而呈现向心性布局。水塘、井亭依凭水体自由散布，穿插点缀于民居之间，共同构成了有中心性、有标志性、有等级结构的多元共存的公共空间结构体系。

在地形与干阑建筑营建方式的影响，村落中建筑相互紧邻，穿绕于建筑之间的道路在尺度上并不宽敞，且干阑层层出挑，宅间道路D/H<0.5，比较狭窄。随着旅游开发与车辆进出的需要，村中主街、与公路相接的村口道路，或改造为旅游服务商业街，或加宽道路供车辆出入，则其道路D/H≈1，较为宽敞，成为村民与游客大量穿行的主要街道。为顺应局部地形的突变，村落中也有"半边街"、骑楼式的"檐廊"等形式丰富的道路空间节点。马安鼓楼坪、岩寨鼓楼坪、平寨鼓楼坪与戏台广场是村落中最主要的广场空间，尺度不一，接近于标准篮球场大小，在广场中均可观察到完整的鼓楼、戏台造型，舒适宜人。

4. 公共活动与场所

丰富多样的公共空间承载着多姿多彩的公共生活，有拜"萨岁"、上梁、踩梁、探桥等祭祀礼仪；有侗年、花炮节、冬节、南瓜节、祭牛节、坡会等传统节日，并且有"正月初一挑金水、正月初二占高买、正月初三送买美"的节庆风俗；传统的公共活动还包括侗族大歌、百家宴、赛芦笙、月也、唱侗戏、拦路歌、开路歌、酒歌、多耶舞、踩堂舞、讲古、彩调戏与独特的婚俗文化等。侗族具有外向型的社交特征，尤为喜欢在户外进行公共活动，民居内部的起居空间——敞厅，亦具有开放性、渗透性。户外的道路、风雨桥、井亭、村树下、鼓楼坪上、河岸边、与民居穿插的田地，均成为村民休憩、交往、集会等公共活动的场所。基于以上调查的内容，将相关信息、数据整理、提取并录入，得到如下特征表（表3-15）。

三江侗族自治县林溪镇平岩村公共空间特征调查表　　　　表3-15

	序号	特征项目		特征因子（说明）
村落属性	1	村落属性		行政村（辖马安、岩寨、平寨三个自然屯）
	2	主要民族		侗族
	3	地理分区		桂西北
自然环境	4	傍水而居	整体形态	穿村而过+绕村环转
	5		公共空间	井亭、水车沿水岸散布；风雨桥、水坝；穿插于村中的堰塘
	6	依山而建	整体形态	丘陵
	7		公共空间	主要道路多平行等高线，入户小径斜交等高线；台地广场
	8	农地格局		水田+经济林（油茶、杉树）
空间形态	9	整体形态		组团状
	10	村落规模	人口规模	大型（约635户，2878人）
	11		空间半径	480米
	12	形态特征	点状空间	5座鼓楼、3座戏台、寨门、凉亭、井台、萨坛、土地庙
	13		线状空间	公路绕村环转、放射状道路形态；5座风雨桥、3座水坝
	14		面状空间	鼓楼坪、村活动广场、水塘、与居住区混合的田地
	15	界面特征	底界面	平缓、局部设台地；青石板路、柏油公路
	16		界面建筑	干阑、杉木、褐色
	17		特殊界面建筑	鼓楼、精美、高耸
	18		其他界面实体	晾禾架、台地、坡地挡土墙、小学围墙
	19		街道界面组织	山地干阑型；弯曲、封闭、连续
	20		广场界面组织	以鼓楼为焦点；戏台、民居三面围合；突出鼓楼的标志性
	21		整体界面特征	和谐统一、标志突出
	22	组织方式	边界	引导性边界空间：寨门、水车、水坝 停留性边界空间：风雨桥、井亭、
	23		中心	多中心；半封闭（3或4面围合，界面不连续，有渗透）
	24		路径	顺应坡地、河道曲折起伏，局部有过街楼，T形交叉口为主
	25	空间尺度	街道类型与宽度	道路为主，多未形成街巷，D≈1.5~2米 村口改造为特色商业街，D≈3~4.5米
	26		街道形式与尺度	"住宅-街道-住宅"模式为主，0.3≤D/H≤0.8； 边缘道路为"住宅-街道-自然要素"模式： 靠近山坡：D/H≤0.5；靠近河岸：D/H＞3
	27		广场面积与尺度	马安鼓楼坪：25米×17米；1.5≤D/H≤1.8 岩寨鼓楼坪：22米×18米；1≤D/H≤12 平寨鼓楼坪：25米×25米；1.2≤D/H≤1.5 平寨戏台广场：45米×25米；2≤D/H≤2.4
活动与场所	28	生产生活	活动内容	休憩、交流、家务、农副业、旅游业生产
	29		主要场所	风雨桥、商业街、鼓楼、戏台、井亭、干阑敞廊
	30	节庆集会	活动内容	拦路歌、芦笙踩堂、侗戏、讲款、宴席
	31		主要场所	鼓楼、戏台、风雨桥、河岸田间
	32	红白喜事	活动内容	迎送、百家宴
	33		主要场所	鼓楼坪、房前空地

（来源：作者自绘）

综上所述，灵活多变的山水格局制约了平岩村的空间形态发展，同时也为公共空间的营造提供了丰富的条件与层次。较之其他少数民族，侗族具有更独特而突出的核心空间——鼓楼，对村落整体的空间营建产生了一定的影响，并且其公共生活具有外向性，孕育出形式多样、功能复合的公共空间形态，共同形成了村落的公共空间特征。

3.6.2 空间句法概述

村落的物质形式、空间结构与人们的交往图式、环境体验之间存在着相互依存、相互作用的关系。传统的村落研究，在空间形态与社会结构、行为图式之间的互动机制方面，缺乏严谨、系统的分析与论述，对于村落历史人文、社会环境的研究，亦往往集中于从地域文化、思想观念等背景因素出发的主观体认与静态描述，以文字研究为主，模糊与不确定性较大，对空间中实际、具体的活动发生与发展的方式缺乏关注与记录，对复杂抽象的空间深层结构与影响因素的分析不够全面与客观。

当前，通过计量模式与数学语言的辅助，更准确地呈现多元复杂的人文社会现象，已成为研究领域的重要发展趋势之一，在空间研究领域更是如此。英国伦敦大学Bill Hillier教授及其研究团队是空间句法理论的奠基人。空间句法基于几何拓扑学理论，依据人们日常体验与使用空间的方式来描述空间，建立数理模型，为空间研究提供了一种从图论视角，系统描述和模型构造的"语言"，探寻空间结构与人文社会环境的内在联系。同时，空间句法还可作为一种比较研究的工具，以系统的方式将不同区域、不同尺度，甚至于不同时代的案例放在一起，进行空间结构的定量化分析，直观、可视地探讨空间属性与社会属性之间的相关性，从而提炼出"普适性"的特征与规律，进而指导物质空间的设计与营建。至今，空间句法理论与技术已在世界范围内广泛地传播，在城市规划与建筑学的研究与实践领域中得到推广与应用。城市空间形态、城市公共空间分析、城市土地利用分析以及城市历史空间保护等，一直是空间句法研究的重点，而对于传统村落的研究，近年来亦逐渐得到关注。

如前所述，公共活动是公共空间研究中不可或缺的部分，但传统村落公共空间中的活动难于客观地调查、记录与分析。而"活力"恰恰是空间句法研究的传统课题，它通过对空间可达性的分析，体现出空间对公共活动的吸引、聚集的作用，以判断一个空间是否适宜公共活动。

因此，基于广西少数民族传统村落公共空间的调查研究以及初步归纳出的公共空间形态的特征与规律，本节将借鉴空间句法理论，以平岩村为实例，探讨传统村落公共空间形态深层结构特征的量化描述与分析方法，以更直观、客观、全面的方式挖掘存在于空间关系中的结构特性，剖析公共空间形态与公共生活的关系，为进一步梳理与阐明影响公共空间建构的文化内涵、社会结构、行为逻辑等地域性与民族性因素及其作用机制提供研究的素材与方法。

1. 空间句法的基本原理

空间组构（Configuration）是空间句法理论的核心概念。Hillier将组构定义为"一组相互独立的关系系统，其中每一关系都决定于其他所有的关系"[①]，也就是说，在这个复杂的系统中，

---

① 比尔·希利尔. 空间是机器：建筑组构理论［M］. 北京：中国建筑工业出版社，2008.

任意一个或多个元素的改变都对其他所有元素造成一定程度的影响，从而使得整个系统的组构发生改变。这种组构关系并不是由空间的形状、规模、位置等特征决定的，也难以通过简单的语言进行描述和表达，但却潜移默化地存在于人们的思想中，形成对于空间的认知与记忆，并通过直觉让人们理解空间的相互关系与布局形态。

拓扑学是描述与研究此类抽象连接结构和相关关系的重要理论基础，而图论则是其中最重要的分析理论。它将复杂系统中的各元素抽象成节点，并用两两节点之间的连线代表元素之间的关系。例如在村落研究中，可把村落中的空间元素解构为"节点"，将这些空间元素之间的连通路径、街道解构为"线"，将村落空间系统转化为点与线组成的拓扑结构，并通过拓扑结构的关系图解与量化指标，来探索空间的几何构形与社会文化形态之间的相互关系。

（1）关系图解

关系图解，又称"J图"，是对空间组构进行直观描述的拓扑关系数学模型。在关系图解中，不考虑空间要素的几何形态、尺度、方向、位置等形态特征，而集中关注要素之间的拓扑组合方式——空间系统中更为连续与稳定的性质。因而会发现，形态与布局不同的空间系统也许会呈现出相近甚至于完全相同的拓扑关系，而同一形态与布局的空间系统，从不同的角度进行观察，也可得到不同的关系

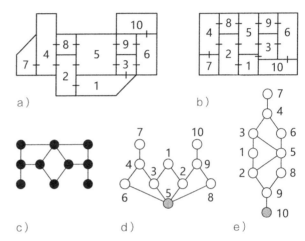

图3-65　关系图解释义（来源：改绘自：段进等. 空间研究3:空间句法与城市规划[M]. 南京：东南大学出版社，2007.）

图解。如图3-65，a、b空间系统虽然形式上不同，但转换成对空间组构关系的描述时，均可抽象为图c所示的拓扑关系，表现出相同的空间特性与关系；而d、e两图则分别表示从空间5和10出发到达其他空间的关系图解，是同一拓扑关系基于不同的观察视角所呈现出的不同形态。

（2）定量描述

在关系图解的理论基础之上，空间句法通过一系列量化指标来衡量全局或局部的空间结构特性。这些量化特征，并非源于空间元素本身，而是由每一个元素在系统中所处的位置及元素彼此之间的连接关系所衍生的，不仅客观、理性地呈现系统整体的组构特征，还能直观、定量地体现各节点之间、节点与整个系统之间的组构关系。

村落公共空间结构特征主要表现在空间的集聚、扩散、中心的分布、整体结构的清晰与复杂等方面。因此，本文主要选取连接度、深度、选择度、局部整合度、整体结合度、可理解度、协同度作为空间结构特征与规律研究的句法分析变量。

连接度：拓扑图示中某一特定节点所连接的其他节点数目。连接度高，则说明从该节点空间出发到达其他空间拥有更多的路径选择，空间的公共性与渗透性更优。

深度：表示系统中两个节点之间的最短拓扑距离，而全局深度（Total Depth）则表示某节点到达系统内其他所有节点所需的最短拓扑距离之和，它体现了节点在拓扑学意义上的可达

性，即便捷程度。需要注意的是，深度并非传统意义上的实际的物理距离，而主要表达空间转换的次数，因此蕴含着重要的文化与社会意义。

选择度：又称穿行度，计算某条轴线或某条街道被其他所有空间元素两两之间的最短路径经过的概率或次数，称为穿越性交通潜力。选择度衡量一个节点吸引穿越型交通的潜力，而前述的全局深度则衡量一个节点吸引到达型交通的潜力。综合考虑两种交通的类型，对选择度进行修正，则是为了全面地衡量了一个空间节点吸引"交通"的潜力。

整合度：表示系统中某个空间节点与其他节点的集聚或离散程度，用于评估某个空间作为交通目的地的可能性有多大，称为到达性交通潜力。前述的全局深度是计算整合度的关键性中间变量，且在很大程度上与系统中的节点数量相关，为了剔除这一干扰，需通过相对不对称值（RA）对其进行标准化。取RA的倒数，为整合度，用Rn表示，即衡量一个节点到其他所有节点之间的相对便捷值，数值越大表示在空间系统中所居的位置越便捷，公共性高，容易产生人流聚集。

根据所研究范围的拓扑半径，整合度还分为全局整合度和局部整合度，反映系统局部与整体的特性。全局整合度反映节点在更大范围内（拓扑半径N）的可达性，描述空间的整体结构分布，其计算需穷尽网络中的所有空间要素。局部整合度则是某空间节点与设定的拓扑半径内的其他节点的关系，例如在轴线模型中，拓扑半径为3的整合度（R_3）反映了距轴线3步拓扑范围的可达性，描述空间局部结构特征。此外通过设定不同米制距离的网络分析半径，线段模型同样可以精确地度量街道网络在不同尺度下的结构特征，如500米半径和800米半径的整合度常分别表示步行出行6分钟和10分钟范围内，空间所具有的可达性，2000米或更大半径的整合度则表示选择自行车或机动车等更快捷出行方式的空间可达性。

理解度与协同度：局部和整体之间的关系是空间整体结构的重要特征，常通过局部与整体属性之间的线性回归系数r^2来度量，表示从空间的局部连接关系（如连接度、拓扑半径为3的局部整合度）感知其在网络中的整体作用。r^2的数值介于0～1之间，0表示完全没有关联，1表示完美关联。

可理解度：表示从与某条轴线直接相连的轴线数量，来判断该轴线在整个系统中的重要程度，即轴线连接度与其全局整合度的相关性。较高的相关性则表示拥有较高的可理解度，从局部空间结构可较好地推论出整体空间结构。

协同度：指拓扑半径为3的整合度与全局整合度之间的相关性，度量某区域的内部空间结构在多大程度上连接到其周边空间之中。通过这两个参量，可以从较小的拓扑范围预测空间节点在较大的拓扑范围内的可达性，较高的可理解度与协同度也表示从局部特征中较容易感知到整体的空间结构。

2. 空间句法的分析方法

空间句法理论作为一种新的描述空间布局和关系的分析性语言，其核心问题是如何从人感知、理解或使用空间的方式出发，抽象地表达空间形态，并能够再现构形所表达的空间。因此，首先需要根据空间元素与人的行为方式的关联进行空间的转译（图3-66）：

1）人们常沿着线性空间行走，如走廊、街巷、林荫道、田间小径等，因而可以将线性空间及其中可能的交通方式表达为轴线、线段或道路中心线等线性要素；

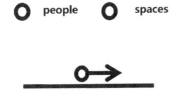 

a）人沿直线行走　　　　　b）凸空间中的共同在场　　　c）变化的视域

图3-66　空间形态的表达方式（来源：http://otp.spacesyntax.net/）

2）人们在空间中交流交往的前提，是该空间的所有人都能看到彼此，这即是凸状空间的特征；

3）当人们在环境中穿越复杂的空间时，所看到视域是在不断变化，并通过运动过程中一系列的视域变化，呈现出整体空间的连续序列模式。

将转译后的空间要素（线性要素、凸空间或视域）根据空间系统的组织结构，以关系图解的方式表达出来，发展为三类主要的研究模型与方法——线性模型、凸状模型、视域模型（表3-16）。其中，线性模型包括轴线模型与线段模型，线段模型是由轴线模型派生出的第二代组构模型，也是空间句法研究领域最新的技术成果。

空间句法研究主要的模型建构与分析方法　　　　　　　表3-16

	空间转译	模型建立	句法分析	适用范围
凸状模型	可互视　　视线阻隔 **凸空间** 任意两点连线形成的线段都处于该空间内。处于同一凸空间的所有人都能彼此互视	用最少且最大的凸状覆盖整个空间系统，然后把每个凸状当作一个节点	根据节点的连接关系，转化为关系图解，计算空间句法变量，以深浅不同的颜色表示每个凸空间参数值的高低	·建筑、广场、道路交叉口等围合空间尺度 ·研究空间的功能性质、分布结构，以及人群的聚集情况等
视域模型	1步　　2步 视线深度 **视域** 在空间中某个特定位置可见的所有点的集合，即能够直接看到的所有空间的再现	将空间简化为密集分布的矩阵视点，每一视点代表着站立于此点时看见其他空间的可能性	提取空间中具有重要意义的特征点（道路拐点、交叉点等），计算其句法变量值来描述空间形态结构关系	·小型广场、街道、建筑等小尺度空间 ·分析空间的可视性、可行性，多用于园林、景观、城市广场等公共空间的研究中

续表

	空间转译	模型建立	句法分析	适用范围
轴线模型	最长且最少	用最少且最长的轴线覆盖整个空间系统，并且穿越每个凸状空间，把每条轴线视为一个节点	根据轴线之间的交接关系，转化为关系图解，计算空间句法变量，以深浅不同的颜色表示每条轴线参数的高低	·城市、村镇尺度、建筑内部空间 ·描述城市空间结构关系，揭示形态演化的内在规律与构形法则，以及与社会现象的关联
	轴线 道路不受运动阻碍或视线遮挡所形成的最长延伸线			
线段模型	不被打断的	以道路交点之间的线段为分析单元，在轴线模型的基础上处理、修正而成，考虑角度距离的最小化的建模原则	对线模型而言，模型计算的各类属性有较大变化，增加了对最小角度、欧几里德距离半径的控制	·对几何属性敏感的几何拓扑模型 ·城市片区、街道 ·精确度量街道网络的多尺度结构特征，满足对空间分析精度的更高要求
	线段 特指轴线（街道、路径）的相邻交点之间不被打断的部分			

（来源：作者自绘）

在村落与公共空间研究层面，线性模型是最为常用的空间句法研究的技术手段，线性模型的分析与研究包括以下关键步骤与要点（图3-67）。

空间数据采集：通过文献查找、卫星影像、实地测量、踏勘验证，获取全面、详尽的资料，绘制出精确度较高的村落平面图。在实地调研中，尤其应注意对村落中重要的建筑、空间和标志物进行标注，对道路两侧空间功能进行记录，并对公共空间的人流量、人群的聚集情况有初步的了解，为空间句法的运算、分析做准备。

空间模型建立："保持凸空间的连接关系不变，用最长且最少的轴线穿过所有的凸空间"是轴线模型的建立规则。考虑到村落实际情况复杂多变，为提高轴线模型的精确度，且使各案

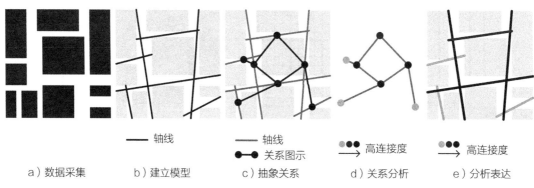

a）数据采集　　b）建立模型　　c）抽象关系　　d）关系分析　　e）分析表达

图3-67　空间句法分析流程（来源：作者自绘）

例研究深度保持一致，本文以Depthmap生成的轴线图作为参考，根据实地测绘的平面图，结合踏勘调查情况，在Autocad中手工绘制轴线图。绘制的过程中不断复查，以保证模型与实际空间形式相吻合，增加准确度。同时为了克服轴线模型的边缘效应，以村落外部较为明确的自然环境界限作为轴线图的构建范围。

关系分析——计算拓扑形态分析变量： 利用Depthmap软件对各个样本的拓扑形态指标逐一进行统计，主要包括连接度、深度、选择度全局整合度、局部整合度、理解度与协同度，测算与建立各传统村落公共空间的句法拓扑形态变量数据库。

分析表达——句法变量的图示化： 基于线性模型，将主要的句法变量指标数值赋予到各线性要素上，通过色谱对数值进行分级并生成图示。线性要素显示为由红色渐变到蓝紫色的分级色谱，暖色代表句法变量指标的极高值，冷色则代表句法变量的极低值（本书中通过线性要素的粗细、深浅对数值进行分级）。通过图示化呈现，可直观地体认、理解与比较分析村落公共空间的深层结构。

3. 空间句法的适用性与局限性

综上所述，空间句法源自对空间本身的深刻探讨，倡导了一种建立在客观分析和实证研究基础上的本体的建筑学理论，是量化地描述和评价空间形态的理论与方法，在操作层面上，又是一种结合了可见性分析和拓扑计算的空间分析方法。

在空间研究中，单纯的数学逻辑分析或形体操作的数学运算，虽有量化分析的优势，但易流于形式操作的层面，难以触及建筑学的深层内涵；单纯文化层面的逻辑解析，又往往不够精确，或者其结论在实际操作中难以贯彻实施。空间句法则是数学逻辑分析与文化逻辑分析有机结合的综合逻辑解释系统，引出了兼具人文深度和可操作性的建筑学理论。空间句法的应用，将含糊不定、难以言表的空间意向转化为客观定性的量化指标，使对传统村落公共空间的认知，由感性上升到理性，由主观描述上升到客观量化。

当然，空间句法不可避免地具有一定的方法前提和局限性。例如：

一、空间句法分析出发点是空间的构形，对于如用地功能、政策法规、历史文化等客观因素以及规划干预等其他组织手段等，不能直接用空间句法来解答。广西少数民族传统村落公共空间的形成，除了自然环境要素影响因地制宜外，还受到历史背景、社会发展以及文化个性等多重因素的制约。空间句法理论借助空间构形对空间中人的行为活动进行描述的同时，缺乏对自组织之外因素的深入探讨。

二、目前空间句法的分析主要针对二维平面，但实际的空间体验是三维的。尤其是在喀斯特地貌广布的广西地区，少数民族传统村落多分布于丘陵山地，地形高差不可避免地成为村落空间的特征，并因而影响着村落公共空间中的行为、公共生活与村落空间结构之间的逻辑关系。考虑到研究样本村落规模较小，村落半径均在居民出行的舒适步行距离以内，以及道路起伏的普遍性，因此对丘陵山地传统村落的立体模型进行了简化，这也势必对计算结果的准确性有所影响。

传统的空间分析方法与空间句法均有一定的侧重点与局限性。对于受到自然环境、历史文化、政治制度与社会变迁等综合影响的传统村落公共空间，需采用多种分析方法的结合与互征，以田野调查与传统类型学、形态学分析为基础，辅以空间句法的量化分析，结合历史、地理、文化等相关要素进行比较分析与综合推衍，彼此验证，互为解释，从而使分析结果更具全面性，整体、客观地呈现其空间形态的构成因素与特征规律。

3.6.3 空间句法对空间形态与公共生活互动关联的验证

在村落公共空间的句法研究中，我们常关注四个层面的问题：①中心与边缘的模式：如何有效地强化中心性而不隔断空间联系，保持村落中心区域与周边空间的连续性、整体均衡性；②整体与局部的关系：对应到村落层面，即是场所与村落整体的问题，如何将具有活力的、多样化的空间联系、融合成为统一的村落系统；③组构与功能分布：村落物质空间的变化过程伴随着空间结构的改变，人的空间行为与空间利用方式也因而发生变化。功能与结构形式的深层互动规律，是村落运行与发展的内在动力；④网络与人群活动：空间组构的特性决定了人群活动的目的与穿行方式，并通过差异化的共存模式影响人群的分布与密度，从而对空间利用产生深远影响。

其中，中心与边缘、整体与局部的关系，属于空间形态的范畴；组构与功能分布、网络与人群活动则又可归纳为空间结构与活动特征的关系，这些恰是对村落公共空间研究在空间结构与行为活动层面的有效补充与完善。

平岩村的概况与公共空间基本特征已在前文有详细的论述，在此不再赘述。值得关注的是，随着旅游开发的深入，大量游客的到来，传统的以农耕、居住为主导的村落，逐渐转变为休闲观光的旅游景区，平岩村的公共空间与公共生活正面临着冲击与变革。自然环境与文化传统如何影响并塑造着村落公共空间的内在结构与外在形态？村落的公共空间在承载村民日常生活的同时是否满足了游客观光休闲的需求？传统的空间结构对不同社会人群的行为与活动又带来了怎样的影响？

平岩村的空间句法实例分析将围绕自然环境、社会文化与空间形态的互动，空间结构与行为活动的关系，这两个核心问题展开，综合轴线模型与线段模型，从空间形态、公共活动与场所、空间与功能模式三个方面对公共空间的结构形态特征进行阐述，深入挖掘平岩村公共空间特征的内在逻辑，为广西少数民族传统村落的公共空间句法释义与比较研究提供理论与技术方法的准备。

1. 与公共空间形态调查分析的互证

研究主要采用轴线模型的分析方法，提取平岩村公共空间的形态特征。测绘村落平面图（图3-68）与建立轴线模型（图3-69），结合实地调查、文献资料、居民访谈，搜集与记录空间形式与功能、界面与环境特征等信息，对模型进行反复校核。

观察平岩村的轴线图，可辨认出村落长轴线较少、短轴线错综复杂的形态特征。较长的轴线集中于村落外围的公路上，在村落内部则仅出现在岩寨主街与平寨入口处。受到地形变化的影响，道路呈不规则的树枝状，没有形成网络格局，多为尽端式的入户小径，因此短轴线繁多而零散。村落空间为河流所环绕，形成适度的围合，作为出入口的几座风雨桥、水坝与村口、寨门、河岸等边界要素结合，形成村落自然开放的门户空间与外部整体界面。轴线较为明显地分为三个组团，组团内部以略呈放射状的自由街道网络来组织空间结构。这种放射性格局往往具有突出的标志性与领域感，使得村落的中心区域具备便捷的步行可达性。同时，自由有

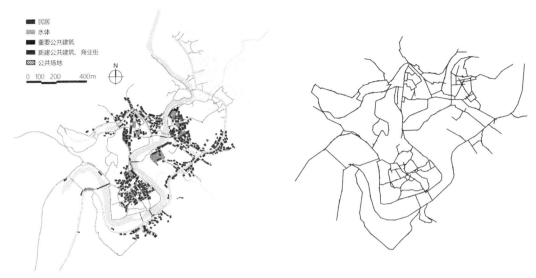

图3-68　平岩村总平面图（来源：作者自绘）　　　　图3-69　平岩村轴线图（来源：作者自绘）

机、蜿蜒的道路在村民居住生活区域中形成了较强的私密性与归属感。

如前所述，中心与边缘、局部与整体的关系是空间句法在空间形态层面的研究重点。中心是村落整体空间中，集聚特征和社会功能最强的区域。在空间句法原理中，以集成能力最强的轴线的分布区域来反映社会活动的强度与密度，并代表着社会性、公共性最强的空间范围。全局整合度数值最高的那部分轴线（通常占总数值的10%，由于平岩村规模较大，轴线数量多，则取5%）构成轴线模型的"整合度核心"（Integration Core）。整合度核心的形状和位置是了解与剖析空间整体结构的重要指标，它是村落空间整体系统中具备主导、控制性作用与影响力的空间，往往也对应着村落信仰、精神、仪式上的核心，建筑以此为中心，辐射布局，呈现出内聚式、具有防御性的村落形态与空间秩序。次一级的空间核心则主要通过局部整合度R_3数值较高的部分轴线来描述，这些轴线具有形成局部核心的潜能，就传统村落空间研究而言，通常表示居住组团或宗族组团内部核心空间的集聚能力。地处外围、整合度较低的轴线则组成了村落边缘空间。

图3-70显示了平岩村的全局整合度的数值分布，其中粗线部分即为村落5%全局整合度核心，由18根轴线组成，呈现出弯折的线性特征，连接起马安寨商业街，岩寨商住街以及岩寨老街与平寨相连的合龙桥、普济桥、寨门、河岸一带。从平面形态上看，恰是整个村落群的形态中心，在现场调查中，这一区域也是游客参观游览、村民在村寨之间穿行的主要路线。同时，受到与外界连通的主干道——613县道的影响，马安寨南侧入口与平寨东南入口之间的公路路段，全局整合度亦较高，这一路段两侧也成为近年来村民建新居、新农村建设规划的重点选址区域。此外，村后坡地、田间小径、风雨桥对岸的道路等村落外缘地带所对应的轴线全局整合度则较低。

在局部整合度的分析图示中，平岩村的组团式格局清晰可见。局部整合度核心靠近马安、岩寨、平寨三个村寨各自的鼓楼核心区一带，与侗寨以鼓楼为核心的向心性布局传统暗合。村寨组团中心区域轴线密度较高，亦表明其公共空间的聚集性。组团之间连通的道路较少，边缘区域多为风雨桥、水坝、寨门、凉亭等边界、入口性的标识空间，此类空间形式与分布多受自然山体、河道的影响，在轴线模型中整合度较低，这也使得组团结构的划分更为明

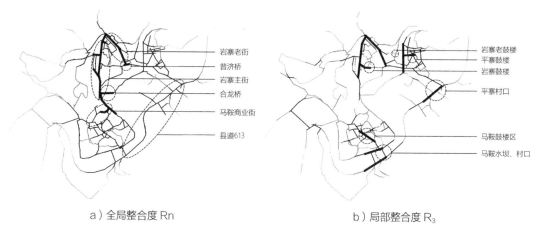

a）全局整合度 Rn　　　　　　　　　　　　　　b）局部整合度 R₃

图3-70　平岩村空间结构分析（来源：作者自绘）

晰。在三个组团中，马安寨、平寨的轴线组织呈现典型的放射状形态，以鼓楼、戏台、鼓楼坪为中心，向四周蜿蜒发散；岩寨的轴线受到西面山体与东侧河道的限制，形成南北方向的线性布局，主街较为长直，因此其整合度反而比深处与居住组团内部的鼓楼区域较高，而岩寨的老鼓楼则随着村落的发展逐渐边缘化，整合度也较低。此外，从局部轴线组织来看，凌乱破碎、错位的状态较为明显，大量短轴线与长轴线垂直相交，却并未贯通与联系起街道两侧的地块，"丁"字交叉口较多。

　　轴线模型空间形态的描述在一定程度上反映了村落公共空间网络的主要形态特征，但是其局部与整体的空间关系还需要通过计算全局整合度与局部整合度、连接度的相关性来进一步量化分析（表3-17）。

　　平岩村整体的可理解度仅为0.167，协同度为0.361，相关性较弱，一方面是由于村落的组团状格局，并且三个组团在形态与结构上各具特点，互不相同；另一方面与自由的树枝状道路格局、顺应地形的建筑布局相关。选取全局整合度核心以及与其直接相连的部分轴线进行分析，协同度有显著提高，回归系数上升至0.686，说明村落的空间核心部分的可读性明显高于其他部分。最后，将马安、岩寨、平寨三个组团拆分后单独进行分析，则可理解度与协同度均有所上升，协同度的升幅更明显，分别提升至0.505、0.467与0.707，相关水平较高，说明各组团内部空间结构更易被感知，与组团内以鼓楼为核心的放射状布局有关。

平岩村与村寨组团空间句法基本变量对比　　　　　　　　　　　表3-17

	轴线数量N	平均CN	平均R3	平均Rn	理解度（CN：Rn）	协同度（R3：Rn）	协同度（核心+1）
平岩（整体）	451	2.61197	1.18892	0.415653	0.167417	0.36131	0.685778
马安（组团）	218	2.69725	1.20846	0.503436	0.266312	0.504681	—
岩寨（组团）	150	2.53333	1.15604	0.530088	0.214445	0.466824	—
平寨（组团）	109	2.75229	1.19769	0.617419	0.459574	0.70478	—

（注：组团独立分析时，对模型的边界与缓冲区进行了修正，因此组团轴线数量之和并不等于村落整体的轴线数量）
（来源：作者自绘）

2. 空间组构与公共空间

平岩村的公共空间主要由商业街、鼓楼、鼓楼坪、戏台、风雨桥、寨门、井亭等构成。其中，鼓楼与风雨桥是村落最具特色最具公共性的活动核心，为村落居民和外来游客所共同使用，在村落整体空间中具有统率作用。同时，随着旅游开发的推动，商业街、特色工艺品超市又成为新的公共空间焦点。通过对村落中商业街、重要公共建筑的分布、一般公共空间以及居住生活区与空间组构整合度的比较分析（图3-71），可以发现：

（1）主要街道与商业空间在整合度最高轴线上具有一定的聚集倾向。岩寨的商住主街位于整个村落中整合度最高的区域，与之相连的永济桥至马安寨的商业街位于中等整合度的区域，但受到永济桥这一著名景点的影响并且靠近景区入口交通便捷，仍聚集了大量的游客与商业；另一方面我们也发现，为旅游开发而新建或改造的商业空间具有向入口、重要景点聚集的趋势，而以村民为主体的内向型商铺、街道则分散在村落内部深度较高的区域，或是离景点较

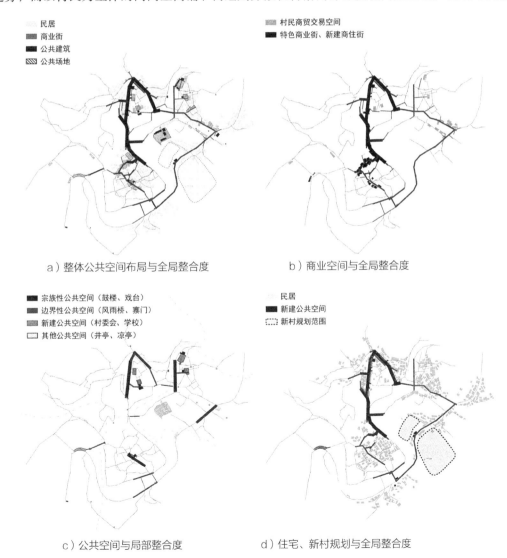

图3-71　平岩村公共空间功能布局与全局整合度分析（来源：作者自绘）

远、尚未完全开发的村落入口。

（2）鼓楼、戏台等宗族性公共空间，多分布于局部整合度核心区域，即各自村寨组团的中心；有趣的是，新建的小学作为整个行政村共享的教育资源，恰恰选址于三个组团所形成三角形的中心点上，而新建的村委会则位于组团环抱且紧邻县道613的位置。

（3）寨门、风雨桥等分布在组团边缘、村落外围整合度相对较低的轴线上；其他公共空间，如井亭则随机散布于居住区内，整合度亦不高。

（4）居住生活区内的巷道形态复杂，整合度最低，私密性相对较强。

（5）村落东南侧的公路整合度亦较高，因其便利的交通优势，成为新建游客中心、景区入口、村委会、商铺以及新村规划中公共建筑的聚集区。

通过空间组构与公共空间布局的对照分析，平岩村的整体空间呈现明显的多核心的簇团状结构，在各个组团内部又呈现出典型的内向性布局，放射型路网凸显了鼓楼核心区的统帅作用，表达了侗族村落的宗族性特征。同时，虽然公共空间并没有明确的等级划分，但不同功能的公共空间根据其所承载的公共活动的方式、类型与频率往往具有不同的空间地位与分布趋势，并且与整合度的分布与变化呈现"同构"的现象。

3. 空间形态与公共活动

村落公共空间中的活动，基于对象人群，可分为当地村民与游客；从行为方式上又可分为步行活动与停留活动。传统村落的活动是以步行为主导的，同时，步行活动与村落内其他活动的产生有着密切的联系。线段模型充分考虑到米制距离与线段之间的角度关系，在较为精确的步行模式与微观尺度的街道空间研究上具有优势，因此，本节将结合线段模型，主要通过公共空间的整合度与选择度分析，发掘村落公共空间形态与公共活动的互动关联。

（1）数据采集

对平岩村公共活动的调查分三个阶段展开：2014年12月进行了第一阶段的预调查，通过现场踏勘与访谈初步掌握本地村民与游客的步行活动状况，统计分析出行距离与活动范围，同时对各类型的户外停留、聚集性活动的发生地点、频率与时间进行持续数日的移动观察、拍摄记录与地图标注，以明确后续调研的方向与重点；2015年3月至5月开始正式调研。分别选取工作日、周末及节日（"三月三"小长假）记录村民与游客的步行流量、主要公共空间的停留活动类型、持续时间与参与人数，对采集到的数据进行统计与比较分析；2015年8月和2016年2月在上一轮调研结果的基础上，查缺补漏，进一步校核、修正与完善。

出行分布的调查采用了截面人流计数法（又称大门观测法）来观察记录平岩村街道的步行密度，即以街道上的某一参照点（如垃圾桶、路牌或其他标志物）为虚拟的大门，然后统计单位时间内步行经过该观测点的村民与游客数量[①]。

观测点的选择采用了分层随机抽样的方法：根据轴线整体结合度数值的高、中、低将它们分为三类，随机从每类中选择大致相同数量的轴线，参考预调查的结果，对选定样本进行

---

① 陈泳，倪丽鸿，戴晓玲等. 基于空间句法的江南古镇步行空间结构解析——以同里为例[J]. 建筑师，2013（02）：75-83.

筛查，以保证样本数据有意义及分
布均匀。最终选定了72处观测点（图
3-72）。观测时间为2015年3月21日和
22日（周末）、3月25日和26日（周三、
周四）、4月20日、21日（三月三小长
假），自上午8：00至晚上20：00，
分6个时段（上午8：00~10：00、
10：00~12：00、12：00~14：00、
14：00~16：00、16：00~18：00、
18：00~20：00），每个时段各采集
一次数据。将相互靠近的九个观测点
归为一组，参与调查的八位观察者每
人负责一组观测点。观察者在每个观
测点连续记录5分钟，用秒表计时以
保证计时精度和数据调查的一致性，
分别记录步行经过该点的村民与游客

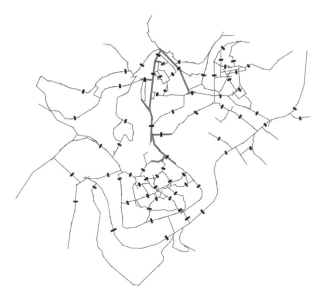

图3-72　观测点分布图
（来源：作者自绘）

数量，然后移动至下一个观测点继续计数，直至完成一轮观测。在下一轮观测中，观察者将从
上轮最后一个观测点开始，进行倒序观察，以减少因观测顺序造成的统计误差。最后取多次观
察数据的平均值作为模型中各轴线的步行人流密度，降低统计误差、尽可能保证数据的真实性
与准确性[1][2]。

　　总结一、二阶段的调查，发现平岩村中大部分青壮年人口长期在附近城镇甚至外省工
作，唯有在春节、三月三、清明节等重大节庆，本村居民才集中返乡，因此除了周末、节假日
游客激增，平日里村落内部人流量并不高。同时考虑到本研究中其他非旅游性村落可能具有类
似情况，采用截面人流计数法难以采集到满足统计要求的样本数据，故在第三阶段的补充调查
中增加了人流追踪的研究方法。利用GPS定位与百度地图的轨迹记录功能对40位村民、20位游
客的行走与停留路径进行跟踪记录，并将各类人群路径轨迹进行叠加，形成主要的公共活动路
径图。

　　停留活动的数据采集方法与此类似，首先在预调查阶段对村落范围内不同人群的户外停
留活动的发生地点、频率与时间进行初步观察与地图标注，确定下一阶段调查的重点区域，进
而在正式调查阶段对停留、集聚活动的重点公共空间进行全天候的活动记录，考察不同人群在
不同时段的停留活动性质、持续时间与参与人数等。利用相机的间隔定时拍摄功能采集图像与
数据，整理并绘制行为活动的空间分布图示。

　　整理三个阶段的调查结构，将观测点样本的步行密度、公共空间的功能及人群活动分布
数据与空间句法分析所得到的空间形态变量数据导入统计分析软件SPSS进行相关性分析，考

① 陈泳，倪丽鸿，戴晓玲等. 基于空间句法的江南古镇步行空间结构解析——以同里为例［J］. 建筑师，2013（02）：
75-83.
② 王浩锋. 村落空间形态与步行运动——以婺源汪口村为例［J］. 华中建筑，2009（12）：138-142.

察各变量之间是否具有统计学意义上的关联性，以及空间形态的哪些参变量与步行运动、停留活动具有最强的相关性，从而探讨空间形态与行为活动的互动规律。

（2）步行活动

预调查发现，村落中的人流密度在时间与空间分布上均呈现较大的差异，有的路段非常热闹，如永济桥—马安寨商业街，平均人流密度达到了26.5人/5min，而有的道路则行人稀少，如坡地上的入户小径，仅在早晚有少量进出人流，主要为村民或留宿的游客，体现出村民与游客的步行活动在路线、目的地的选择上的差异；再从时间分布的角度来看，早晨出门、午饭和午后归家及晚饭前后时段是村民出行的主要时段，而游客的观光活动则集中在上午10：00至下午16：00点左右。以村落全日人流量最大的马安寨永济桥为例，本地居民的步行人流密度的时间分布呈早晚较高、随机波动的特征，而游客的步行密度的峰值则靠近中午时段。整体而言，两者呈现出分区、错时活动的时空分布特征（图3-73）。

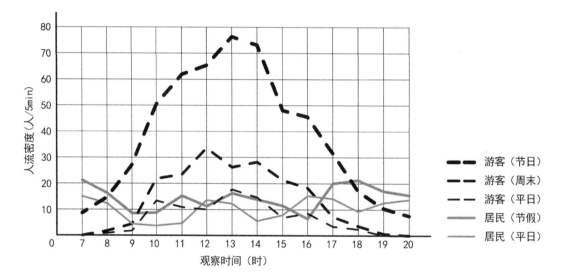

图3-73　永济桥时间密度人流分布（来源：作者自绘）

在空间分布方面，调查发现，村民与游客的出行距离与活动范围存在着各自鲜明的特点（图3-74），除去出行目的性较强的从事旅游服务的工作者，当地村民的平均出行距离约为300~400米，对应于村寨组团的范围；游客希望在较短的时间游览尽可能多的景点，因此其活动覆盖的范围相对广泛，步行距离约900~1200米左右，涵盖了平岩村整个村落的主要公共空间与景点。自由行游客或在村落中住宿一晚的游客，在时间上相对宽裕，步行活动延伸更广，或到达平岩村东北方向的大寨、东寨，或去往马安寨南面山坡上的观景点，出行距离达到1500米以上。调查的初步结果与步行行为的相关研究文献（如《交通工程手册》、《效率与活力：现代城市街道结构》）中的论述基本吻合。

选取150米、300米、450米、600米、900米、1200米、1500米、2000米八个测算半径，计算公共空间在不同尺度下的整合度和选择（图3-75），并与人流密度分布数据相对照。

在150米的活动半径内，参与计算的线段较少，尤其是选择度值普遍较低，相对较高的部分线段多为住宅间的巷道，并且仅涵盖了岩寨主街和马安、平寨鼓楼周边的小范围居住组团。

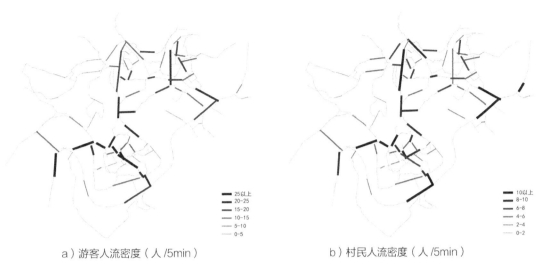

a）游客人流密度（人/5min）　　　　　b）村民人流密度（人/5min）

图3-74　平岩村步行人流密度分布图

　　半径300米时，整合度与选择度有了明显的变化，能基本体现出一个村落组团层级的空间活力与模式。整合度核心部分轴线分布于马安寨、平寨鼓楼以及村落中较为长直的道路上，选择度较高的区域亦然。在这一半径下，整个村落较为明显地表现为三个组团，整合度与选择度数值由各组团核心向外逐渐扩散、降低，呈现出有规律有层次的变化。

　　随着分析半径的扩大，整合度与选择度较高的区域逐渐由组团内部向外扩张。半径450米时，高选择度线段逐渐向三个村寨组团相互连接的区域延伸，马安鼓楼区的整合度逐渐降低，而岩寨和平岩主要街道的整合度逐渐升高，可以解读为由生活性街道向商业性街道的扩张。

　　600～1200米的活动半径内，高整合度的区域集中在马安商业街、岩寨主街、平寨主街上，在900米半径下，村落东南侧的公路对于出行方式与整合度核心分布的作用已逐渐显现，在马安寨、平寨接邻公路的部分，整合度显著提高，选择度核心区同样呈现向商业街、主要道路发展的趋势。

　　当半径扩大到1200～1500米，三个村寨组团的整合度核心已基本稳定并连通为一体，村寨间互通的道路选择度最高，如合龙桥、普济桥沿线。合龙桥北连岩寨、南接马安，东北往平寨，是在村寨组团间穿行的重要节点，而普济桥则为岩寨与平寨的主要联系。在1500米半径下，县道613表现出了极高的整合度与选择度，体现出长距离出行的活动模式。1500米活动半径已接近生活经验中步行的极限距离，并且就平岩村的规模而言，活动范围已溢出，故2000米半径的分析结果与全局整合度、选择度相似。

　　通过以上的调查、分析，可推断出平岩村步行活动分析半径的优选值。300～450米半径适合于对当地村民步行活动的分析，300米对应于村民所在村寨居住组团范围内的活动，450米半径的活动囊括了住宅区周边开放的公共空间，如田野、河岸。900～1200米的半径则侧重于解读游客步行活动的模式，可漫游于村寨间，亦可驻足观光。

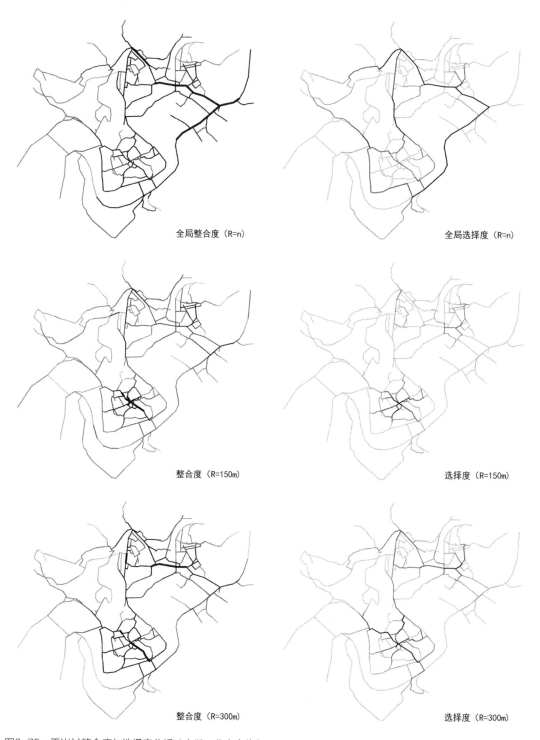

图3-75 平岩村整合度与选择度分析（来源：作者自绘）

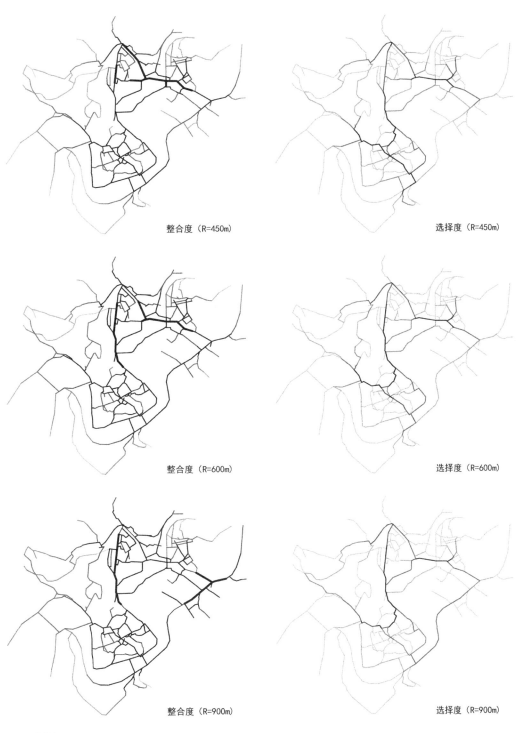

整合度（R=450m）　　　　　　　　　　　选择度（R=450m）

整合度（R=600m）　　　　　　　　　　　选择度（R=600m）

整合度（R=900m）　　　　　　　　　　　选择度（R=900m）

图3-75（续）

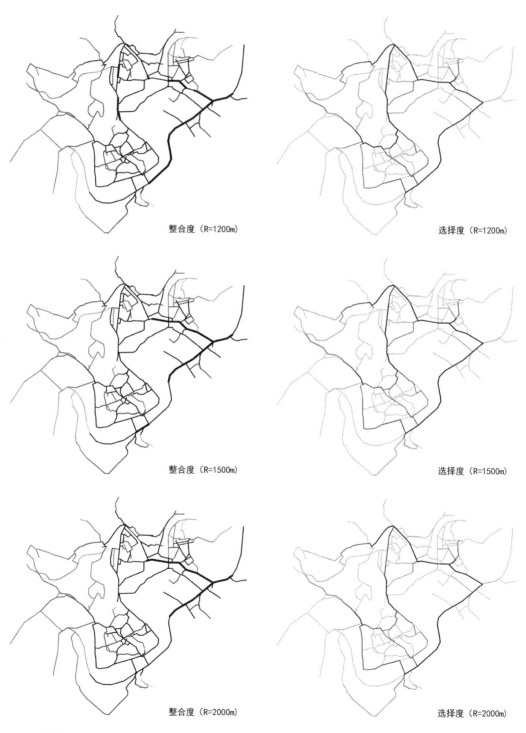

整合度（R=1200m）　　　　　　选择度（R=1200m）

整合度（R=1500m）　　　　　　选择度（R=1500m）

整合度（R=2000m）　　　　　　选择度（R=2000m）

图3-75（续）

为了更准确地辨析空间形态与出行活动的关系，将72个观测点的村民和游客步行人流密度与不同研究半径下的空间句法参量输入SPSS，进行相关性分析（表3-18），可得出如下推论：

就全部人群的人流密度而言，整体结合度比选择度与步行人流密度的关联性更高。整合度高的马安寨、岩寨商业街上，村民与游客的人流密度也较高，坡地、居住区等整合度低的区域，人流密度也较低。

步行人流密度与空间句法参量相关性分析 　　　　　　　表3-18

	总人流密度	游客人流密度	居民人流密度
全局整合度Rn	0.446	0.497	0.314
整合度R=300	0.244	0.249	0.411
整合度R=450	0.263	0.332	0.397
整合度R=900	0.481	0.534	0.289
整合度R=1200	0.474	0.539	0.257
全局选择度CH	0.218	0.237	0.378
选择度R=300	0.242	0.125	0.493
选择度R=450	0.296	0.166	0.464
选择度R=900	0.247	0.253	0.341
选择度R=1200	0.233	0.201	0.272

（来源：作者自绘）

空间句法参量与人流密度的关联程度在不同的空间尺度上波动变化。如，在600米半径以内，空间结构与游客出行的相关度较低，随着半径的扩大，空间结构的影响力逐渐加强，并在1200米时达到峰值，随后又有所下降。对当地村民而言，300米、450米半径与其在村寨组团内部的出行分布相关度较高，半径大于450米后便显示出与村寨之间有目的的出行活动的关联性，至900米活动半径，空间参量已下降到较低水平。

空间特征与出行密度的关联程度在不同的人群中表现出显著的差异。村民步行人流密度与空间参量的相关度普遍较低，从整合度进行考虑则显著低于游客，在局部选择度上稍高于游客，但其数值也未能到较高的相关性。以900米活动半径为例，其全局整合度与游客人流密度的相关性（0.534）大于与本地村民的相关性（0.289）。一方面表明游客虽然会受到旅游景点的强烈吸引，但他们在村落内的观光游览活动仍然比本地居民更容易受到步行空间的整合度的影响，并且在侗族村寨中，鼓楼、戏台、风雨桥等重要景点，也正是村落空间形态与结构的重要组成部分与决定因素。另一方面，村民因为更熟悉村落的步行系统，出行的路径选择多基于日积月累的经验与习惯，不容易受道路两侧景观、景点等影响因素的干扰，快速直达目的地。因此，村民步行人流密度与选择度的相关性（0.341）要大于游客人流密度与选择度的关联（0.253），再次印证了不同人群步行活动目的的差异与路径选择的关联性，外来游客以观光和体验为主要目的，村民的日常生产、生活交往性质的步行活动则倾向于选择最直接、便捷的路径。

村落步行人流分布规律既表现出与公共空间形态、组构关联互动的规律性，又在局部地

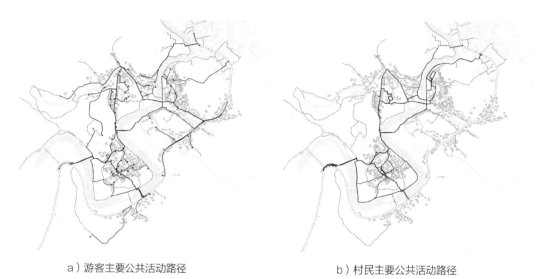

a）游客主要公共活动路径　　　　　　　　　b）村民主要公共活动路径

图3-76　平岩村主要公共活路径追踪（来源：作者自绘）

区表现出差异性。受到风雨桥、田野景色等不同程度的吸引，由坐龙桥至平寨的田间小路也常常成为游客选择的路径。村民在寨子中穿行也并不都沿着较热闹较笔直的商业街行走，而多避开大量人流，在宅间巷道穿行，甚至另辟蹊径，直达目的地，节省路程与时间。

此外，通过GPS追踪观察发现（图3-76），旅行团的游览路径集中分布在永济桥、马安寨商业街、岩寨商业街上，当靠近各村寨鼓楼时，会绕行至鼓楼区参观、欣赏表演，再继续沿主要街道前行，最后由平寨戏台返回或继续前往大寨。路径追踪的结果与村落900米半径的整合度图示呈现出相似的空间结构。自由行游客的路径选择则更多样，风雨桥、庙宇、田野均为吸引他们的元素，其路径覆盖面广，几乎囊括了村落中所有的公共建筑、观景点，与1200米半径和全局整合度的分析结果相近。而村民的行走路径具有较强的目的性与个体间的差异性，多直奔各自的目的地而去，路径零散，长短不一。与游客活动路径明显不同的是，由马安寨、平寨往公路的水坝与道路上，村民通行较为密集，这是村民外出的主要通道。经过视觉比较，轨迹跟踪结果中，村民的主要活动路径分布更接近于半径300米、450米的线段模型中选择度较高的区域。

综上所述，平岩村公共空间步行人流分布表现出与空间形态、组构互动的规律性：尽管受观光景点及商业街等旅游吸引点的干扰，外来游客的步行人流密度与空间组构仍具有较高的相关性，体现了村落放射型组团式布局以及因地制宜的自由有机路网形态对于游客的参观路线的选择具有较大的影响作用，同时也在一定程度上维护了居住生活区的领域感与私密性；而村民对村落的步行系统、环境非常熟悉，其出行路线往往取决于目的地的方位与便捷、安全、舒适或趣味等空间感受和环境品质的综合考量，随机性、不确定性较大，与空间组构的关联度略低。同时，作为旅游开发型的传统村落，平岩村所拥有的旅游服务功能对特殊区域、特殊时间的人流量分布会产生一定的影响，在局部空间中表现出空间形态与出行活动的差异性。

（3）停留活动

日常交流、社会交往、休憩聚会等停留
活动是村落公共活动的另一重要内容。预调研
发现，游客与村民的停留活动在时间和空间的
分布上也呈现出分异：村民的停留活动遍及整
个村落，例如屋前屋后的交谈，凉亭、井台的
歇息等，断续累积起来，活动持续的总时间较
长，时空分布较为随机。游客的停留活动大多
发生在村落入口、景色优美的河边、田地以及
标志性景点附近，时间相对集中。在村民和游
客共同使用的公共空间，村民往往会避开游客
活动的高峰，但这种错时性具有独特的表现方
式（图3-77）：村民多在游客聚集的景点中从
事旅游相关服务工作，如歌舞表演、纪念品售
卖等，游客的停留活动空间成为村民的生产空
间。而当晚饭结束、游客散去后，才重新成为
村民聊天、休闲、活动的场所。

具体来说，游客在村落中的停留活动类
型主要包括民俗娱乐、休憩交往与商品购买三
大类（图3-78）。

民俗娱乐活动本为传统节日里村民与游
客共同参与的集会活动，并且多在各村寨的中
心空间——鼓楼、鼓楼坪、戏台举行，也正是
村落局部整合度核心区域。随着旅游开发的推
进，平寨戏台每日早上10：00固定举行一场传
统歌舞表演，而岩寨鼓楼前，则每晚19：00设
有百家宴与民俗表演，供游客体验参与，在春
节、三月三等小长假，马安寨戏台也成为百家
宴和民俗表演的主要场地，早上10：00、晚上
18：00各一场。鼓楼核心区是游客停留时间最
长、人数最多的区域，表演时段也是鼓楼核心
区游客聚集、活动的高峰。

游客的休憩交往活动较为集中地进行于
整合度最高的鼓楼核心区，此外，在永济桥、
合龙桥、水坝、河畔田园等主要景点周边，
乃至商业街的餐饮区均有发生。在游客休憩
区域，又往往聚集了主要的商业娱乐与服务
设施。例如，从景区入口至永济桥、再到马

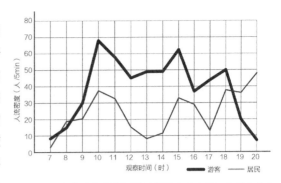

图3-77　马安戏台停留活动时间分布（来源：作者自绘）

平寨戏台民俗表演

永济桥边商业摊点

桥头休憩　　　　休息座椅

图3-78　游客停留活动与空间（来源：作者自摄）

节庆宴席

村口商铺

房前休憩

井台劳作

图3-79　村民停留活动与空间（来源：作者自摄）

安寨的沿线，村民自发地摆设了流动性商业摊点，售卖小吃与纪念品。从马安寨到岩寨的全局整合度最高的街道上以及马安寨鼓楼周边，沿街居民纷纷将干阑式住居的首层改造为店铺，朝向主要街道与景点，从事面向游客的土特产、纪念品销售贸易、提供旅游配套的餐饮、住宿服务，生活性的居住组团、街区转化为商住结合的旅游消费空间[①]。

从村民的角度来看，停留活动主要包括民俗集会、商业贸易、休闲娱乐、日常交谈、家务劳动等（图3-79），旅游开发无疑给他们的公共生活方式带来了巨大的冲击。

民俗集会活动变得日常化，且带有了商业表演的性质。只有在特殊的节日，如侗年、三月三、敬牛节等，或是特别的活动类型，如祭祖、娶亲。鼓楼核心区依然是此类活动的主要场地，在田间空地也偶有发生。

商业贸易多为游客服务，以流动与固定相结合的方式，分布在游客聚集的风雨桥、鼓楼等景点周边，靠近景区入口处还专门设置了特色商业街，甚至连永济桥内空间也成为传统侗绣的售卖区。

由于熟人社会的村落氛围、较为亲密的邻里交往关系，加上外向型的社交传统，村民大多喜爱在室外、大自然中进行日常交往、休闲娱乐活动。其中，打乒乓球、下棋、聊天、看电视等需要某些特定空间与时间来触发的聚集活动，主要分布在鼓楼、戏台等局部整合度最高的轴线附近地区，当游客聚集时，此类活动多于公共建筑的室内进行，以与游客使用的时间与空间错开；而熟人之间互相打招呼、偶遇聊天、歇息乘凉等无需特定时空条件的交往活动，则主要分布在整合度较高和中等的轴线（街道）上，并且常常与游客观光流线相靠近或有视线渗

① 陈泳，倪丽鸿，戴晓玲等. 基于空间句法的江南古镇步行空间结构解析——以同里为例［J］. 建筑师，2013（02）：75-83.

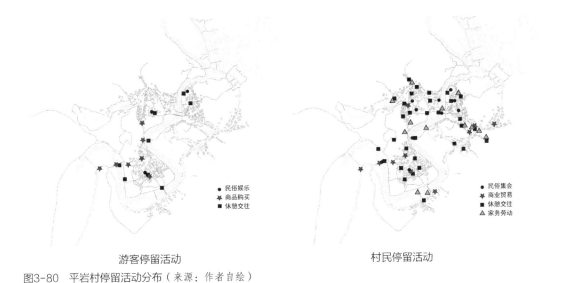

游客停留活动　　　　　　　　　　村民停留活动

图3-80　平岩村停留活动分布（来源：作者自绘）

透、连通的关系，如在垂直于商业街的小巷道内，常有老年人在门外闲坐休息，说明游客活动在一定程度上吸引了村民的户外休憩活动。

村民从事家务活动同样具有外向性，例如在屋前晒排、晒台晾晒衣物、谷物，在河岸、井台洗衣、洗菜等，天气晴好时，村民都喜欢在室外进行这类日常家务活动，并同时促发谈天说地等社交活动，形成约定俗成的公共空间。但值得注意的是，在游客人流密度较大的地区，如马安寨水坝、河岸边、岩寨井亭，村民的户外家务活动明显减少，而成为游客观景、休憩和留影的场所（图3-80）。

综上所述，调查分析与空间句法的研究均表明：平岩村公共空间的类型与功能表现出较高的重叠性与复合化，同一空间往往面向不同的人群并承载着多样的活动。游客的步行活动与村落空间的全局整合度核心具有"同构"现象，并延伸到风雨桥、鼓楼等重要景点。村民的步行活动覆盖范围、路径选择更为多样，总体上趋近于局部整合度与选择度较高的街道（R=300米或450米）。商业活动、节庆集会呈现出向空间全局整合度与局部整合度核心（R=300米）聚集的趋势，形成村落物态与意态两个层面上的中心，并汇聚了大量的村民和游客的共同活动；游客的休憩与商业活动分布易受到旅游景点的强烈吸引作用；村民的休憩交往活动分布与空间局部整合度（R=450）的相关性较高，商业活动趋向于游客聚集的地区，内部使用的商铺则散布于居住组团的巷道中。可以说，在旅游开发的影响之下，村民的日常休闲性公共活动与领域受到了一定的限制，但错峰使用与从事商业贸易，使得村民与游客的公共活动总体上呈现相互吸引、相互促进的和谐互动状态。

3.7　本章小结

本章以详实的田野调查为依据，运用分类描述与综合归纳相结合的研究思路，探讨客观、翔实地普查与记录公共空间特征的方法，初步归纳广西少数民族传统村落公共空间的总体特征，为进一步比较、分析与梳理其多样类型与丰富特征提供方法与素材。

在132个传统村落的研究范围内，通过卫星图整理、田野调查、实地测绘、相关文献、图纸资料的收集与整理，进行广西少数民族传统村落公共空间的类型学研究。从自然环境、空间形态、公共活动与场所等层面，进行描述、记录，较为完整地呈现出广西少数民族传统村落公共空间的整体风貌及多样性特征：

（1）依山而建、傍水而居，农地格局以梯田与经济林为主的自然环境特征。在选址布局、公共空间的构成与形态上，均表现出"尊重地形、利用水源、合理开耕"与自然环境休戚相关、和谐共生的互动关系。

（2）空间形态特征：①整体形态上，高山地区多散列状村落分布，平原、丘陵以规模适中的团块状为主；②各少数民族拥有各自独特的公共建筑形式，且反映出各民族的信仰崇拜特点。其中，侗族公共建筑高大精美，形式突出，而其他少数民族则以简朴实用、与民居相近的公共建筑形式为主，且数量相对少、规模小，公共空间以形态不规则、无明确界限的面状活动场地为主；③街道网络多呈自由有机的树枝状，随村落发展而进一步扩展为交织的树状网络；④空间界面类型以干阑式与地居式为基础，拼贴、融合、衍生出诸多过渡形态，形式丰富，但均强调和谐统一。干阑式界面韵律感、渗透性较强，地居式则相对规则、严整、封闭、连续。其中，侗族与汉化的壮族、瑶族村落中，拥有体量与形式较为突出、与民居形成对比的公共建筑，如鼓楼、祠堂、碉楼等，从而形成界面的视觉焦点；⑤边界多由自然山水要素形成，少数设有桥梁、寨门或村树以标识入口；⑥侗族与一些汉化的少数民族村落拥有中心性的公共空间，村落围绕鼓楼、祠堂布局，空间结构具有向心性，其他村落公共空间体系则组织松散，无明确中心；⑦街道与广场空间多因地制宜，加之界面连续性弱，故渗透性强，融于自然。大多数村落的街道无等级之分，且多与自然要素结合，形成丰富层次与亲切尺度。广场空间亦顺势而为，形态不规则、规模较小，围合感弱，视线通透。侗族鼓楼坪与汉化村落的宗祠广场作为村落精神与空间组织的重要核心，则相对规整，围合感较强，空间尺度各异，未经仔细规划或计算，但均以能看清核心建筑的整体、营造内聚向心的宜人尺度与场所感为目标。

（3）活动与场所特征：①公共活动的频率高、随意性大、持续时间长；②公共活动与公共场所均具有高度的自然性、开放性；③公共活动、公共空间具有鲜明的稻作文化特色；④公共空间承载着浓厚的民族色彩与风貌；⑤公共空间的类型与功能的复合化、重叠度较高；⑥公共生活与公共空间互动共生：公共生活影响公共空间的形成和使用，公共空间潜移默化地作用于公共生活的行为模式中。

以三江县林溪乡平岩村为实例，展开翔实、细致的调查研究与分类描述，深入剖析其公共空间特征，对前述的调查分析方法进行实际操作与验证。同时，为了客观分析传统村落公共空间的活力与特征、公共空间形态与行为活动之间的内在逻辑与秩序，借助空间句法的理论与技术方法，基于实证的数据与量化分析，探讨平岩村公共空间的形态与结构、功能布局、出行分布、停留活动分布之间的动态关联，对类型学研究所归纳的村落公共空间特征进行客观描述、补充与理性的验证和解析。

对公共空间外部形态与内在结构调查分析的类型学与空间句法研究，形成了对广西少数民族传统村落公共空间的整体认识：地域性与民族性的互动关联是产生公共空间共同特征与多样差异的重要影响因素是地形、地貌、气候等地域性要素影响着村落的整体形态、道路形式、空间尺度、界面形式等；民族信仰、宗族组织、民俗节庆、社交特征等民族性因素则通过公共活动方式潜移默化地影响着庙宇、宗族建筑等主要公共空间的类型与形态等。为下文不同民族、不同地域公共空间的比较分析与影响因素及其作用机制的综合推衍提供基础资料、研究方法与整体思路。

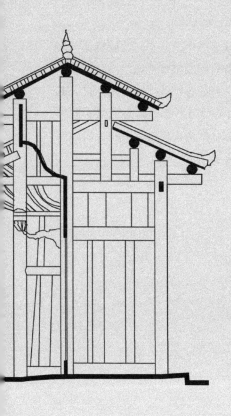

第 4 章

广西少数民族
传统村落公共
空间比较研究

在广西境内，十二个世居民族共同生活，相互交流与影响。田野调查与统计分析发现：地域与民族对广西少数民族传统村落公共空间具有重要的影响作用。地域环境与民族生活背景的多样性、复杂性构成了村落公共空间多元共存的风貌与特征。

地域性是根源于特定地区的自然、气候、传统、习俗的空间形式，强调自然条件的决定作用，反映了人们应对外部自然环境的过程，适应、改造和利用外部客观物质环境而建造村落、建筑与公共空间。同时，地域性也塑造出地域文化。《管子·水地》中就谈到过人的性格是和其生活的地域因素紧密相关的，认为"地"、"水"等最基本的自然环境都会培养当地人的品性。

民族性则根源于特定民族思想和文化传承的空间形式，强调人文因素的能动作用，反映出空间的营造与使用过程中所显示或暗含的，属于同一民族内部或不同民族之间的传统文化及技艺传承，民族文化的分化与整合，及各民族群体的宗教信仰等。民族文化是民族集体的社会生活产物，是民族集体精神的结晶，是不同民族之间区别与差异的"遗传密码"。民族传统村落与公共空间作为各民族文化的集中载体，记述着该民族的历史与未来，因此在少数民族传统村落公共空间的研究中，除了需要关注其根本的地域性之外，还需要综合考虑民族群体中所蕴含的民族文化特征，这对于构建和谐社会、保护民族文化多样性，同样具有重要意义。

因而，本章将基于"同一地域不同民族"和"同一民族不同地域"两个层面，展开对广西少数民族传统村落公共空间的比较研究，以及地域性与民族性及其关联性的讨论，进一步归纳广西少数民族传统村落公共空间内涵、影响因素与作用机制。

4.1　同一民族不同地域环境下的传统村落公共空间比较研究

4.1.1　壮族传统村落公共空间调查与比较

本节主要以壮族传统村落公共空间作为研究对象。壮族在广西少数民族中人口数量最多，分布最广泛。传统村落类型丰富，公共空间形式多样，较有代表性。不同地域的壮族村落研究样本的选取，希望涵盖不同的自然气候、地域文化、社会经济的类型与分区，并具有一定的代表性、差异性和可比性，因此，最终选定了龙胜龙脊、那坡达文、靖西旧州、武宣洛桥、阳朔龙潭、上林古民、隆林平流、忻城古朴、金秀龙腾九个传统村落进行比较研究，运用分类描述的方法，对自然环境与空间形态进行详细调查与数据分析，形成特征表格（表4-1）及绘制简要的村落空间图示（图4-1）。

图4-1 壮族典型传统村落空间图示（来源：作者自绘）

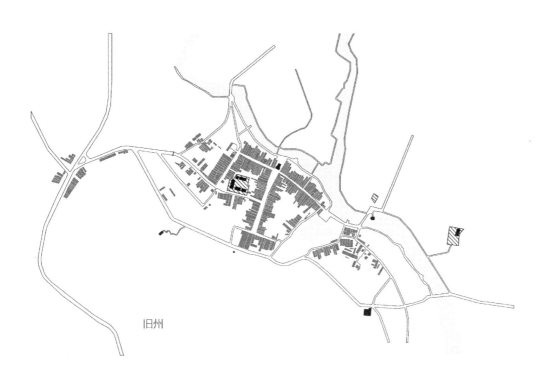

旧州

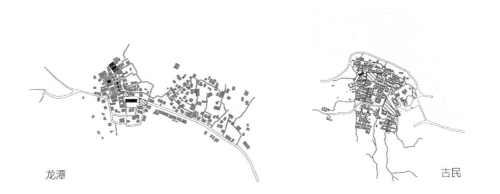

龙潭

古民

图4-1（续）

壮族传统村落公共空间特征调查　　　　　　　　　　　表4-1

特征类	序号	特征项目	特征子项目	特征因子（说明）
村落概况	1	村落名称		**龙胜各族自治县和平乡龙脊村**
	2	民族结构		壮族
	3	地理分区		桂西北
自然地形	4	傍水而居	整体形态	穿村而过
	5		空间节点	穿插村中的溪流；横跨溪流的石板桥、廊桥；泉亭
	6	依山而建	整体形态	高山
	7		空间节点	街道垂直、平行、斜交于等高线；利用缓坡形成边缘型广场
	8	农地格局		梯田、林地
空间形态	9	整体形态		散列状
	10	村落规模	人口数量	大型（226户，883人）
	11		空间半径	472米
	12	平面形态	点状空间	凉亭、井台、古树、碑林、莫一大王庙、生态博物馆、社庙
	13		线状空间	树枝网络状（57座青石板桥，1座木构风雨桥）
	14		面状空间	龙脊小学、与居住区混合的梯田
	15	界面特征	底界面	坡道、台阶（青石板）
	16		界面建筑	高脚干阑（杉木、原木色）
	17		特殊界面建筑	莫一大王庙（规模小，与干阑民居类似）
	18		其他界面实体	石篱笆
	19		街道界面组织	山地干阑型（曲折，封闭，渗透）
	20		广场界面组织	凉亭，树木，梯田（自然和谐，围合感弱）
	21		整体界面特征	整体性强（形式一致、体量相仿）；连续性弱（建筑与自然要素穿插交错，朝向不一，层叠起伏）
	22	组织方式	边界	引导性边界空间：东寨门； 停留性边界空间：西村口、平寨村口
	23		中心	弱中心（无明确的核心空间） 开敞（空间节点多以自然要素围合，围合感弱）
	24		路径	顺应山地曲折起伏，局部有过街楼，T形交叉口为主
	25	空间尺度	街道类型与宽度	道路为主，未成街巷，D≈1~1.5米；村间公路穿过，D≈4米
	26		街道形式与尺度	建筑-街道-建筑； 纵向主路D/H＜0.8；横向支路多半边街形式，0.3＜D/H＜1
	27		广场面积与尺度	无明确形式与边界，村口空地活动范围约100平方米

寨门　　　　　　　　龙泉亭　　　　　　　道路　　　　　　晒坪

续表

特征类	序号	特征项目	特征子项目	特征因子（说明）
村落概况	1	村落名称		**隆林各族自治县金钟乡平流屯**
	2	民族结构		壮族
	3	地理分区		桂西
自然地形	4	傍水而居	整体形态	一侧沿水
	5		空间节点	沿河岸开拓小面积水田
	6	依山而建	整体形态	高山
	7		空间节点	平行、斜交于等高线的街道
	8	农地格局		梯田、林地
空间形态	9	整体形态		散列状
	10	村落规模	人口数量	中型（105户，451人）
	11		空间半径	225米
	12	平面形态	点状空间	古榕、枫树
	13		线状空间	树枝状道路
	14		面状空间	零散、混杂的坡地、草地或菜地
	15	界面特征	底界面	坡道（泥土、草丛）
	16		界面建筑	半干阑 （木板墙、黏土烧结瓦、屋顶两端设A形小屋檐"猫耳"）
	17		特殊界面建筑	无
	18		其他界面实体	"屏风"般密植的油桐树
	19		街道界面组织	山地干阑型（曲折，开敞，渗透）
	20		广场界面组织	无
	21		整体界面特征	整体性强（形式一致、体量相仿） 连续性强（沿等高线层叠起伏）
	22	组织方式	边界	林地环绕村落，无边界性公共空间节点
	23		中心	弱中心（无明确的核心空间） 开敞（空间节点多以自然要素围合，围合感弱）
	24		路径	顺应山地曲折起伏，局部有过街楼，T形交叉口为主
	25	空间尺度	街道类型与宽度	道路多断头路，无街巷，D≈1.5～3.5米；
	26		街道形式与尺度	建筑-街道-自然要素；0.5<D/H<1
	27		广场面积与尺度	无明确形式与边界，为原始的坡地、草地

原始坡地与山林	泥路	宅间地

续表

特征类	序号	特征项目	特征子项目	特征因子（说明）
村落概况	1	村落名称		**那坡县龙合乡达文屯**
	2	民族结构		壮族
	3	地理分区		桂西
自然地形	4	傍水而居	整体形态	五
	5		空间节点	村口蓄水池
	6	依山而建	整体形态	高山（大石山区、山脚）
	7		空间节点	平行、垂直于等高线的街道；
	8	农地格局		石质梯田
空间形态	9	整体形态		团块状
	10	村落规模	人口数量	中型（63户，265人）
	11		空间半径	136米
	12	平面形态	点状空间	土地庙、小学、医务室、生态博物馆
	13		线状空间	树枝网络状
	14		面状空间	晒谷场、博物馆广场、与居住区混合的玉米地
	15	界面特征	底界面	坡道、台地（沙石）
	16		界面建筑	干阑（木骨泥墙、高脚石柱）、砖混（2~3层、平屋顶）
	17		特殊界面建筑	生态博物馆（风貌协调）、小学、卫生所（砖混平房）
	18		其他界面实体	石砌挡土墙、石篱笆
	19		街道界面组织	干阑型（平直，开敞，渗透）
	20		广场界面组织	小学、卫生所两面围合晒谷场，砖混平房与干阑较不协调 生态博物馆三面围合出广场，夯土墙面，风貌和谐
	21		整体界面特征	整体性强（形式一致、体量相仿） 连续性弱（建筑间隔较大，与菜地、植物穿插）
	22	组织方式	边界	停留性界界节点：村口外生态博物馆
	23		中心	单中心（晒坪、球场）开敞（平方两面围合，一侧连接公路，一侧为菜地，无封闭围合感）
	24		路径	顺应台地起伏，较平直，T形交叉口为主，少量十字交叉
	25	空间尺度	街道类型与宽度	纵向主路与横向支路宽度差别不大，D≈1~4米
	26		街道形式与尺度	建筑-街道-建筑 + 建筑-街道-自然要素 台地高差较小，半边街空间形式不显著；0.3<D/H<1
	27		广场面积与尺度	晒坪：23米×20米；D/H>5 生态博物馆广场：36米×22米；T字形广场；1.8<D/H<3

全貌	村口蓄水池与石山	道路与石砌挡土墙	生态博物馆

续表

特征类	序号	特征项目	特征子项目	特征因子（说明）
村落概况	1	村落名称		**忻城县北更乡古朴屯**
	2	民族结构		壮族
	3	地理分区		桂西
自然地形	4	傍水而居	整体形态	无
	5		空间节点	山腰的蓄水池
	6	依山而建	整体形态	高山（大石山区、山脚）
	7		空间节点	平行、垂直于等高线的街道；
	8	农地格局		石质梯田、旱地
空间形态	9	整体形态		团块状
	10	村落规模	人口数量	中型（72户，290人）
	11		空间半径	125米
	12	平面形态	点状空间	戏台、活动中心、村口大树、土地庙
	13		线状空间	树枝状道路
	14		面状空间	运动场、村口广场、菜园、果园、蓄水池
	15	界面特征	底界面	水泥
	16		界面建筑	干阑（歇山、悬山、重檐，石质柱础）
	17		特殊界面建筑	活动中心、戏台（砖混结构平房，一般和谐）
	18		其他界面实体	告示牌
	19		街道界面组织	干阑型（平直，开敞，渗透）
	20		广场界面组织	村口广场：低矮建筑、村树；三面围合，封闭感弱 球场：树木；三面围合，自然和谐，围合感较强
	21		整体界面特征	整体性强（形式一致、体量相仿） 连续性弱（建筑分布疏密、错动较多，与菜地、植物穿插）
	22	组织方式	边界	停留性边界节点：村口广场、
	23		中心	弱中心（活动中心、戏台） 开敞（形式简单的公共建筑，靠近村口广场。无封闭围合感）
	24		路径	较平直；错动的十字形、扩展型交叉口，与菜地相结合
	25	空间尺度	街道类型与宽度	纵向主路与横向支路宽度差别不大，D≈1.5~2.5米
	26		街道形式与尺度	建筑-街道-建筑 + 建筑-街道-自然要素；0.3<D/H<1
	27		广场面积与尺度	村口广场：30米×18米；2<D/H<4 运动场：36米×20米；D/H>1

戏台　　　　　　　　　　道路　　　　　　　　村树与村口广场　　　点缀于民居间的菜地

特征类	序号	特征项目	特征子项目	特征因子（说明）
村落概况	1	村落名称		**上林县古民寨**
	2	民族结构		壮族
	3	地理分区		桂中
自然地形	4	傍水而居	整体形态	一侧沿水；穿村而过
	5		空间节点	穿流的溪涧、水塘、水库边的叠石广场
	6	依山而建	整体形态	丘陵（山腰）
	7		空间节点	平行、垂直于等高线的街道；台地状中心型晒坪
	8	农地格局		水田、梯田
空间形态	9	整体形态		团块状
	10	村落规模	人口数量	中型（160户，506人）
	11		空间半径	132米
	12	平面形态	点状空间	井亭、古民小学
	13		线状空间	树枝网络状
	14		面状空间	晒坪、叠石广场、停车场、水塘
	15	界面特征	底界面	泥土、卵石、石块
	16		界面建筑	夯土合院地居，部分有青砖墙
	17		特殊界面建筑	古民小学（小尖顶西式门楼，夯土合院）
	18		其他界面实体	芦苇、卵石、夯土挡土墙
	19		街道界面组织	次生干阑型（平直，半封闭，渗透）
	20		广场界面组织	晒坪：建筑、院墙、树木；四面围合，界面低矮，封闭感弱 村口广场：井亭、台阶、挡土边坡；无明确边界，围合弱 叠石广场：石块，阶梯状；无明确边界，无围合
	21		整体界面特征	整体性强（形式一致、体量相仿、色彩醒目） 连续性强（建筑分布均匀、整饬，院墙相连）
	22	组织方式	边界	停留性边界节点：村口广场
	23		中心	弱中心（活动中心、戏台） 开敞（形式简单的公共建筑，靠近村口广场。无封闭围合感）
	24		路径	顺应坡地曲折起伏，与界面互动少，T形、Y形交叉口为主
	25	空间尺度	街道类型与宽度	主路可通车，D≈4米；支路D≈1~1.5米
	26		街道形式与尺度	主路：建筑-街道-建筑，0.6<D/H<1 支路：半边街，或建筑-街道-自然要素：D/H>0.4
	27		广场面积与尺度	村口广场、叠石广场：无明确边界，宽阔开敞 晒坪：30米×28米；3.6<D/H<7.5

| 村口井亭 | 旧古民小学 | 道路 | 入户支路 | 叠石广场 |

续表

特征类	序号	特征项目	特征子项目	特征因子（说明）
村落概况	1	村落名称		**阳朔县高田镇龙潭村**
	2	民族结构		壮族
	3	地理分区		桂北
自然地形	4	傍水而居	整体形态	一侧沿水
	5		空间节点	水塘
	6	依山而建	整体形态	丘陵
	7		空间节点	街巷对景
	8	农地格局		水田
空间形态	9	整体形态		组团状
	10	村落规模	人口数量	大型（258户，1050人）
	11		空间半径	268米
	12	平面形态	点状空间	徐氏宗祠、荣昌烟馆、龙潭镖局、古当铺
	13		线状空间	规则网络状
	14		面状空间	民俗广场、停车场、水塘
	15	界面特征	底界面	青石板
	16		界面建筑	湘赣风格汉化地居（青砖灰瓦、马头墙、人形山墙错落）
	17		特殊界面建筑	徐氏宗祠（与传统民居和谐）
	18		其他界面实体	无
	19		街道界面组织	平原地居型（平直，狭窄，封闭，连续）
	20		广场界面组织	民居檐面、山墙、院墙，四面围合，马头山墙高耸，围合感较强
	21		整体界面特征	规整、宏大（山墙错落，虚实对比；广府梳式布局，湘赣建筑风格）封闭、连续性强
	22	组织方式	边界	山体、水田、公路为边界，无边界性空间节点
	23		中心	单中心（宗祠、民居围合主街与广场，形成公共核心区，围合感强）
	24		路径	主街平直，巷道略有转折。T形、十字型道路交叉口
	25	空间尺度	街道类型与宽度	穿村公路D=6米；主路，D≈2.5~4米；巷道D≈1~2米
	26		街道形式与尺度	主街：0.3<D/H<0.8 巷道：0.1<D/H<0.6
	27		广场面积与尺度	民俗广场：25米×20米，2<D/H<3 宗祠广场：14米×12米，1.2<D/H<2.5

主街与宅院　　　　　　　　徐氏宗祠　　　　　　巷道　　　　　村边新居

特征类	序号	特征项目	特征子项目	特征因子（说明）
村落概况	1	村落名称		**武宣县东乡镇洛桥村**
	2	民族结构		壮族
	3	地理分区		桂中
自然地形	4	傍水而居	整体形态	堰塘点缀
	5		空间节点	月池
	6	依山而建	整体形态	丘陵
	7		空间节点	无
	8	农地格局		水田
空间形态	9	整体形态		带状、散列状
	10	村落规模	人口数量	中型（213户，910人）
	11		空间半径	286米
	12	平面形态	点状空间	村委、戏台、大树
	13		线状空间	树枝网络状
	14		面状空间	活动广场、风水塘、武魁堂、洛桥小学
	15	界面特征	底界面	碎石、水泥
	16		界面建筑	汉化地居（鹅卵石、泥砖）
	17		特殊界面建筑	武魁堂（与传统民居和谐）
	18		其他界面实体	鹅卵石围墙
	19		街道界面组织	平原地居型（人字山墙，卵石院墙，转折、进退的变化较多）
	20		广场界面组织	五魁堂，民居、围墙四面围合。连续性、封闭性弱
	21		整体界面特征	客家横堂屋，布局严整；风格相仿，但尺度、朝向各异，封闭性、连续性弱
	22	组织方式	边界	停留性边界空间：土地庙、大树界定，开放性强
	23		中心	单中心（武魁堂、禾坪、月池、大树、球场、戏台、村委会构成公共中心区；武魁堂、禾坪、月池中轴对称，凸显核心形象与地位）
	24		路径	五魁堂周边道路平直整饬，界面规整封闭；其余道路稍有弯曲起伏，界面建筑朝向不一，扭转错位较多，整体性与连续性弱，渗透性强
	25	空间尺度	街道类型与宽度	道路分级不明确；D≈1~2.5米
	26		街道形式与尺度	建筑－道路－建筑；0.2<D/H<0.8
	27		广场面积与尺度	禾坪：53米×30米，D/H≈5 村委、戏台与球场：48米×25米，D/H≈4

| 村口 | 武魁堂与月池 | 禾坪与古树 | 巷道 | 戏台与篮球场 |

续表

特征类	序号	特征项目	特征子项目	特征因子（说明）
村落概况	1	村落名称		**金秀县桐木镇龙腾屯**
	2	民族结构		壮族
	3	地理分区		桂中
自然地形	4	傍水而居	整体形态	穿村而过
	5		空间节点	龙腾桥
	6	依山而建	整体形态	平原浅丘
	7		空间节点	山中庙宇
	8	农地格局		水田、经济林
空间形态	9	整体形态		组团状（团块状、散列状）
	10	村落规模	人口数量	中型（158户，626人）
	11		空间半径	284米
	12	平面形态	点状空间	梁氏宗祠
	13		线状空间	树枝状道路，龙腾桥（旁边曾有一古桥）
	14		面状空间	广场、穿插于民居间的菜地、谷地、草地、水塘
	15	界面特征	底界面	水泥、青石板
	16		界面建筑	干阑（歇山、悬山、重檐，石质柱础）
	17		特殊界面建筑	梁氏宗祠（硬山顶，官帽墙）
	18		其他界面实体	无
	19		街道界面组织	平原地居型（人字山墙律动起伏，界面开口少，封闭性较强）
	20		广场界面组织	梁氏宗祠，民居宅院；三面围合的长方形广场，纵深感、引导性强。靠近宗祠局部抬高，有效划分，尺度感、实用性强
	21		整体界面特征	西北组团布局严整，广府风格，山墙错落有致，界面连续；东南组团自由、零散，连续性弱，渗透性强
	22	组织方式	边界	引导性边界空间：石碑
	23		中心	单中心（梁氏宗祠坐西北朝东南，宅院左右对称布局，围合出方整、纵深的矩形广场，突出宗祠焦点）
	24		路径	西北组团平直整饬，规整封闭；东南组团道路略有弯曲起伏，建筑朝向不一，扭转错位较多，连续性弱，渗透性强
	25	空间尺度	街道类型与宽度	主街D≈3～4米，巷道D≈1～2米
	26		街道形式与尺度	建筑－道路－建筑；主街：0.3＜D/H＜0.8；巷道：0.1＜D/H＜0.6
	27		广场面积与尺度	宗祠广场：66米×24米，D/H≈8；抬高：15.4米×24米，D/H≈1.9

村落概貌　　　　　　　　　宗祠活动　　　　　　　　梁氏宗祠　　　　　　　巷道

续表

特征类	序号	特征项目	特征子项目	特征因子（说明）
村落概况	1	村落名称		**靖西县化峒镇旧州街**
	2	民族结构		壮族
	3	地理分区		桂西
自然地形	4	傍水而居	整体形态	一侧沿水
	5		空间节点	石桥、河坝、河中小岛上的文昌阁
	6	依山而建	整体形态	丘陵平原
	7		空间节点	山中庙宇
	8	农地格局		水田
空间形态	9	整体形态		带状
	10	村落规模	人口数量	特大型（355户，1361人）
	11		空间半径	348米
	12	平面形态	点状空间	土司墓、观音楼、张天宗墓、文昌阁、壮音阁
	13		线状空间	规则网络状、旧州桥
	14		面状空间	戏台广、归顺湖、旧州小学、生态博物馆
	15	界面特征	底界面	青石板路
	16		界面建筑	砖混建筑（多为1～2层，青砖灰瓦，与传统民居相和谐）
	17		特殊界面建筑	文昌阁、壮音阁戏台（与民居协调）
	18		其他界面实体	无
	19		街道界面组织	商业街屋型（1～2层，宽度相近，连续性强）
	20		广场界面组织	戏台广场：街道交叉口拓展型广场，民居山墙两面围合，多条街道交汇，渗透性强，围合感弱
	21		整体界面特征	和谐统一（尺度相仿、排列规整，商业街屋风貌）
	22	组织方式	边界	引导性边界空间：门楼（村口公路上） 停留性边界空间：文昌阁
	23		中心	单中心；壮音阁戏台。道路交汇，视觉聚焦性强。与街道融合，北侧通往河岸，开放性强
	24		路径	平直、规整、连续、宽阔，街屋首层多为商铺，
	25	空间尺度	街道类型与宽度	主街D≈12～20米；次街D≈4～6米；巷道D≈2～3米
	26		街道形式与尺度	建筑－道路－建筑；主街：1.5<D/H<2.5； 次街：0.5<D/H<1.2；巷道：0.2<D/H<0.8
	27		广场面积与尺度	无明确边界，活动使用空间约为40米×25米；D/H≈5

| 大门 | 文昌塔 | 壮音阁戏台 | 旧州老街 |

（来源：作者自绘）

通过以上九个案例的调查与分类比较，可初步归纳出不同地域下壮族传统村落公共空间的一些特性：依山傍水，布局自然有机，无明确的村落核心，公共建筑类型不多，形式简单，整体界面较为和谐统一等相似性特征；以及村落规模，建筑形制与风格，道路网络与空间尺度等差异性特征。

综合考察村落的地理分区，整体格局与空间形式的异同，大致可将样本村落划分为桂西北、桂西南、桂中和桂东四个区域进行比较与归纳，其中还包含了金秀龙腾与靖西旧州两个特例。

1. 桂西北地区

以龙脊村、平流屯为代表的桂西北高山壮寨，多分布在陡坡之上，建筑密集，呈自由有机的团块状形态。道路顺应地势，因地制宜，沿着建筑之间的空隙自然延展开来，多呈曲折蜿蜒的树枝状。道路宽度约为1~1.5米，片石或卵石铺地，局部以石块砌筑挡土墙。村落内公共建筑不多，仅有一些朴素简单的凉亭、土地庙、社庙，规模小，形制与干阑民居无异。户外公共空间则自然地点缀于大树下、村口、道路的尽端或回转处，其场地形态自由，随地势有机延展，活动面积为100平方米左右，视野开阔，围合较弱。由于受汉文化影响较少，村内建筑仍为传统的高脚干阑式，且体量较高大，层层出挑，因此夹于干阑之间的道路，其顶界面较为封闭。当地形高差剧烈、形成的台地面积较小时，干阑的前半部分架空，后半部分直接落于台地上，形成特殊的半干阑式住居，因此，村落的街巷界面常呈半围合半开放的"半边街"形式，一侧为建筑的入口架空层，排列较整齐、密集，形成围合并起到界定空间的作用，与其相对的另一侧限定性、围合感均不强烈，或建筑稀疏散落；或为下一层台地上的建筑屋顶；又或随山势顺坡而下，使人产生融入自然、视线渗透的亲切感。村落的整体界面亦呈现随山势变化层层升高的自然有机的风貌，虽然由于沿等高线排布，朝向而异，且与植被穿插而连续性不强，但横向的建筑屋脊、檐口线条，以及竖向的立柱等构件肌理却相互呼应，极富韵律（图4-2）。

村树与凉亭

道路空间

风雨桥

整体界面

图4-2　桂西北村落公共空间（来源：作者自摄）

a）村树与广场

b）蓄水池

c）村落内部的菜地

d）整体形态与界面

图4-3　桂西南村落公共空间（来源：a、b、c：作者自摄；d：http://www.gxmn.org/more-69.html）

2. 桂西南地区

达文、古朴是典型的桂西南大石山区壮寨，在喀斯特石山地貌区，村落只能选址于山底以获得有限的土地资源，收集雨水以解决水源。这类村落规模较小，达文63户，古朴72户。由于土地、水源稀少，为尽量留出耕地，村落建筑集中布局，村落中的少量平坦空地均开辟为菜园，因此公共空间并不丰富。村口的土地庙与大树下的活动场地成为最主要的活动发生地，近年新建的球场与活动中心亦设置于村口与公路交汇处一带，均为树木环绕，融于自然。规模小、布局紧凑使得村落的道路结构较为简单清晰，沿纵向形成一条主要道路，建筑以家族为单位横列排布，入户的小径则垂直于主要道路横向延伸，形成较为规整的树枝状道路结构。宅间、路旁间或形成的小块菜地，因而道路空间感受较为宽敞舒适，同时增添了活跃、自然的气氛。受到气候与材料的限制，该地区的干阑建筑形态原始、立面朴素，首层多用石质柱础。相对整饬的空间形态也使得村落街道界面与整体界面均体现出和谐统一、原始质朴的气质。这类村落在喀斯特地貌大石山区分布广泛（图4-3）。

3. 桂中地区

上林古民寨是桂中地区干阑村落向汉化地居村落转化的过渡形态的典型案例。这类传统村落地处平原河谷地区或者浅丘地带，地势相对平坦开阔，村落中的建筑多为两层夯土合院，较为规则地沿着坡地逐层排列，因此村落整体形态亦呈规整的团块状。道路系统为树枝状网络结构，地面以泥土、卵石铺砌。据记载，村落上方山腰处曾有一座修建于北宋年间的狄青庙与一座修建于元太祖年间的观音庙，均在抗战时期被毁于一旦。村民收藏起庙中"江南第一神庙"的牌匾，然至"文革"时期却未能保存下来。村落现存的公共空间并不发达，仅有村落入口的水塘、村口广场、叠石滩，民居组团间大大小小的晒坪、菜

地，以及村落上方的风水林。与公路紧邻的古民
小学为新建的多层混凝土建筑，与村落的传统风
貌冲突较大。古民小学的旧址早已衰颓，但仍保
存于村落中央，小尖顶西式门楼，在夯土建筑群
中显得尤为独特。门坊的背后，依然是夯土合院
的格局，堂屋据说为古时的教室，耳室则为教师
办公室与住处。由于交通、经济等基础条件优
越，又受到汉文化的影响，原住民的木结构干阑
式建筑已经为夯土、垒石乃至砖木建筑所取代。
夯土、泥砖墙体厚重，开窗受到生土结构性能的
限制，墙面厚实不通透，体量也显得高大。由于
建材的特殊性，夯土、泥砖建筑在建造时常各户
分离，间隔数米，不似木构干阑建筑那样数户紧
贴形成水平方向的重复、密集排列，因此，虽然
构成街巷界面的单元的体量感和封闭感比干阑村
落强烈，街巷的氛围也已初步形成，但界面的连
续性与围合感仍不显著。广场类空间亦多位于村
落边缘，形态与面积不固定，围合感弱。村落中
心的晒坪面积较大，但因缺乏相应标志性或功能
性公共空间节点与活动设施，仅用于晾晒五谷、
放置农具，较少进行公共活动。夯土建筑的高大
体量与鲜明色彩，在青山绿水的环境背景中格外
醒目，但斑驳的土壤质感，依然能感受到其与自
然环境的呼应与协调（图4-4）。

4. 桂东地区

　　武宣洛桥、阳朔龙潭则是典型的汉化村落，
此类传统村落多位于桂东平原地区，桂中亦有少
量分布，是最早也是最深刻地受到汉文化强势影
响的区域，其形态与汉族传统村落相近，在空间
规划布局上受宗法观念、儒教礼制和风水文化的
强烈影响与限制，并通过向心、中轴对称等空间
组织结构与形态表现出来。各家族还建有宗祠，
以宗祠与宗祠前广场为核心构建村落、举行家族
甚至整个村落的公共活动，村落因而呈现较为规
整的向心性组团状空间形态。虽然少数民族自身
的生活、生产方式在汉族的影响下已逐渐发生改
变，但依山就势、因地制宜的村落营建观依然发

井亭

荒废的祠堂

道路

整体界面

图4-4　桂中村落公共空间（来源：http://blog.
sina.com.cn/s/blog_e802955b0102vths.html）

村口大树与土地庙

梁氏祠堂（客家风格）

徐氏祠堂（湘赣风格）

街巷、梳式布局

图4-5　桂东村落公共空间（来源：作者自摄）

挥作用，因此，汉化村落的街巷结构并不如广府村落梳式布局般严谨，而是在规整的网络状基础上，依地形环境进行灵活调整、错动，在村落边缘区，自由散布的态势也较为明显。平原地居村落的街道系统开始呈现街与巷的等级区分，主街宽3～5米，两侧为天井地居式民居的门楼、入口或是后院的院墙，街道空间尺度较宽敞、宜人。巷道则夹于高低错落的山墙之间，宽度仅为1～2米，空间感受狭窄、封闭、连续。广场空间多位于宗祠前，为宗祠与民居围合，是宗族活动的重要空间。

阳朔龙潭村地处桂东北的河谷地带，汉化特征明显，将广府的梳式布局与湘赣的建筑风格融为一体。来宾武宣东乡是客家聚居区，其中的壮族村落，也选择了客家的横堂屋作为其建筑形式，禾坪、月池等典型的客家村落公共空间元素沿中轴对称排列，方正、严谨。这一地区河谷沿线盛产卵石，建筑多以卵石筑墙，风格独具（图4-5）。

5. 壮族传统村落公共空间特例

靖西旧州与金秀龙腾虽地处偏远闭塞的少数民族聚居区，但其村落格局却与汉族传统村落无异（图4-6）。

旧州沿河发展，整体呈东西走向的带状形态，为典型的商业圩镇格局。村落的主街——旧州街同样沿着旧州河的走向，坐南朝北，呈T字形。南北向的主街比较宽敞，12～20米宽，200米长，是村落集会、活动和贸易的主要场所，东西向次要街道长约500米，宽4～6米，宅间巷道宽2～3米，均用青石板铺设。在主街的控制之下，村落的道路系统呈规整的网络状。旧州街历史上是边贸商品的集散地，至今保留着明清时期古朴的民居和极富壮族特色的圩市建筑——街屋，青砖墙搭配青瓦，开间宽度、檐口高度整齐统一。街屋前檐出挑1米，供行人遮阳避雨。主街的交叉口处局部扩大，临河岸边建有壮音阁戏台，坐北朝南，正对南北街，虽无明确边界，这一处道路交叉口却也成为村民节庆集会、歌舞娱乐的活动场所。东边河中小岛上建有一座四角形三层高约15米的古阁——文昌阁。此外，还有天皇殿、观音阁，张天宗墓，明、清岑氏土司墓群等公共建筑，其所蕴含的文化内涵也体现出了强势的汉文化与底层深厚的壮族文化的碰撞与交融。2005年新落成的旧州壮族生态博物馆展示中心坐落于旧州街的中段，合院式布局，体量低矮，形式简单，与周边民居和谐统一。

旧州街与壮音阁　　　　　　　街屋

金秀龙腾是大瑶山西面山脚下的壮族村落，背靠后龙山，前有稻田和河流，生产耕作便利。村落分为三个组团，北组团历史最为悠久，呈规则的网络道路与团块状形态。村口是全村的公共祠堂"台梁公祠"，长方形的祠堂广场连接起宗祠与穿村而过的公路，其纵深感凸显了宗祠的核心地位，靠近宗祠的一段，广场局部抬起，划分出一块小型场地，尺度适宜，也使其与宗祠的附属关联性以及场所围合感更为强烈。建筑均为石条墙基、青砖墙与青瓦屋顶，46座天井地居建筑紧挨祠堂，依家族支系顺次排列，连成一片。学者根据村落的祖宗排位与其村名的军屯性质推测，龙腾屯乃明代中央王朝从桂西地区征调到桂东屯戍，以防瑶民起义的土司兵建立的村寨。

文昌阁　　　　　　壮族生态博物馆展示中心

龙腾屯整体风貌　　　　　宗祠前广场与宗族活动

梁氏宗祠　　　　　　　　巷道

图4-6　壮族村落公共空间特例（来源：作者自摄）

4.1.2 壮族传统村落公共空间的句法释义

在上述调查研究与比较归纳的基础之上，本节采用空间句法的分析方法，对不同地域下壮族传统村落公共空间形态特征的深层结构与内涵进行验证和补充，阐明其空间构形的特征，直观反映出公共空间的活力及其对公共活动的吸引力、凝聚力的分布与作用情况，以更客观、全面的方式对公共空间形态、组构的深层规律与地域性、民族性影响因素及其作用机制进行发掘与解读。

1. 空间形态分析

这组村落规模大小不一，反映在句法中则表现为轴线数量差别很大，最小的村落仅有57根轴线，最大的388根，它们的某些平均属性如平均连接度、平均局部整合度（R3）较为接近，波动不大，因其空间结构的组成方式有一定的相似性，而村落的"可理解度"范围却跨度较大，介于0.24751至0.72502之间（表4-2）。

壮族传统村落样本的空间句法参数   表4-2

村落	轴线数量N	全局整合度Rn	局部整合度R3	平均连接度CN	协同度（RN：R3）
达文	93	0.43101	1.02297	2.25806	0.54193
古民	215	0.47928	1.13901	2.48372	0.40289
古朴	57	0.90108	1.36878	2.91228	0.72502
旧州	111	0.71514	1.26962	2.75676	0.68287
龙潭	104	0.75442	1.27728	2.80769	0.65309
龙腾	220	0.54307	1.22259	2.823195	0.49059
洛桥	234	0.53378	1.15218	2.59829	0.55252
平流	127	0.41722	1.03433	2.34646	0.41949
龙脊	388	0.29699	1.0902	2.48454	0.24751

（来源：作者自绘）

将句法参数与轴线模型叠加分析，村落的轴线图形态表现出较大区别（图4-7）：

（1）山地村落龙脊、平流轴线形态零散，长度较短，全局整合度较低、可理解度也较低，与其依山就势的山水格局及沿等高线发展的树枝状路网等特征相符。

（2）大石山区的达文、古朴虽同样受到严苛自然环境的限制，但由于村落规模较小，轴线数量少，形态简单，全局整合度与可理解度却较高。

（3）坐落于丘陵坡底的古民寨，因基地坡度变化均匀，天井地居的建筑较为整体地并列布置，连成团块状居住组团，道路整体上呈现出不规则的网络状结构，整合度与可理解度在样本中属于中等水平。

（4）汉化村落具有较为规整的道路结构，可理解度高，并多有公路于村落核心区域穿村而过，因此全局整合度较高。同为组团状村落的龙潭、龙腾与龙脊的轴线组织形态也并不相同，龙潭与龙腾由较规则的网络状结构组团与相对自由的线性树枝状组团构成，规则网络状组团在村落整体的模型中，全局整合度较高，其局部整合度最高的区域，也多为该组团最为核心的公共建筑、场所与主要街道。树枝状线性组团则体现了生活性巷道的结构特征，整合度较低，具备一定的私密性。由于龙腾拥有两个规模较大、形态自由的树枝状组团，对全局整合度产生了较大的干扰，因而其可理解度反而降低。龙脊则呈现相当复杂的交织状结构，组团间的分区并不明显。

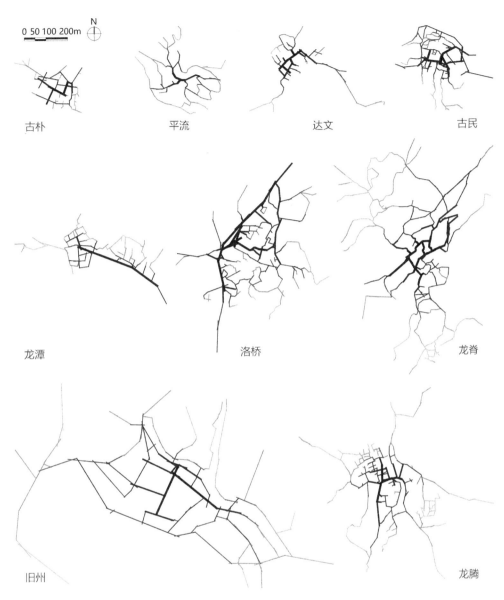

图4-7　壮族典型传统村落轴线模型全局整合度分析（来源：作者自绘）

（5）旧州为典型的集镇格局，由少数几条宽大的商业街主导，形成较大尺度的方正规整的网格，村落中的主要道路、次要道路整合度较高，均为村民公共活动聚集之场所。

此外，从形态各异的轴线图中，还可发现一些共同特点：村落中较少甚至没有长直轴线，意味着其主要街道并不突出。较长的一些轴线多位于村口，或村落对外联系的主要道路上，并多以钝角相交，大致保持着同一方向的线性延伸趋势。与主要道路相交的短轴线呈明显的零碎、错位形态；垂直相交的轴线也很少相互贯通成十字交叉，多为丁字形相交，因此从局部空间形态来看，轴线组织显得零碎而不连续，即使是在受地形影响较少的平原浅丘地区的洛桥、龙潭等汉化村落，同样存在类似情况，这也与壮族传统村落建筑较少受到宗法秩序约束自由布局及其"先房屋后道路"的营建方式有关。

2. 公共空间的功能构成与空间组构

壮族村落的公共建筑并不丰富，公共空间亦多以户外开阔地为主，整体空间布局的自发性、随意性较大。为了考察公共空间形态和社会功能、文化因素之间的关联，本文把村落的主要公共空间要素，如街道、广场、庙宇、戏台、祠堂、市场、商店等，与整体结合度的图示叠加起来（图4-8）。

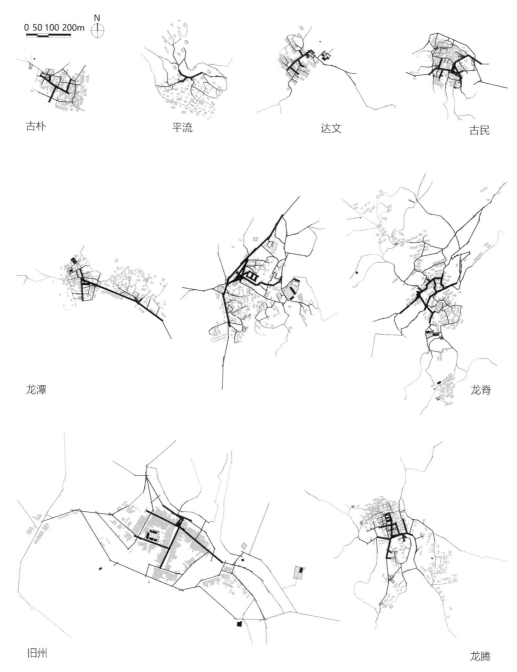

图4-8 壮族典型传统村落轴线结构（Rn）与公共空间分布（来源：作者自绘）

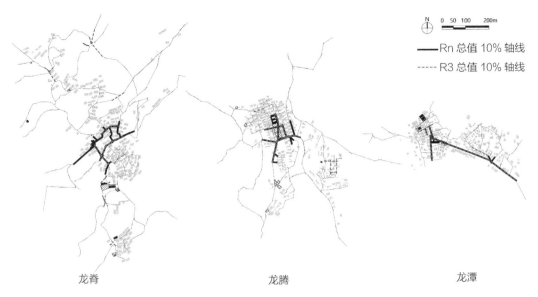

图4-9　龙脊、龙腾、龙潭整合度核心空间分布（来源：作者自绘）

　　在九个村落样本中，有五个村落的村口、村中活动广场分布在村落10%整体结合度核心之上。这部分区域不仅聚集了村落的大部分公共建筑与空间，并且和整个村落相比也具有更高的可理解度。而在四个汉化村落中，全局整合度核心则成为戏台、祠堂与祠堂前广场的聚集区域。

　　虽然商业不是壮族传统村落的主要功能，但村落的主要街道仍然和轴线模型中的空间核心具有较高的重合度，小卖部、市场等小型的商业设施集中分布于此，并且，这一空间核心呈现出典型的内向性布局特征。距离村口较远，拓扑深度大，外来者不易接近，说明它们的服务对象主要是本村居民，这与壮族重农抑商的民族观念相吻合。相较之下，在旧州村中，聚集在村落空间核心之上的店铺数量和密集程度则远远超过其他村落，其形态亦呈外向趋势，靠近村口与码头等村落边缘区域，拓扑深度浅。这种商业分布的形式对当地的居民与外来者而言都比较便捷，可达性高。这与旧州历史上相对便利的水陆交通与较为发达的生产与商业活动有一定关联，另一方面也受到当下旅游开发的影响。风水树、庙宇、凉亭多分布在村落边缘深度较浅、整体结合度不高的区域，与古树、溪流等自然环境要素更为接近。

　　由于村落的规模不大，公共建筑类型不多等级也不分明，住宅与主要道路常直接通过入户小径连接，因此道路结构、公共空间系统大多并未形成明确的等级序列，村落的全局整合度与局部整合度核心重合度亦较高。龙脊、龙潭、龙腾因村落规模较大，且为组团状结构，局部整合度核心分布于各自组团的内部，表征着局部空间组织层面的核心，如它通常对应于家庭居住组团内部的小型活动广场、绿地空间或街巷较为开敞的角落空间，局部整合度的图示也较为清晰地描述出村落多核心的组团格局（图4-9）。

4.1.3　不同地域壮族传统村落公共空间的特征分析

　　通过前文对不同地域壮族村落的调查、比较以及空间句法的分析与验证，可捕捉到其公共空间的一些异同，如依山傍水，布局自然有机，在空间句法模型中表现为轴线形态零散，长度较短；无明确的村落核心，轴线模型全局整合度较低；公共建筑类型不多，风水树、庙宇、凉亭多分布在村落边缘深度较浅、整体结合度不高的区域；空间等级秩序不分明，故局部整合度核心与全局整合度核心的重合度较高；公共建筑形制与民居无异，整体界面较为统一和谐等。同时，不同地域的壮族传统村落公共空间仍存在诸多差异，如村落的规模跨度大，反映在句法中则表现为轴线数量差别很大；界面建筑的形制与风格，从高脚干阑、半干阑、夯土干阑到天井地居，随着地域分区的变化而呈现出或融合，或异化的过渡形态；道路格局与公共空间的尺度，在高山丘陵地区、浅丘平原地区、干阑聚落、地居聚落中均呈现不同的状态。

相似性与差异性背后隐藏着深刻的地域自然环境、文化与传播等因素。通过调查统计、比对分析这些异同，一方面可深入形态研究，另一方面则有助于进一步探讨与研究传统村落公共空间的地域性与民族性的关系（表4-3）。

不同地域壮族传统村落公共空间的相似性与差异性　　　　　　　　表4-3

相似性特征	差异性特征
自然环境特征	与自然环境要素的结合方式
边界空间模糊	村落规模
空间结构与等级秩序	道路形态
公共空间形式简朴	公共空间的类型与尺度
社交生活内向化	界面特征

（来源：作者自绘）

1. 不同地域壮族传统村落公共空间的相似性

（1）自然环境特征

自然环境是村落空间的基本要素，构成了面积广阔的开放性公共空间。从场所精神的角度来看，宏观尺度的自然环境对村落空间场所感的塑造具有重要作用。诺伯格·舒尔茨指出："人所生活的人为环境并不只是实用的工具，或任意事件的集结，而且是具有结构同时使意义具体化。这些意义和结构反映出人对自然环境和一般存在情景的理解。对人为场所的研究必须有一个自然的基准，必须以与自然环境的关系作为出发点。"

广西"八山一水一分田"的自然地理环境为壮族传统村落的形成提供了物质基础与限制条件。壮族村落多背靠大山，山地缓和了冬季西北风的入侵，而朝南的山隘口，又利于夏季湿热的东南风吹入，带来充足降水。四周山地围合形成的屏障，便于饲养家禽、牲畜的同时而不易丢失。在山隘口设防，又可有效抵御敌人的入侵与匪贼的骚扰。同时，独特的地形与气候还塑造出与自然环境紧密相连、和谐统一的公共空间形态与结构。农业社会的生产传统孕育了与生存息息相关的，结合更多生态与人文性质的公共空间。森林、水源、农地，均成为壮族传统村落公共空间的主要形式，不仅承载了与森林、水源相关的公共活动，同时形成了依附于生态环境及其管理的社会行为与组织关系。

在壮族聚居区，村落前后都有古榕树或茂密的树林，被视作"神树"或"风水林"，严禁随意砍伐、垦荒。生态环境的管理与监督，也成为壮族"寨老"组织的核心职责。例如，龙脊地区的村落形成了以梯田为中心的生态保护观念：山顶保留树林，涵养水源，供给梯田生产与村民生活，亦可作为建屋的木料储备。梯田每年要进行维护，防止塌方、泥石流等地质灾害的发生。各个村落不仅有自己的"寨佬"组织，并在更大区域内与相邻村寨结成"十三寨寨佬"联盟，形成了比较严密的宗族社会组织，并制定"乡约"。"乡约"对于村寨的发展、梯田的保护、水源的保护、民居的建设等都进行了规定，蕴含着保护自然秩序、社会秩序与族群发展的一致性理念，从而形成一种公平、互动互惠的公共空间。可见，这类自然的公共空间是一种基于生态文化之上的"生态—崇拜—政治"一体的复合型公共空间，发生于其中的行为活动，都直接或间接地与生态环境有关，并衍生出与村民道德、信仰崇拜、宗族组织、社会经济等相关的公共行为与权力。

（2）边界空间模糊

边界存在于两个不同空间之间，是界定领域的特殊界面，可以是实际存在的形式，如寨墙、木栅栏、篱笆等构成的硬质边界；村口、寨门、牌坊等非连续性的象征性边界；利用沟堑、坡坎、河流、山坳、环丘等自然景观要素形成的自然边界等。边界也可是通过象征、想象而存在于主体共同意识之内的非实体形式，标志出村落共同体共同生活的最大范围，使村落资源与空间具有了领域性和归属感。

壮族传统村落的边界包括自然、人工的实体边界与社会文化的非实体边界。

自然边界主要包括山脉、水体等自然环境要素形成的具有线性与垂直阻隔作用的边界形式。人为边界则由道路、寨门、寨墙、风雨桥、庙宇等非连续的建构筑物，或是连续的建筑界面等要素构成，并随着村落的发展而不断形成、突破又重建。壮族的传统村落为顺应地形地貌以及尽可能保证耕地面积，以散列状形态为主，建筑与农地相互嵌套、点缀，故村落的人为边界同样具有不断渗透、突破之势，其最终位置与形态主要受到村落规模的影响。新中国成立前，壮族村落周围常有石砌围墙，边界形式较为明显，现大多已损毁或拆除，但对于村民来说心理上的边界仍然存在。此外，在地居式的壮族村落中，如阳朔龙潭村、朗梓村，高大、连续的山墙形成了较为明显的实体边界，但随着村落发展、人口增加、房屋新建，边界更替、扩张，持续不断地生长变化着。

社会文化边界则没有具体的形式，主要体现在不同姓氏的聚居组团间或相同姓氏的不同房族之间，由于约定俗成的房屋建造选址的规则，在不同家族、房组聚居区之间留出一定的空隙，也可以说非实体边界是村落内部聚居组团和空间层次间的区分体系。壮族的传统村落保持着家族成员房屋相互靠近，同姓宗族独占一定的地理空间的建造传统。虽然随着村落的扩张，不同姓宗族组团的房屋相互靠近，进而连成一片，并没有明显的空间界限，以致外人从建筑分布形态上无法分辨出其组团分界，但在宗族成员看来，组团的范围与期间界限确是清晰、固定的且不会突破的，正如龙胜龙脊村，由三个不同姓氏的寨子共同组成，各姓氏组团顺应山势，自上而下排布，各成一区。

不同地域环境下壮族传统村落边界空间的组成要素与具体形式不尽相同，但仍具有相似的模糊形态与结构特征：以村口为村落与外部世界的边界，有村树、土地庙、石碑作为标志；

以沟渠、道路为村落与生产劳动场所的边界；以风水林为村落后部的边界。自然边界要素与象征性的人工边界要素组成的村落边界，并非封闭连续的，甚至是断断续续、形式模糊、不显著的，其象征性意义远大于实用性功能，并不能阻止灾难降临、野兽伤害、盗贼匪患，但在生活经验与集体意识等层面的共同认知，形成了壮族村民心中无形却可完全信赖的村落边界，并以生活于边界之内获得心理上的安全感与满足感。也恰恰因为壮族传统村落边界的模糊性，村落公共生活常常在边界空间发生。例如村落主要道路、出入口，由于人流较为密集，常留出小块平地，形成村口，庙、社也集中于此，承载着祈福、祭祀等公共活动。出于对树木的崇拜，村口多种有大树，尤其大榕树，被认为可保佑村落的平安。村中凡有社坛之处，多种有榕树，作为社神寄身之所。此外，富裕一些的村落还建有凉亭，供往来的人们休憩聊天。若有河流、桥梁，则在桥上建亭，成为风雨桥。

（3）空间结构松散，无等级秩序

如前所述，壮族传统村落的布局与公共空间整体形态之特点，在于其依山就势的自由布局，不受任何格局约束，因而形成了没有轴线、没有明确的中心空间、没有等级秩序、倾向于匀质的空间组织形态。一些壮族村落规模很小，仅有二三十户，尚未建立起有秩序的空间；而规模较大的村落，则呈现出中心缺失或中心消解的状态。除了地形地貌的限制作用，这种均质空间结构的形成还受到壮族内聚型的社交特征与民族性格的影响。许多活动都集中在住居内部举行，因此堂屋的面积很大，并常与火塘连结在一起，社交、聚会活动都围绕着火塘展开，形成室内的公共空间核心。同时由于所处地域气候湿润多雨，地形崎岖，少有大块平地，不宜在户外举行公共活动，故户外公共空间与公共建筑较少。因此，在地形条件的限制与壮族传统的内向型社交模式的交互作用之下，村落从整体形态到公共空间布局与形式，呈现出"松散"的特征。

松散的组织形态，看似无一定之规，实则与农地格局、宗族发展方式密切相关。由于耕地有限，村落通常分布于耕地的一侧或中间，住居离耕地较近，便于耕种与灌溉。建筑沿等高线排布，在保证通风、日照的基础上，尽量紧凑布局，减少对耕地的占用。随着村落的发展，为方便村落内部联系与对外交流，村民们逐渐疏通出一条与村外道路相连的主路，再从主路分出几条巷道，此后，新建的住居则沿主路与巷道修建。

从宗族发展与村落生长的角度来看，壮族同一姓氏或同一家族住居通常依次排列，村落的创建者的房屋，位于风水龙脉的最佳位置，即村落的中部或靠近山岭脚下的缓坡上。随着繁衍生息、村落规模扩大，新建建筑以祖房为中心，依次向左右、前后扩展，并且多相互连接成排，既体现了相邻村民之间的亲缘关系与宗族意识，又能共用部分房屋结构，节约用料，增强稳固性。每一排房屋前后依据地形坡度留出一定间距，以利于通风采光，并留出一定的供人们行走、活动的空间。此外，若是不同姓氏或宗族的住居，则会于村落适宜建房的风水范围内，另择一地建造，其排列与扩展方式与前述相同。这种相邻建造的方式，使得村落中各姓氏家族成片区分布，但组团之间并无明确的界限，对村落整体形态的控制、影响力小。

（4）公共空间形式简单，社交生活内向化

与广西其他少数民族相比，壮族传统聚落的公共建筑较少，也缺乏鼓楼、大型风雨桥等精美高大的建筑形式，这一方面是由于壮族族群众多且分散，长期以来没有形成统一的公共建筑型制，因此在公共建筑方面没有大的发展；另一方面，壮族是一个讲求实用，重内涵轻形式的民族，其精神诉求多存在其非物质文化的传统之中，而较少通过器物来表现，因而，壮族传统村落中的公共建筑多讲求实用，但形式较为简单、质朴；此外，壮族是一个长期被汉族统治并不断同化的民族，原有的民族特色被消解不少，一些文化传统没有保存和传承下来，也造成了公共建筑不发达的结果，例如，在云南文山州一带的壮族分支，虽然是自明清时代从广西迁入，但因地处偏远、交通不便的山区，其文化习俗还保留着许多原始壮族的传统。其传统聚落中尚保存有老人厅等具有公共议会性质的公共建筑，老人厅、土地庙与风水树三者结合为一种宗教制度，共同保佑村落的平安。然而，在广西地区已找不到"老人厅"的原型了。

在为数不多的壮族公共建筑中，社庙、凉亭与住居中的堂屋，是其中典型的信仰载体与公共空间。社，即土地神，是古代农业社会里最重要的神祇之一，承载着壮族祖先对土地的自然崇拜。壮族传统村落中大多拥有土地庙，由于壮族村落的血缘聚居性，土地庙常常又成为祖先崇拜的场所，具有类似于家族祠堂的作用。社多选址于村口或村落边缘的平地上，或设于风水树下。其形制简洁，仅为木构或砖砌的坡屋顶单间小棚，低矮狭小，很多祭拜活动只能在庙外围举行。龙脊村的社庙属于其中高大、完整的，为三开间的单层木构建筑，明间抬梁、两侧穿斗，木屏风外墙。社庙中所供奉的，大多是未加雕饰的形似人胸像的大石块，其形式之简朴，与民居无异。许多壮族村中甚至有三五座土地庙。一些家庭还在堂屋中的神台上设土地神位，同祖先一并供奉，以保家宅平安。

村落中偶有其他的庙宇，如莫一大王庙、伏波庙，这类庙宇的布局与社类似，有时亦合为一体，规模都不大，形制与民居相近。人们在村落内外、田间地头、地上地下，垒石为坛，设置各种神位，借助众神之力，保护村寨，祈求福祉。

朴素的多神崇拜的原始信仰传统不仅体现在村落的公共建筑之上，同样存在于住居的空间营造之中。如前所述，壮族的传统社交生活方式具有内向型特征，许多活动都集中在住居内部举行，使堂屋成为住居中的礼仪中，火塘成为其生活空间，而外部公共空间反而并不发达。

堂屋位于明间的中部，是壮族住居的重心所在，其他功能空间都以堂屋为中心布置。在传统农业社会中，家不仅是提供食物、舒适、保护等具有物质与经济意义的房屋，更重要的是其社会、意识形态与仪式层面的意义。透过家这个实体，人们方能求得时空的连续性，并为自己死后的灵魂觅得栖身之所。壮族住居中，堂屋具有礼仪上的功能，是家庭中最神圣的空间，也起到联系先人和后世子孙、凡人和神灵的作用。堂屋通常有两层通高，屋顶露明，后壁三层高度设一凹入的神龛，是"香火"所在。堂屋是家庭对外社交的主要活动场所，逢年过节、嫁娶丧葬、喜迁新居宴请宾客时均需要这类大开间、层高较高的大空间。在一些住居中，堂屋、火塘间、厨灶之间没有分隔，连通成为大的公共空间，恰恰满足了社交、聚会的要求。此外，堂屋还是壮族人进行娱乐活动的场所。壮族人喜看彩调剧，逢年过节、各类喜事时会请彩调班子表演助兴，常常就在空间较大的堂屋搭建临时舞台唱戏。将多张八仙桌并在一起就成了舞台，后面的房间则作化妆间，村中男女老少济济一堂，热热闹闹。

如果说堂屋是壮族住居中的礼仪中心，那么火塘间则是其生活重心。围坐于火塘边吃饭、取暖、对歌、聊天、烘烤腊味，甚至于具有祖先崇拜的功能……火塘与壮族人日常生活的方方面面密切相关，是一个功能复合、承载了多重意义的生活起居与室内公共空间，在某种意义上，火塘就是家庭的象征，与家族的兴旺、子孙的兴盛关系密切，对于火塘的原始崇拜亦表现出强烈的生殖崇拜的色彩。

火塘间，即火塘所在的四柱之间的空间，多位于堂屋两侧，部分住居中火塘与堂屋并无隔断，形成高大通透的前堂空间。在未受到汉族礼制思想影响之前，壮族的堂屋空间并不突出，火塘才是家庭活动、社交活动的中心。据《岭表纪蛮》的描述："（火塘）除调羹造饭外，隆冬天寒，其火力及于四周，蛮人衣服不赡，藉以取暖，有时环炉灶而眠，兼为衾被单薄之助。赤贫之家且多未置卧室，而以炉为榻，举家男女，环炉横陈。虽有嘉宾，亦可抵足同眠，斯时炉灶功用，不止于烹调，盖直抵衣被床榻矣"。及至清代，西南少数民族民居中的火塘仍然是家中炊事、取暖甚至休憩的中心。很多社交活动，如一般的会客、聚餐、聊天都是围绕着火塘进行的。随着壮族民居从干阑楼居向地居转变，火塘逐渐后置或旁置，另一方面政府推行"灶改"也使得原始的火塘向节能灶、沼气灶等地面式灶台转变，但在特定地域，传统的火塘间的格局依然得以保持。壮族传统住居内部空间既受到汉族宗法制度的影响而重视堂屋的居中性，又保存着少数民族对于火塘的原始崇拜，而表现出宗教意识和伦理观念层面的双重个性。火塘与堂屋的关系，常常也可作为判断汉文化影响程度的重要标志。

2. 不同地域壮族传统村落公共空间的差异性

（1）与自然要素结合的空间形式

广西山川河流广布的地形地貌条件，决定了传统村落用地的局限性。壮族传统村落大部分分布在山岭之中，并因其所处地形坡度、资源条件，与周边山脉、水系的远近位置和关联程度，出现了高山型、丘陵河岸型与平地田园型三种与山形水势结合的形式，并发展出带状、团块状、散列状、组团状等村落整体形态。

高山型村落多分布在相对高度30~300米的山腰缓坡上，追求"向阳"与"择高"以获得光照充足、利于排水的良好生产、生活条件，其整体形态取决于等高线，即山势的起伏变化。因此，建筑密集，村落主干道顺应等高线发展，巷道依房屋间隙自然形成，高程变化显著且坎坷，曲折蜿蜒。各类建筑亦顺应等高线分布，高低错落、层次丰富。受到地形与场地规模的限制，村落难以横向展开，呈现带状形态。若地形起伏变化剧烈，则呈现出散点的形态。一些位于桂西大石山区的村落，由于山腰和山顶都少有土壤与水源，村民不得不将房屋建在山底，以利用有限的土地资源和雨水，由于条件苛刻、有限，村落难以发展，以小规模的散列状形态为主。

丘陵河谷型村落为绵延的丘陵或者孤独的山岭所环绕，其间有平地和河流。村落多背靠山脚或低矮丘陵向阳的一侧，溪流河水从村前或附近流过，沿着溪流河水两岸分布着狭长的田地。若村前无河流，人们就挖掘水塘蓄水，供牲畜饮用或便于居民浇灌。由坡上向坡下乃至田峒中延伸，排列有序，朝向基本一致。此类村落往往沿江河呈带状形态，建筑依坡由山脚往山顶方向修建，而越往上就离水源越远且越受地形的限制，顺坡向上的层次不多。当村落的密度增大，则从村落中迁出一部分建立新的村落，沿河溪两岸串联起来。因此，丘陵河谷型的村落以带状、组团状形态居多。

平地田园型村落坐落于河流交汇、迂回处的冲击平垌或小盆地上，地势比较平坦开阔。村落与山的距离较远，对村落的影响与制约相对较小，村落建筑更多趋向于成行成排，在各个方向上都匀质发散，因此此类村落以团块状形态居多，亦有因具体的环境特征形成带状或散列状的村落空间形态。

在依山傍水的宏观形态之下，村落面对具体的自然环境、山形水势，顺势而为，营造出不同的空间形态。

（2）村落规模

每一个聚落是一个生态系统，当系统内部各个构成要素——人口、牲畜、田地、树林、水源等发挥各自功能并相互影响、适应且物质和能量的输入输出达到动态平衡时，就形成和谐平衡的聚落生态系统。但每一个生态系统都有其承载能力的极限，它取决于生态系统赖以运行的资源类型和数量、人们的物资需求和服务需求、资源利用的分配方式、资源消耗产生废物的同化能力等因素。

壮族的传统村落，大部分分布于丘陵和高山地区，这些区域平地较少，因此可供耕种的土地比平原地区要少，这就要求聚落分布的密度、规模要与土地资源相适应，才能使村落居民既有足够的生产生活空间，也能在人口适度增长的时候还能留出充分的发展余地，维持聚落生态的平衡。

村落基地的大小，以及水源、林木、耕地的富足程度，决定了基于传统农耕经济的村落环境容量，最终决定了一个村落的规模极限。因此，在平原河谷地带的壮族传统村落一般人口较多，规模较大，连接成片；而高山、丘陵地区的传统村落，一般规模较小，多以单个村落散居的形式存在。例如大石山区的达文屯，仅有63户人，位于一个石山底部，取水只能靠存储天上降雨，因为石山区无法耕种水稻，只能在石缝中撒种玉米。其环境容量已经饱和，因此村落规模无法扩大，很多年轻人结婚后只能迁出。桂北龙脊地区的龙脊村、平安寨，虽位于高山之上，但当地水源丰富，林木繁盛，在此基础上，壮族人民开发了大量的梯田，提高了环境的承载力。村里人口原有800多，近年发展旅游产业，经济水平不断提高，人口也不断增加，村落空间亦在往高处与两侧发展。

此外，地形条件还决定着传统村落公共空间的形态与规模。平原、浅丘地区的壮族传统村落，通常在村口、河边、大树下有规模较大的公共活动场地，而在高山丘陵地区，则缺乏较大面积的公共活动场所，多是利用村寨边缘的凉亭、井台等小型公共建筑及周边的小块空地来进行公共活动。

（3）道路形态

道路是传统村落公共空间的重要组成部分，亦是村落形态的骨架。壮族传统村落的道路大多是房屋先行，待房屋建成后，再按照人们惯常的足迹"踏"出道路来。于是，建筑的建造是自由自在的，并不受到道路的约束，更多的是考虑地形与朝向等问题。道路的网络，是房屋建成之后，凭着人们的本能习惯、行为模式去判断并寻求捷径，也可以说，在村落形成的初期，建筑与道路是各行其是，没有强烈的制约关系。建筑与道路既可以靠近，亦可远离，既可相互平行，也可互相垂直，还常常出现斜交的形式。这种道路与建筑之间自由的关系，并不显得杂乱无章，反而营造出自然轻松、变化丰富的空间体验。随着村落的发展，人们用沙石、石块、青石板等铺砌，大致限定出主要道路的宽度与方向。石板路成为村落内部主要的生产性与对外的交通性道路，其宽度大约为一人牵牛而行，或是肩挑扁担加一个错身位的宽度，即2~4米；也有的村落用石板铺砌出宽0.8~1米的石板路，石板两侧是略微下凹的土沟，供排水或牛羊行走；入户小径宽度在1~1.5米，连接到各个建筑。散点型村落的道路系统不完整，建筑朝向、相互关系都比较随机，没有形成一定的秩序感与统一性格。在一些小型散点村落中，受条件限制，道路以沙土为路面，若无建筑、墙垣、沟坎为界，则与周边的空地、土地连为一体，道路的边界便极为模糊。带状的村落多以一条主要道路为联系，居住空间与公共活动场所都串联在这条道路上，建筑排布稀松的位置自然地形成公共空间，随着村落的发展，形成了垂直于主要道路的入户小径，即树枝状的道路系统，如金竹村。当村落规模进一步扩大，带状村落的分支进一步延伸、分叉，形成纵横交错的面状道路网络。其中高山丘陵地区的壮族村落道路网络较为自由，为树枝状的网络格局。而平原浅丘地区的壮族村落由于地形限制较少，村落内部的道路较为宽敞，主要道路宽度可达4~8米，巷道1.5~3米，同时，在汉文化的影响下，道路具有一定的规划痕迹与等级秩序，建筑以天井地居为主，平面规整，与道路走向吻合，街道界面齐整，从而形成规则整齐的网络交织状或是棋盘状的道路系统。

在上述道路形成与生长的模式下，壮族传统村落的空间肌理，由桂西至桂东呈现出从"开放渗透型"向"封闭内向型"的空间形态过渡的趋势：西部高山丘陵地区的干阑建筑向外敞开，直接面向道路、农田、水塘，各类空间相互渗透，而东部平原浅丘地区的汉化村落中，街巷为天井地居的高大山墙"包围"，表现出"内向型"的空间肌理。

（4）公共空间的类型与尺度

如前所述，壮族传统村落中的公共空间并不发达，公共建筑类型亦不多。然而，作为以宗族关系组合起来的聚落，壮族传统村落都拥有以宗族为单位或以村落为单位的公共财产，如树林、田地、鱼塘、桥梁、凉亭、粮仓、土地庙、寨门等。同样地，在自然环境与民族文化的交互影响之下，从高山—丘陵—平原地区的壮族传统村落公共建筑呈现出由简入繁，由开放向封闭发展的态势。

高山聚落受到地形的限制，平坦开阔场地较少，公共空间主要以村落边缘的凉亭、井亭一类简单的小型公共建筑为主，或是在村口大树下、亭子边、道路转角的小空地进行小型的户外活动。田地亦成为高山壮寨的重要公关活动空间，兼具生产与社交的功能，还发展出了如爬梯田一类以农业劳动为主题的节庆活动。尽管如此，同处高山丘陵地区的村落，在公共空间的组成要素、形式与尺度上，仍各有不同。

以龙脊十三寨村口为例，由简单到复杂，可将其形态归纳为几类：①村树、巨石形成的自然环境为主体的村口空间，如金竹寨；②社、庙、寨门、石板路形成的村口，如廖家寨东村口；③溪流、风雨桥、村树、巨石、社、庙组成的，如平安寨村口；④溪流、风雨桥、高树、巨石、社、庙、寨门、碑刻等公共建筑类型相对丰富，并有对外联系的主要道路经过的村口，如廖家寨西村口、平段寨村口。

在龙脊地区，村口的形态主要受到自然环境的影响，山脉延绵、溪流潺潺、植被茂盛、多高树巨石。村民因地制宜，将自然环境要素转化为公共空间的组成元素，高树、巨石形式与体量均较为突出、醒目，又是壮族自然崇拜的对象，作为守护神，自然成为龙脊地区村口普遍的典型要素。当村口有溪水流经，架桥是必不可少的工作，既便利交通，亦强调出水口之于村落的风水意义。随着村落的发展，架桥的石板由窄拓宽，桥上架设屋顶，成为桥亭，添设座椅，即成风雨桥，供来往人们休息、聊天、歌唱、娱乐。村口附近若有较为平缓的空地，则可修建社、庙，虽规模不大、形制简单，与民居无异，却同样成为村民信仰的载体，每逢社日、庙日或其他节庆，村民聚集于此，进行祭祀、歌舞等活动。过路者也会到庙中祈求旅途平安。为增强标志性和领域感，在大路通过的村口竖起寨门，作为村落的标志与集体记忆的场所，一些村落还会在此立碑，记录村落建设与发展的重要事件，以昭后世。所有的公共建筑与设施或由村民共同修建，或由较富裕的家庭捐资建造。其中，龙脊村由十三寨中的廖家寨、侯家寨、平寨、平段寨组成，规模较大，发展程度较高，因此村口的元素也更为丰富，尤其是历史上曾作为十三寨头人会议地点的平寨村口，元素与形态最为丰富、完整。

可见，高山丘陵地区壮族传统村落公共空间的形成依赖于具体的自然环境，并受其影响与限制，随着村落的发展，通过人们的改造与利用而不断进化，逐渐丰富起来。

在平原浅丘地区，各类资源、条件均较为优渥，易于形成较为平坦开阔的大规模公共活动场所，道路亦较为宽阔，界面封闭，规则整饬。由于场地所受限制少，更利于建造高大精美的公共建筑。加之强势的汉文化的影响，壮族原有的民族特色不同程度地被消解，村落布局、公共空间的营造受到宗法、儒教礼制及风水意向的强烈影响，有较为明显的总体规划的痕迹，祠堂成为村落的中心，各类建筑空间呈现出层级关系。

在汉族文化体系中，祠堂是宗族或家族的象征。广西的壮族受汉族文化影响由来已久，尤其是在交通较为方便的平原地区，聚族而居的壮族，至近代仍普遍保留有宗祠或祖屋，其规模较民居大。在壮族的观念中，祖先是宗族最亲近、最尽职的保护神，既可保佑宗族人丁的兴旺，也可为宗族驱邪禳灾，因此建立祠堂以敬奉祖先。人们除了在各自家中神龛、神台供奉家庭祖先之外，逢年过节还要到宗祠进行集体祭祀。如民国《那马县志草略》"风俗"说："凡有祠堂，当春分秋分节，必召集合族，齐到祠堂，备猪羊以祭，谓之春、秋二祭。"近代的壮族亦是通过这样的集体活动，来加强宗族成员的认同感，密切宗族内部的关系，增强宗族的团结和凝聚力。如广西忻城莫氏土司祠堂卜佑支祠六一亭上有这样一副对联："六房虽系六支，彻底算来，远近依然同个祖；一族即如一树，从根观去，亲疏都是一家人。"土司尤其重视建立祠堂，有的土司甚至建有几个祠堂。为了维持宗族的存在和活动，宗祠内一般都设有蒸尝田或祭田（即族田），由族长管辖，其收入用以祭祀、修建、互助、办学等。但宗法统治所造成的封闭落后、迷信守旧、任人唯亲、宗族械斗、重男轻女等消极因素，对壮族社会的发展也造成了较大的负面影响。20世纪50年代以后，壮族地区的宗祠多已破废荒圮，或改为他用，宗族活动逐渐减弱。

在一些壮族传统村落中还建有炮楼，如桂林阳朔龙潭村、朗梓村，不仅起到增强村落防御性、保卫家族平安的作用，还往往成为村落凝聚力的核心空间，与祠堂一同成为宗族的标志。还有一些村落位于客家聚居区内，则采用了客家村落的形制，强调围合性与封闭性，"祠宅合一"，月池、禾坪、大门、厅堂、祖堂以及穿插于其间的内院、天井等公共空间严谨地布置在建筑的中轴线上，亦奠定了村落的整体空间格局。

（5）界面特征

公共空间的界面，对空间的形式与体验具有重要的影响。传统村落公共空间界面主要由界面建筑（民居）、特殊界面建筑（公共建筑、构筑物、设施）、其他界面实体（树木、告示牌、篱笆）构成。其中，界面建筑（民居）作为传统村落中无处不在、数量最多的组成要素，发挥着至关重要的作用，特殊界面建筑亦多延续界面建筑的形式与风格，只是在规模、尺度、装饰上更为高大精美，而突出其特殊功能与意义。不同地域壮族建筑形态的差异，决定了其村落公共空间界面的差异性。

桂西北与桂西南是广西壮族集中分布的两大区域，由于自然地理环境、区域文化背景、族群构成的不同，形成了截然不同的干阑建筑形态，是广西地区传统干阑建筑的主流。而桂中西部是次生干阑最为丰富的区域，包含了数量众多的亚态干阑建筑文化，也是干阑地面化发生与发展的主要地区；桂东地居区则是壮族民居完全汉化后的形态。因此，由西部山区到东部平原，壮族传统村落的公共空间界面形式呈现出从"开放渗透的干阑界面"到"封闭规整的天井地居界面"的逐渐过渡。

具体来说，不同地域环境下壮族传统村落公共空间界面的形式与分布有如下规律：

1）全木干阑曾为壮族传统村落建筑的主要形式，大面积地分布于广西全境。很多现存的地居式建筑仍可分辨出干阑建筑的影子。可见，全木干阑建筑向夯土、砖木干阑或地居式建筑的转变，既有自然条件提供的便利，也有汉文化传播及现代生活观念的驱动。

2）虽然目前全木干阑建筑主要分布在桂西北、桂西、桂西南的边远山区，而地居主要分布在桂东北、桂东、桂东南的平原丘陵地区，但地形地貌并不是干阑与地居形式选择的唯一决定性因素。建筑形式与公共空间界面有其地域属性，但在地形地貌之外，尚有更为强大的影响力存在并左右着界面的形态，即民族文化。

3）文化是决定建筑形态与空间界面形式的关键因素。从干阑与地居的分布态势来看，汉文化的影响对于壮族干阑建筑与地居建筑的分野起到了决定性作用，桂东北、桂东、桂东南是汉文化强势的区域，这一区域的壮族村落与建筑、公共空间形态呈现出汉式的典型特征。在广西全境，汉文化的影响自东向西渐次减弱，建筑与界面形式也从地居过渡到砖木干阑、夯土干阑再到全木干阑，恰恰反映出汉文化与壮文化的强弱更替。

公共空间界面构成与形式的差异性，不仅产生于自然地域环境的多样性，还反映出民族文化相互交流、同化的程度。

4.1.4　不同地域壮族传统村落公共空间形态的影响机制

通过不同地域壮族传统村落公共空间形态相似性与差异性特征的比较，可归纳出空间形态及其影响因子的关系图示（图4-10）。

1. 地域性应答

地域因素包括地形地貌、海拔、气候等不可变地域因子，以及生产耕作、建筑形式等选择可变性因子，是人类赖以生存的外部环境要素，是壮族传统村落公共空间形成的物质基础与限制条件。地域因素直接影响着村落的选址、公共空间的构成要素、公共空间的类型、形制与尺度。广西"八山一水一分田"的自然条件为壮族传统村落的选址提供了基础，也塑造了与自然环境紧密相连、和谐统一的公共空间形态与结构。森林、水源、农地，均成为壮族传统村落

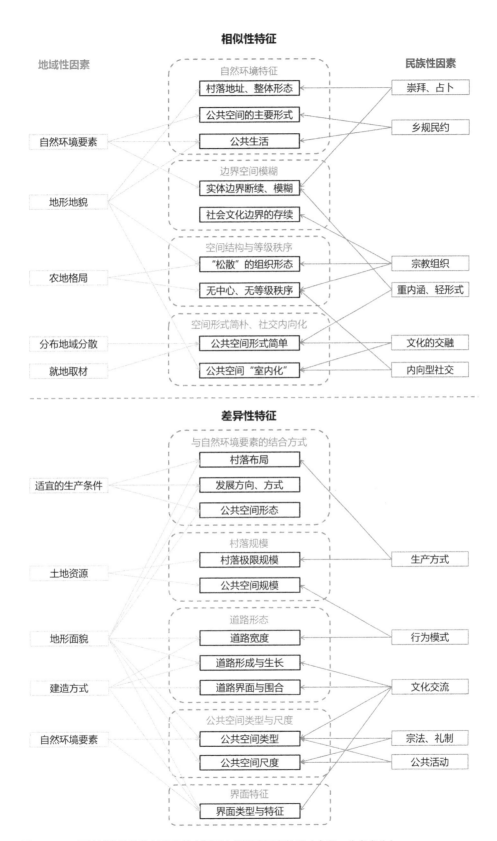

图4-10　不同地域壮族传统村落公共空间形态的影响因素关系（来源：作者自绘）

公共空间的主要形式。并且，地域性特征越明显，壮族传统村落公共空间应对外界环境做出适应性调整的能力越强。

地域环境还是壮族传统村落公共空间生长、演变与发展的物质基础。壮族传统村落公共空间的形成是一个从客观适应到主观选择与改造的过程。适应地域因素而不断进行"生存选择"，影响着壮族传统村落公共空间的形成和演变。自然条件越独特，村落受到外部环境的影响越大，为适应外部环境，相应的对公共空间形式与尺度要求越高，于是表现为不同村落应对具体的山形水势、气候、植被条件，在公共空间的形式与尺度上呈现出较大差异。同时，地域因素在客观存在优势与劣势之分，自然资源越丰厚，交通便利，与外界联系越紧密，获取的信息资源越多，可变性地域因子的作用就更明显。

2. 民族性传承

民族性是各民族非物质文化的精神延续，代表性因子有民族结构、宗教信仰、语言文字、节庆活动、审美习惯等。

在漫长的历史进程中，民族性长期存在并持续发挥作用。与自然环境、其他民族和族群之间的抗争，使壮族具有了基于生存、发展需求而产生的自然观、生态观、万物崇拜的信仰以及村落的聚居性和宗族性。虽然没有强烈的宗族分房与依血缘关系划分空间领域的村落空间组织与构建方式，但兄弟房屋联排而建，家族住居连成一区的社会结构和文化特性，即便是在汉文化影响强烈的地区，依然得以保持和延续。公共空间的格局最能表现出壮族对聚居的理解，这种自由松散的分布状态看似杂乱无章，实则蕴含着壮族尊重自然，崇敬自然，融入自然的生态观，借助自然的力量来建构空间环境。公共建筑形式简单，数量较少，公共活动多在户外、自然环境中发生与进行，也体现了壮族务实、重内涵轻形式的民族性格。

另一方面，民族特征会因应经济发展、其他民族文化渗透，或民族间的通婚等情况而改变。壮族传统文化中具有突出的汉化特征，汉族文化早已渗透到壮族文化与公共生活的方方面面，如婚俗习惯、丧葬习俗等。同时，由于历史、地理等原因，壮族传统文化本身又表现出多元一体的文化格局，长期与汉、侗、苗、瑶等民族相互交流、同化，其风俗习惯在不同的地区或趋近于汉族、或趋同于侗族、苗族、瑶族，具有很大的差异性。靠近汉族聚居区的村落，从整体形态、建筑形式到生活方式，都受到了汉文化深刻的影响，而逐步乃至完全汉化。吸收借鉴了汉族的宗族礼制思想，建立宗祠以敬奉祖先，并以之为村落公共空间与公共生活的核心。在远离汉族聚居区的壮族，传统文化风俗保护较好，以干阑式建筑灵活散布的聚居形态居多，公共建筑形制简单，公共空间开放、自然，空间尺度变化较大，没有固定的标准与模式，传统的赶圩、坡会、对歌、祭拜土地公、风水树的文化民俗亦因此得以保持、延续。在多文化交叉杂糅的地区产生了各式各样的文化交融现象，不仅有壮汉文化的碰撞与融合，孕育出兼具两者特点的公共建筑或公共空间的过渡形态；也有少数民族文化之间的相互作用。例如，在靠近侗族聚居区的三江、龙胜一带，受到侗族高超的建造技术的影响，壮族村落的公共建筑在形式、造型、构造、装饰上，也得到一定提升[①]。

---

① 韦浥春. 广西壮族传统村落公共空间比较研究［J］. 小城镇建设，2016（10）：73–77.

3. 地域性与民族性的互动关联

地域性在壮族传统村落公共空间的形式、尺度等方面具有显性的决定作用，而民族性则相对隐性，从精神的层面，潜移默化地影响着公共空间的营造与公共生活的方式。

民族性与地域性是紧密联系、相互作用的。如高山丘陵地区，由于高山大川的阻挡，交通不便，各民族相对独立，与外界沟通较少，地域性的限制使各民族独特的风俗习惯和文化传统得以保持，表现出强烈的原生民族性特征。而饭稻羹鱼、原始信仰、自然崇拜等民族性特征，又决定了村落选址、公共空间与公共活动以自然为基础，相辅相融的地域性特征。"地域性应答"与"民族性传承"，两者的独立作用和关联互动从不同的层面与方式作用于壮族传统村落公共空间的形成、发展，最终呈现出公共空间形态上的相似性与差异性。

4.1.5 其他少数民族传统村落公共空间的地域性特征

不同地域条件下村落公共空间的多元化现象同样存在于其他少数民族传统村落之中，以在广西境内分布区域同样广泛的瑶族村落为例。广西境内聚居着约171万瑶族居民，占中国瑶族总人口的59.9%，主要分布在金秀、富川、恭城、都安、大化、巴马6个瑶族自治县及下设的49个瑶族乡。历史上频繁的迁徙，使之成为一个跨境的国际民族，并形成"大分散、小聚居"的分布格局与支系众多的民族构成特征。依据语言、居住、生产、服饰、来源等特点和"自称"与"他称"的不同，瑶族可细分出50余个支系，在广西境内的主要有盘瑶、布努瑶、茶山瑶、平地瑶四大支系。尽管不同的瑶族支系在历史文化、社会组织、称谓等方面各不相同，但总体上达成了统一的民族认同，在生产生活的方方面面表现出某些一致的瑶族传统文化的本质特征[①]。

在不断迁徙的过程中，不可避免地需要与其他民族发生交往。在广西境内，瑶族族群主要是与桂东平原的汉族以及桂西山地丘陵地区的壮族发生文化交流与碰撞。由于汉族在经济、文化、政治等方面具有强势地位，而壮族则作为广西土著民族具有人口最多、分布最广的优势，因此，较晚迁入、势单力薄的瑶族为了民族的生存延续，必须协调、处理好与当地汉族、壮族的关系，尽量避免双方在经济、文化等方面的直接冲突。为此，必须在不损害本民族文化特质的基础上接纳和吸收某些汉族与壮族的文化成分，从而形成了包容性很强的总体文化特征，以及不同支系的瑶族受到不同民族不同程度影响而呈现出的"近壮则壮、近汉则汉"的多元化个性。就聚居形态而言，广西境内的瑶族村落聚居大致可分为山地瑶与平地瑶。

山地瑶长期生活在人烟稀少的崇山峻岭中，为防外族入侵、便于狩猎与采摘，而选址在山崖、山顶或陡坡上，这也是瑶族先民最主要的聚居形式。村落通常规模不大，发展缓慢，只有金秀瑶族自治区拥有较大规模的瑶族村落，干阑住居向地居形式过渡，分布较为集中。村落依山就势、布局自由分散，没有明显的中心与轴线，更没有等级序列，除了作为民族标志的盘

---

① 覃乃昌. 广西世居民族 [M]. 南宁：广西民族出版社，2004.

灵川老寨   金坑大寨

金秀六巷   新寨盘王庙

图4-11 典型山地瑶村落（来源：作者自摄）

王庙、聚会广场以及一些简朴的土地庙、禾仓，村落中的公共空间严重匮乏。住居以干阑式为主，就地取材，五六座干阑组成一个小型居住组团，若干组团之间再以树枝状道路相连，构成村落，街巷格局并不完整。桂林灵川的老寨村、新寨村，大化弄立屯、盘兔村，龙胜金坑大寨、黄洛瑶寨，金秀门头村、上下古陈村均为山地瑶传统村落的代表（图4-11）。

广西的平地瑶多分布于富川、恭城的汉族聚居区内。相对平缓的地形地貌与汉文化的强烈影响，使平地瑶村落与当地的汉族村落非常相似，或沿河谷带形发展，或以特定公共空间为核心簇团式发展。公共建筑形式亦丰富起来，庙宇、凉亭、戏台、门楼，乃至防御性碉楼和宗族性的祠堂都出现在平地瑶村落中，祠堂也往往成为村落空间的核心。道路结构相对规整，内部巷道层次丰富，防御性较强。富川凤溪村、恭城红岩村、朗山村，均是平地瑶的典型案例（图4-12）。

综上所述，相近乃至相同的民族文化让同一民族不同地域的村落具有相似的公共活动与公共空间，但公共活动与生活方式在与具体的地域、民族因素相互作用的过程中，呈现出了多元化的公共空间形态。

富川凤溪　　　　　　　　　　　　　　　　恭城红岩

恭城朗山　　　　　　　　　　　　　　　　瑶寨祠堂

图4-12 典型平地瑶村落（来源：作者自摄）

4.2 相同地域环境下不同民族传统村落公共空间比较研究

4.2.1 桂西北少数民族传统村落公共空间调查与比较

广西地形地貌变化多样，山脉绵延不绝，河网密布，生态格局丰富。在不同的地域环境中进行村落建造、公共空间营建时，各民族有着多种多样的处理方法与智慧，即使是在同一地域环境中，亦是如此，追求着人、村落与自然的和谐共存。本节将以桂西北作为研究的地域范围，这一地区既属于广西最为典型的喀斯特地貌带，又是少数民族聚居最为密集，且较少受到汉文化影响，传统文化的原真性保持较好的区域。因此选取该地域范围内的壮族龙脊、平安、金竹，侗族平岩、高定，苗族田头、吉曼，瑶族老寨、弄立，毛南族南昌、仫佬族滩头11个少数民族传统村落作为样本，进行深入的调查与比较研究（图4-13、表4-4）。

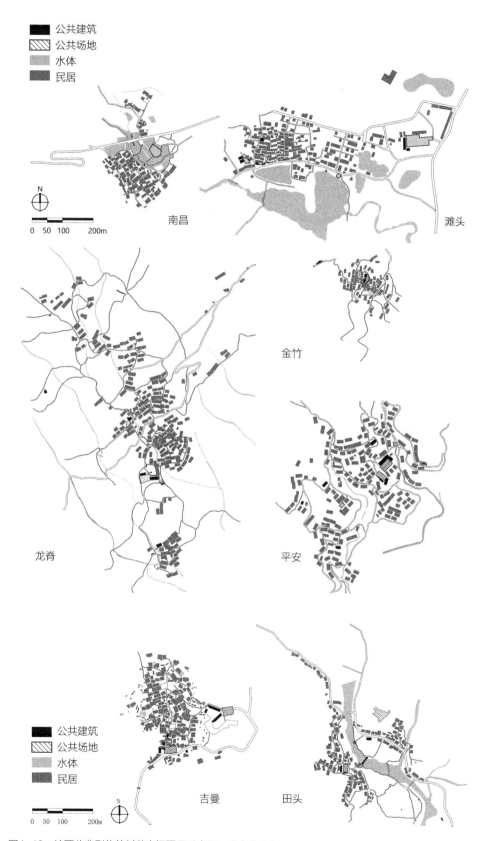

图4-13　桂西北典型传统村落空间图示（来源：作者自绘）

图4-13（续）

桂西北传统村落公共空间特征调查　　　　　　　　　　　　　表4-4

特征类	序号	特征项目	特征子项目	特征因子（说明）
村落概况	1	村落名称		**龙胜各族自治县和平乡龙脊村**
	2	民族结构		壮族
	3	地理分区		桂西北
自然地形	4	傍水而居	整体形态	穿村而过
	5		空间节点	穿插村中的溪流；横跨溪流的石板桥、廊桥；泉亭
	6	依山而建	整体形态	高山
	7		空间节点	街道垂直、平行、斜交于等高线；利用缓坡形成边缘型广场
	8	农地格局		梯田、林地
空间形态	9	整体形态		散列状
	10	村落规模	人口数量	大型（226户，883人）
	11		空间半径	472米
	12	平面形态	点状空间	凉亭、井台、古树、碑林、莫一大王庙、生态博物馆、社庙
	13		线状空间	树枝网络状（57座青石板桥、1座木构风雨桥）
	14		面状空间	龙脊小学、与居住区混合的梯田
	15	界面特征	底界面	坡道、台阶（青石板）
	16		界面建筑	高脚干阑（杉木、原木色）
	17		特殊界面建筑	莫一大王庙（规模小，与干阑民居类似）
	18		其他界面实体	石篱笆
	19		街道界面组织	山地干阑型（曲折，封闭，渗透）
	20		广场界面组织	凉亭，树木，梯田（自然和谐，围合感弱）
	21		整体界面特征	整体性强（形式一致、体量相仿）；连续性不强（建筑与自然要素穿插交错，朝向不一，层叠起伏）
	22	组织方式	边界	引导性边界空间：东寨门 停留性边界空间：西村口、平寨村口
	23		中心	弱中心（无明确的核心空间） 开敞（空间节点多以自然要素围合，围合感弱）
	24		路径	顺应山地曲折起伏，局部有过街楼，T形交叉口为主
	25	空间尺度	街道类型与宽度	道路为主，未成街巷，D≈1~1.5米；村间公路穿过，D≈4米
	26		街道形式与尺度	建筑-街道-建筑； 纵向主路D/H<0.8；横向支路多半边街形式，0.3<D/H<1
	27		广场面积与尺度	无明确形式与边界，村口空地活动范围约100平方米

寨门　　　　　　　　　　　　龙泉亭　　　　　　道路　　　　　　　晒坪

续表

特征类	序号	特征项目	特征子项目	特征因子（说明）
村落概况	1	村落名称		**龙胜各族自治县和平乡金竹村**
	2	民族结构		壮族
	3	地理分区		桂西北
自然地形	4	傍水而居	整体形态	一侧沿河
	5		空间节点	社庙、桥、沿河岸新建的住宅
	6	依山而建	整体形态	高山（河谷）
	7		空间节点	垂直、平行、斜交于等高线的街道；挖土平整出核心型广场
	8	农地格局		梯田、林地
空间形态	9	整体形态		散列状
	10	村落规模	人口数量	中型（98户，438人）
	11		空间半径	102米
	12	平面形态	点状空间	寨门、小卖部、凉亭、社庙、古樟树、木作工艺博物馆
	13		线状空间	树枝网络状（1座风雨桥、沿公路商业街）
	14		面状空间	歌舞坪
	15	界面特征	底界面	石块、青石板
	16		界面建筑	干阑（杉木、原木色）
	17		特殊界面建筑	风雨桥、凉亭（体量小，与住居相似，朴实简单）
	18		其他界面实体	与民居混合的梯田、林木
	19		街道界面组织	山地干阑型（曲折，封闭，渗透）
	20		广场界面组织	凉亭，树木，边坡 （边坡为背景，围合感较强，台地形式增加视觉吸引）
	21		整体界面特征	整体性强（形式一致、体量相仿）；连续性不强（建筑与自然要素穿插交错，朝向不一，层叠起伏）
	22	组织方式	边界	引导性边界空间：社庙、桥、大树标识村口
	23		中心	单中心，半封闭（民居、休息亭与挡土边坡三面围合）
	24		路径	顺应山地曲折起伏，局部有过街楼，T形交叉口为主
	25	空间尺度	街道类型与宽度	道路为主，未形成街巷，D≈1~1.5米；
	26		街道形式与尺度	建筑-街道-建筑； 纵向主路0.2<D/H<0.8；横向支路多半边街，0.3<D/H
	27		广场面积与尺度	28米×10米；1.5<D/H<5

寨门	道路	广场

续表

特征类	序号	特征项目	特征子项目	特征因子（说明）
村落概况	1	村落名称		**龙胜各族自治县和平乡平安寨**
	2	民族结构		壮族
	3	地理分区		桂西北
自然地形	4	傍水而居	整体形态	穿村而过
	5		空间节点	风雨桥
	6	依山而建	整体形态	高山
	7		空间节点	垂直、平行、斜交于等高线的街道
	8	农地格局		梯田、林地
空间形态	9	整体形态		散列状
	10	村落规模	人口数量	大型（179户，798人）
	11		空间半径	268米
	12	平面形态	点状空间	道路交汇处的小型开敞空间、凉亭、商铺
	13		线状空间	树枝网络状（1座风雨桥）
	14		面状空间	半山街市、小学、与民居混合的梯田
	15	界面特征	底界面	石块、青石板
	16		界面建筑	干阑（杉木、原木色）
	17		特殊界面建筑	风雨桥、凉亭（体量小，与住居相似，朴实简单）
	18		其他界面实体	与民居混合的梯田、林木
	19		街道界面组织	山地干阑型（曲折，封闭，渗透）
	20		广场界面组织	办公楼、教学楼、树木，两面围合，自然、渗透；
	21		整体界面特征	整体性强（形式一致、体量相仿）；连续性不强（建筑与自然要素穿插交错，朝向不一，层叠起伏）
	22	组织方式	边界	引导性边界空间：风雨桥
	23		中心	弱中心，无明确核心空间，半山街市人流稍密集
	24		路径	顺应山地曲折起伏，多过街楼，T形与扩展型交叉口为主
	25	空间尺度	街道类型与宽度	道路为主，未形成街巷，D≈1~2米；
	26		街道形式与尺度	建筑-街道-建筑 + 建筑-街道-自然要素；0.2<D/H<1
	27		广场面积与尺度	20米×15米；设门卫管理，非长期开放

商铺	菜市	道路	半边街、过街楼

续表

特征类	序号	特征项目	特征子项目	特征因子（说明）
村落属性	1	村落名称		**三江侗族自治县林溪乡平岩村**
	2	主要民族		侗族
	3	地理分区		桂西北
自然环境	4	傍水而居	整体形态	穿村而过+绕村环转
	5		公共空间	井亭、水车沿水岸散布；风雨桥、水坝；穿插于村中的堰塘
	6	依山而建	整体形态	丘陵
	7		公共空间	主要道路多平行等高线，入户小径斜交等高线；台地广场
	8	农地格局		水田+经济林（油茶、杉树）
空间形态	9	整体形态		组团状
	10	村落规模	人口规模	大型（约635户，2878人）
	11		空间半径	480米
	12	形态特征	点状空间	5座鼓楼、3座戏台、寨门、凉亭、井台、萨坛、土地庙
	13		线状空间	公路绕村环转、放射状道路形态；5座风雨桥，3座水坝
	14		面状空间	鼓楼坪、村活动广场、水塘、与居住区混合的田地
	15	界面特征	底界面	平缓、局部设台地；青石板路、柏油公路
	16		界面建筑	干阑、杉木、褐色
	17		特殊界面建筑	鼓楼、精美、高耸
	18		其他界面实体	晾禾架、台地、坡地挡土墙、小学围墙
	19		街道界面组织	山地干阑型；弯曲，封闭，连续
	20		广场界面组织	以鼓楼为焦点；戏台、民居三面围合；突出鼓楼的标志性
	21		整体界面特征	和谐统一、标志突出
	22	组织方式	边界	引导性边界空间：寨门、水车、水坝 停留性边界空间：风雨桥、井亭
	23		中心	多中心；半封闭（三或四面围合，界面不连续，有渗透）
	24		路径	顺应坡地、河道曲折起伏，局部有过街楼，T形交叉口为主
	25	空间尺度	街道类型与宽度	道路为主，多未形成街巷，D≈1.5~2米 村口改造为特色商业街，D≈3~4.5米
	26		街道形式与尺度	组团内：建筑-街道-建筑为主，0.3<D/H<0.8； 边缘：建筑-街道-自然要素；靠山：D/H<0.5；靠河：D/H>3
	27		广场面积与尺度	马安鼓楼坪：25米×17米；1.5<D/H<1.8 岩寨鼓楼坪：22米×18米；1<D/H<12 平寨鼓楼坪：25米×25米；1.2<D/H<1.5 平寨戏台广场：45米×25米；2<D/H<2.4

| 永济桥 | 马安鼓楼 | 井亭 | 特色商业街 | 道路 |

续表

特征类	序号	特征项目	特征子项目	特征因子（说明）
村落属性	1	村落名称		**三江侗族自治县独峒乡高定寨**
	2	主要民族		侗族
	3	地理分区		桂西北
自然环境	4	傍水而居	整体形态	穿村而过
	5		公共空间	井亭、风雨桥、穿插于村中的堰塘
	6	依山而建	整体形态	山地
	7		公共空间	主要道路多平行等高线，入户小径斜交等高线；多台地式核心型广场
	8	农地格局		梯田+经济林
空间形态	9	整体形态		团块状
	10	村落规模	人口规模	特大型（646户，2484人）
	11		空间半径	352米
	12	形态特征	点状空间	7座鼓楼、寨门、戏台、风雨桥、飞山庙、土地庙、7口水井
	13		线状空间	放射状、组团状
	14		面状空间	鼓楼坪、小学、堰塘
	15	界面特征	底界面	石块、青石板
	16		界面建筑	干阑、杉木、原木色
	17		特殊界面建筑	风雨桥、鼓楼、戏台（高大精美）
	18		其他界面实体	樟树林
	19		街道界面组织	山地干阑型；弯曲，封闭，连续
	20		广场界面组织	以鼓楼为焦点；戏台、民居四面围合；突出鼓楼的标志性
	21		整体界面特征	和谐统一、标志突出
	22	组织方式	边界	引导性边界空间：寨门 停留性边界空间：风雨桥、井亭
	23		中心	多中心；半封闭（三或四围合，界面不连续，有渗透）
	24		路径	顺应坡地、河道曲折起伏，局部有过街楼，T形交叉口为主
	25	空间尺度	街道类型与宽度	道路为主，多未形成街巷，D≈1.5米 从村口新修公路入村，D=4米
	26		街道形式与尺度	建筑-街道-建筑，0.3<D/H<1
	27		广场面积与尺度	中心楼坪：38米×48米；2.6<D/H<6 其余鼓楼坪形式各异，面积150～200平方米，渗透感强

| 寨门 | 鼓楼群 | 鼓楼、鼓楼坪 | 道路 |

续表

特征类	序号	特征项目	特征子项目	特征因子（说明）
村落属性	1	村落名称		**融水苗族自治县安陲乡吉曼屯**
	2	主要民族		苗族
	3	地理分区		桂西北
自然环境	4	傍水而居	整体形态	水塘点缀
	5		公共空间	泉眼、水塘、蓄水池
	6	依山而建	整体形态	高山
	7		公共空间	主路垂直等高线，支路平行等高线；利用缓坡的边缘型广场
	8	农地格局		梯田+水田
空间形态	9	整体形态		团块状
	10	村落规模	人口规模	中型（185户，761人）
	11		空间半径	195米
	12	形态特征	点状空间	禾仓、古井、凉亭、寨门、小卖部
	13		线状空间	树枝网络状、过街楼
	14		面状空间	芦笙坪、坡场、广场、篮球场、小学
	15	界面特征	底界面	石块、水泥
	16		界面建筑	半干阑（木、砖混）
	17		特殊界面建筑	井亭（体量小，与民居协调）
	18		其他界面实体	晒排
	19		街道界面组织	山地干阑型；曲折，错动，渗透
	20		广场界面组织	近似于鼓楼坪，但无核心建筑，界面多为自然要素
	21		整体界面特征	和谐统一，连续性弱，渗透性强
	22	组织方式	边界	引导性边界空间：寨门 停留性边界空间：村委、商铺围合的村口广场、坡场、芦笙坪
	23		中心	弱中心；干阑古井：规模小，道路转折处，民居环绕，半封闭； 芦笙坪、坡场：功能核心，位于村落边缘，开敞无围合
	24		路径	顺应地形曲折起伏，T形、Y形、扩展型交叉口兼具
	25	空间尺度	街道类型与宽度	未形成街巷，但道路略有主次、尺度之分； 纵向主路D≈2~3米；横向支路D≈1~1.8米
	26		街道形式与尺度	主路：建筑－道路－自然要素，0.5<D/H<2； 支路：建筑－道路－建筑，多半边街，0.3<D/H<0.6
	27		广场面积与尺度	芦笙坪：25米×18米；无围合，芦笙柱H=9.2米 村口广场：45米×18米；三面围合，2<D/H<3.6 坡场：无明确边界，无围合

| 井亭 | 道路 | 坡场 | 芦笙坪 |

续表

特征类	序号	特征项目	特征子项目	特征因子（说明）
村落属性	1	村落名称		**融水苗族自治县泗荣乡东田村田头屯**
	2	主要民族		苗族
	3	地理分区		桂西北
自然环境	4	傍水而居	整体形态	穿村而过
	5		公共空间	风雨桥、吊桥、水车
	6	依山而建	整体形态	组团状、带状
	7		公共空间	道路垂直或平行于等高线；顺应地形的核心型广场
	8	农地格局		梯田+水田
空间形态	9	整体形态		团块状
	10	村落规模	人口规模	中型（185户，761人）
	11		空间半径	230米
	12	形态特征	点状空间	古榕、小卖部
	13		线状空间	树枝状、风雨桥
	14		面状空间	芦笙坪
	15	界面特征	底界面	石块、青石板
	16		界面建筑	半干阑（木、砖混）
	17		特殊界面建筑	风雨桥（简洁朴实）
	18		其他界面实体	大榕树
	19		街道界面组织	山地干阑型；曲折，错动，渗透
	20		广场界面组织	近似于鼓楼坪，但无核心建筑，民居与边坡挡土墙三面围合
	21		整体界面特征	和谐统一，连续性弱，渗透性强
	22	组织方式	边界	停留性边界空间：风雨桥
	23		中心	单中心；芦笙坪，组团中心台地上，三面民居与挡土墙围合；古榕树遮蔽，围合感较强。
	24		路径	顺应地形曲折起伏，T形、Y形交叉口为主
	25	空间尺度	街道类型与宽度	除东北组团沿公路一带，多为道路，未形成街巷；穿村公路D≈5米；道路D≈1.2~1.8米
	26		街道形式与尺度	建筑-街道-建筑 + 建筑-街道-自然要素，半边街形式亦多，空间渗透性强；0.3<D/H<0.8
	27		广场面积与尺度	芦笙坪：22.5米×13.5米，1.2<D/H<2.8

| 风雨桥 | 古榕树 | 芦笙坪 | 道路、芦笙踩堂 |

特征类	序号	特征项目	特征子项目	特征因子（说明）
村落属性	1	村落名称		**大化县板升乡弄立屯**
	2	主要民族		瑶族
	3	地理分区		桂西北
自然环境	4	傍水而居	整体形态	水体点缀（蓄水池）
	5		公共空间	无
	6	依山而建	整体形态	高山
	7		公共空间	主路垂直等高线；支路平行等高线；利用台地的核心型广场
	8	农地格局		旱地、水田
空间形态	9	整体形态		散列状、组团状
	10	村落规模	人口规模	中型（52户，250人）
	11		空间半径	210米
	12	形态特征	点状空间	晒台、戏台
	13		线状空间	略呈树枝状
	14		面状空间	小学、风水林、墓葬群
	15	界面特征	底界面	石块、泥土
	16		界面建筑	半干阑（木、砖混）
	17		特殊界面建筑	无
	18		其他界面实体	风水林、墓葬群
	19		街道界面组织	山地干阑型；平直，开放，渗透
	20		广场界面组织	近似于鼓楼坪，但无核心建筑，民居与边坡挡土墙三面围合
	21		整体界面特征	和谐自然（体量相仿、沿等高线联排布局，梯级错落）
	22	组织方式	边界	无
	23		中心	弱中心；新修整的戏台广场，三面开敞，围合感弱
	24		路径	顺应地形曲折起伏，T形交叉口为主
	25	空间尺度	街道类型与宽度	未形成街巷；道路为自然的石块、泥土路，未经修整，纵向的主道较宽，D≈3.6米，横向的入户道路、台阶较窄D≈1.2~1.5米
	26		街道形式与尺度	建筑-街道-自然要素；草丛、小菜园穿插、点缀于道路两侧，尺度宽松；0.4<D/H<1
	27		广场面积与尺度	戏台广场：25米×17米；单面民居围合，开放性强；D/H≈4.8

| 全貌 | 戏台 | 道路 | 村委、小学、运动场 |

续表

特征类	序号	特征项目	特征子项目	特征因子（说明）
村落属性	1	村落名称		**灵川县青狮潭镇老寨村**
	2	主要民族		瑶族
	3	地理分区		桂西北
自然环境	4	傍水而居	整体形态	穿村而过
	5		公共空间	穿流的溪涧、水渠
	6	依山而建	整体形态	高山
	7		公共空间	平行于等高线与溪流的环形道路；顺应地势的边缘型广场
	8	农地格局		梯田、经济林
空间形态	9	整体形态		散列状
	10	村落规模	人口规模	中型（55户，237人）
	11		空间半径	118米
	12	形态特征	点状空间	盘王庙、红豆杉、活动中心、戏台、商店、寨门
	13		线状空间	树枝状（水泥台阶路、水渠环绕）
	14		面状空间	戏台广场、盘王庙、风雨桥广场
	15	界面特征	底界面	石块、水泥
	16		界面建筑	半干阑（木、砖混）
	17		特殊界面建筑	盘王庙（体量小）
	18		其他界面实体	水渠
	19		街道界面组织	山地干阑型；较平直，凹凸错动，渗透性强，连续性弱
	20		广场界面组织	民居、戏台三面围合，开口多，连续性弱，开敞
	21		整体界面特征	和谐自然、民居体量较高大（沿等高线横列式布局，略呈组团）
	22	组织方式	边界	寨门、水渠
	23		中心	弱中心；新修整的戏台广场，围合界面连续性弱，渗透性强
	24		路径	顺应地形曲折起伏，T形交叉口为主
	25	空间尺度	街道类型与宽度	环村公路，宽4.5米；主要巷道均与公路相连，宽1~2米
	26		街道形式与尺度	建筑-街道-建筑 + 建筑-街道-自然要素； 横向入户支路多为"半边街"，0.4<D/H<1
	27		广场面积与尺度	戏台广场：40米×20米；戏台、民居三面围合，界面不连续，植物穿插点缀，开放性强；5<D/H<10，开阔空旷

寨门　　　　　　　　　　盘王庙　　　　　　　　　　戏台　　　　　　　　　道路

续表

特征类	序号	特征项目	特征子项目	特征因子（说明）
村落属性	1	村落名称		**环江县下南乡南昌屯**
	2	主要民族		毛南族
	3	地理分区		桂西北
自然环境	4	傍水而居	整体形态	穿村而过
	5		公共空间	漫水桥、石拱桥、码头、沿河堰塘、水塘环绕的广场
	6	依山而建	整体形态	丘陵
	7		公共空间	平行、垂直于等高线的街道；水田环绕的平坦开阔的边缘型广场
	8	农地格局		水田、旱地
空间形态	9	整体形态		团块状
	10	村落规模	人口规模	中型（82户，352人）
	11		空间半径	130米
	12	形态特征	点状空间	古树、古碑、码头、谭寿仪故居
	13		线状空间	树枝网络状（古桥2座）
	14		面状空间	毛南广场、水塘
	15	界面特征	底界面	石板、水泥
	16		界面建筑	干阑（泥瓦、石瓦、泥砖）、天井地居（青砖）
	17		特殊界面建筑	无
	18		其他界面实体	许多村民自建的简易的临时棚屋或房屋
	19		街道界面组织	干阑-地居过渡型；界面建筑形式多样，连续性强
	20		广场界面组织	水田、堰塘环绕，开敞无围合
	21		整体界面特征	形式、风格多元（材质变化多样，沿等高线横列式布局）
	22	组织方式	边界	河流、水田、水塘
	23		中心	多中心；村树、码头、古桥组成村口空间与边缘的毛南广场
	24		路径	顺应等高线，曲径通幽，T形交叉口为主
	25	空间尺度	街道类型与宽度	主要道路沿河，宽3~4米；支路、巷道，宽1~1.5米
	26		街道形式与尺度	主路：建筑-街道-自然要素；D/H＞0.3 支路、巷道：建筑-街道-建筑；0.3＜D/H＜0.6
	27		广场面积与尺度	毛南广场：30米×21米；水田、堰塘环绕，开敞无围合

| 村树、码头 | 毛南民居 | 主路与水系 | 毛南广场 |

续表

特征类	序号	特征项目	特征子项目	特征因子（说明）
村落属性	1	村落名称		柳城县古砦乡滩头屯
	2	主要民族		仫佬族
	3	地理分区		桂西北
自然环境	4	傍水而居	整体形态	一侧沿河，开挖堰塘
	5		公共空间	主街沿河伸展，村树、破庙、门楼沿河分布
	6	依山而建	整体形态	丘陵
	7		公共空间	元宝山——巷道对景
	8	农地格局		水田
空间形态	9	整体形态		带状
	10	村落规模	人口规模	中型（82户，352人）
	11		空间半径	280米
	12	形态特征	点状空间	祠堂、门楼、碉楼、婆王苗、码头、风水树
	13		线状空间	规则网络状
	14		面状空间	水塘、小学运动场
	15	界面特征	底界面	石板、水泥
	16		界面建筑	地居（青砖、泥砖、硬山顶、人字山墙）
	17		特殊界面建筑	碉楼（高耸醒目，材质相同、风貌和谐）
	18		其他界面实体	无
	19		街道界面组织	地居型；山墙、院墙围合，较封闭，连续性强
	20		广场界面组织	新建的小学运动场，教学楼三面围合
	21		整体界面特征	对比统一（山墙起伏有韵律，碉楼高耸，和谐中不乏变化）
	22	组织方式	边界	河流、水田、水塘
	23		中心	多中心；祠堂、门楼、碉楼
	24		路径	曲折狭长，T形交叉口为主
	25	空间尺度	街道类型与宽度	主街，宽4米；巷道，宽1~1.5米
	26		街道形式与尺度	主路：建筑-街道-自然要素；D/H＞0.6 巷道：建筑-街道-建筑；0.2＜D/H＜0.5
	27		广场面积与尺度	小学运动场：40米×20米；教学楼两面围合，开敞

| 宗祠 | 碉楼 | 门楼 | 巷道 | 巷道 |

（来源：作者自绘）

经调查与比较，可初步推导出桂西北不同民族传统村落公共空间的一些特征：传统村落在与自然环境的结合上存在明显的相似性，顺应地形变化、依凭或结合水系形成丰富、各异的公共空间形态，在依山傍水的自然环境特征、以干阑为主的界面特征、因地制宜的街巷与广场的形态、围合方式、空间尺度等特征上较为相似。同时，不同的民族发展历史与文化性格导致了在公共空间的形式、分布与组织结构、街道格局、广场布局等方面存在一定的差异性，例如，侗族独有高大精美的鼓楼与风雨桥，并以鼓楼为核心、风雨桥为边界、向心性道路为网络，构建起内聚性的公共空间体系。壮族则不重形式，公共建筑与民居形制相同，简单朴实，公共建筑与广场的形式与分布均从实用出发，靠近村落边缘，功能复合，方便生产与生活。苗、瑶村落的公共空间呈现"近壮则壮，近侗则侗"的特征，采各家之长，并保存了本民族的特色，例如苗族的芦笙坪、坡场，瑶族的盘王庙等独特的公共空间形式。仫佬与毛南族聚居区地势相对平坦，且较多受到汉文化影响，因此其界面建筑的形式、公共空间的形态与组织方式均较为不同，甚至还出现了祠堂、碉楼等汉式的公共建筑。

4.2.2 桂西北少数民族传统村落公共空间的句法释义

基于上述研究，本节进一步对11个样本村落进行空间句法的分析与解读，剖析其公共空间构形的特征，进一步探讨同一地域下不同民族传统村落公共空间形态与社会结构、文化背景的相互影响、作用机制。

1. 空间形态分析

样本村落的轴线图（图4-14）形态表现出某些相似性：大部分村落缺乏长的轴线（街道），轴线形态零散，长度较短且不连续，这与桂西北山地丘陵地貌影响下，村落依山就势的布局以及"先房屋后道路"的自由有机的道路格局相呼应。相较之下，老寨、弄立两个瑶族村落的轴线模型较为简单、清晰、规整，因为瑶族村落规模较小，没有形成完整的道路结构；毛南族的南昌屯、仫佬族的滩头屯轴线格局较为方整，接近棋盘式网络状，与这两个村落区位上更靠近桂中平原，并且选址于两山之间的较为平坦的浅丘、平峒地带从而受地形影响较少有一定联系。

同为组团状村落的龙脊与平岩的轴线组织形态也不尽相同，龙脊则呈现相当复杂的交织状，组团间的分区不明显，而平岩村轴线则较为清晰地分为三个组团，其间通过少量轴线相连，各组团内部呈现出中心区域轴线较为密集、边缘较为疏松的状态。

从相关参数来看，这组村落的规模各不相同，句法模型中轴线数量最少的村落仅有36条轴线，最多达451条。龙脊、平岩两个组团状村落群规模最大，轴线数量也最多，多宗族聚居的侗族高定寨与旅游开发较早的平安寨，基于较为优越的自然条件与经济动力而发展壮大，村落规模较大，人口也多。位于大石山区或崇山峻岭之巅的瑶族村落，规模较小，因其村落发展受到较多自然环境、交通、经济的限制。其余的少数民族传统村落规模相近，推测与其聚居地自然环境的承载力与运用梯田改造、利用土地的生产方式相关。

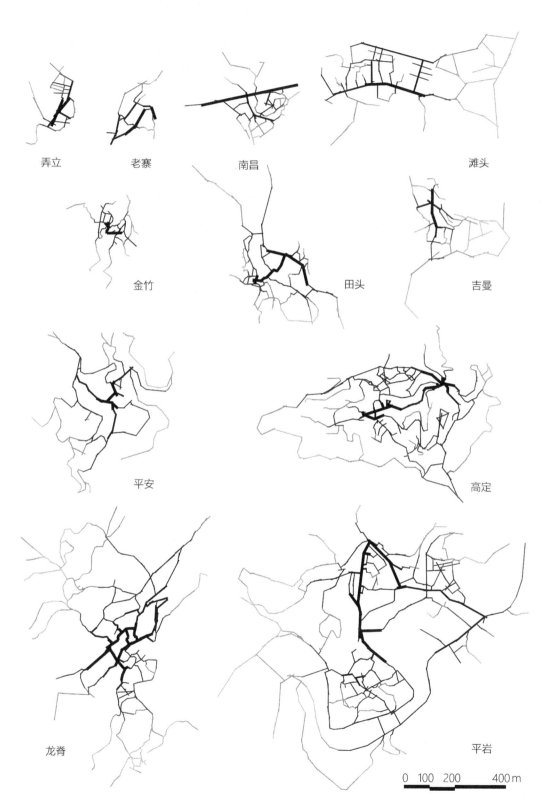

弄立　　　老寨　　　南昌　　　　　滩头

金竹　　　　田头　　　　吉曼

平安　　　　　高定

龙脊　　　　　平岩

0　100　200　　　400 m

图4-14　桂西北传统村落轴线模型（Rn度量）（来源：作者自绘）

桂西北传统村落样本的空间句法参数   表4-5

村落	轴线数量N	连接度CN	全局整合度Rn	局部整合度R3	协同度（RN：R3）
龙脊	388	2.48454	0.296994	1.0902	0.247512
平安	173	2.31214	0.337463	1.01668	0.339808
金竹	106	2.45283	0.503898	1.09167	0.665745
平岩	451	2.61197	0.415653	1.18892	0.361314
高定	421	2.57482	0.38312	1.12798	0.459536
田头	177	2.63277	0.495747	1.17206	0.475855
吉曼	101	2.65347	0.684197	1.17457	0.606797
弄立	36	3.10526	0.871191	1.37662	0.723047
老寨	47	2.42553	0.612405	1.08957	0.562073
南昌	79	3.03797	0.90215	1.38878	0.730196
滩头	104	2.57692	0.806863	1.23469	0.663559

（来源：作者自绘）

将句法特征参数与轴线模型结合起来进行分析（图4-16），老寨、弄立的可理解度最高，因其规模较小，布局简单，村落中的纵向道路连接着不同高程台地上的横向入户小径，而成为村落中重要的联系节点，并因此形成村落全局整合度核心。毛南南昌屯、仫佬滩头屯轴线模型形态较为规整，整合度与可理解度数值亦较高，其整合度核心与局部整合度核心有较大程度重合，位于村口、进村道路直至村落中心的长轴线上，形态具有线性特征。侗族高友寨的整体结合度与可理解度在样本中处于中等水平，全局整合度核心大致位于村落的形态中心。局部整合度核心分散，其核心与周边轴线呈现出一定程度的发散状态，也暗示出村落的放射状组团结构。平岩村因规模较大，轴线结构复杂，整合度与可理解度不及高友寨，但由全局整合度核心与局部整合度核心的分布仍可观察到其组团的多层级的放射状结构特征。壮族龙脊村、平安寨规模较大，空间核心的位置并不具有特殊性，整体结合度的数值与偏差值均较小，可理解度大幅降低，说明在较大规模的壮族村落中，空间较为均质，没有明确的中心。金竹壮寨、田头苗寨、吉曼苗寨的整合度与可理解度数值接近，其整合度核心与局部整合度核心亦有一定程度的重合，靠近村落的形态中心，呈树权状形态。

2. 公共建筑的功能构成与空间组构

将村落主要公共空间与整合度核心空间图示进行叠加（图4-15），我们发现：

在侗族村落中，超过半数的鼓楼、戏台分布在空间核心上，而在局部整合度的空间结构图中，公共建筑与局部整合度核心的重合度更高，整个村落的中心鼓楼或大型的鼓楼戏台群均分布于全局与局部核心重合的轴线上，体现出侗族村落以鼓楼为中心的多核心多组团多层级的空间结构，及其独特且强烈的宗族秩序。

壮族村落的公共建筑并不丰富，公共空间多以户外开阔地为主，多分布于村口、村边、梯田附近，距离村口拓扑深度较浅，整合度并不高。这类场地以方便农副业生产并可作为临时

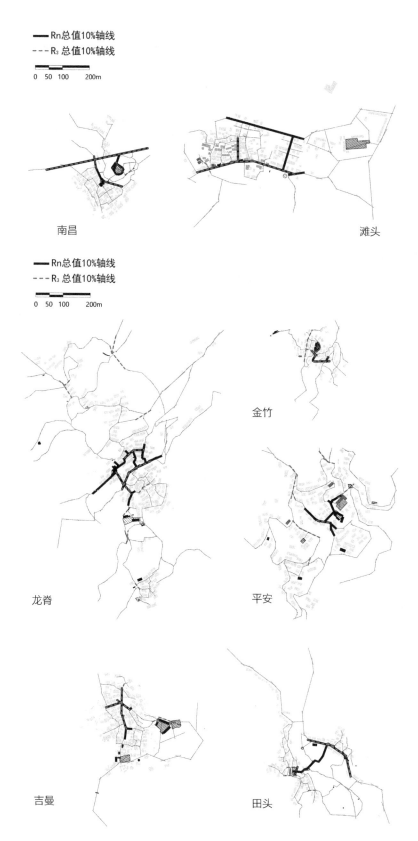

图4-15 桂西北传统村落整合度核心与公共空间分布（来源：作者自摄）

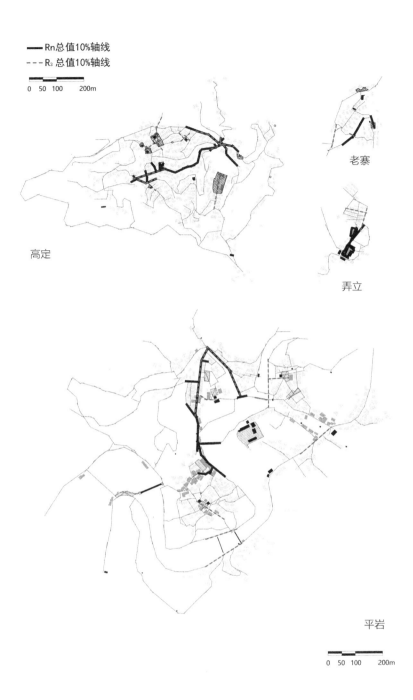

— Rn总值10%轴线
--- R₃总值10%轴线

0 50 100   200m

高定

老寨

弄立

平岩

0 50 100   200m

图4-15（续）

性生产空间为目标，从布局与空间形态、围合方式、尺度与氛围均自然随机，金竹壮寨的中心广场恰位于村落的整合度核心上，是依山就势进行地形改造的结果，对于村民的公共活动十分便利，凝聚力强，但对于村落的空间组织并没有明确影响。

芦笙场是苗族村落的重要公共空间，在田头屯，芦笙场位于村落的形态中心，也是全局整合度与局部整合度的核心，并组织起周边的轴线（道路），与侗族单核心村落相似，有一定的向心性。而在吉曼屯，整合度核心位于村落中部的主要街巷、商店与古井、古树处，芦笙坪与坡场却位于村落边缘区，深度浅，靠近村口，更方便周围村寨居民在重大节日聚集于此。

瑶族的老寨村与弄立村，同样缺乏高大精美的公共建筑，弄立村简朴的戏台与新建的小学，位于村落中部，恰与整合度核心重合。风水林与墓葬环绕这一核心空间布局，体现了瑶族传统的风水观念。老寨村的整合度核心位于树枝状的主干道路上，连接着村落中最大规模的文化广场、戏台与村落最为原始、古老的青石板街巷。盘王庙设在村口边，深度很浅，整合度不高，较为僻静。

毛南族南昌屯与仫佬族滩头屯的公共建筑与整合度核心的重合度极高。南昌屯中的码头、古树、古桥、古碑均位于全局整合度核心上，而居于田野、堰塘之中的毛南族广场，虽不在全局整合度核心上，却处于局部整合度较高的区域，较浅的深度也使得外来者更易接近它们。滩头屯的祠堂、门楼、婆庙亦集中于全局整合度核心上，碉楼所处位置深度值高而整合度低，体现了村落的防御性（图4-16）。

总体而言，在桂西北少数民族传统村落的研究样本中，村落的主要街道和村落的空间核心具有较高的重合度，成为村民出行的主要路径与活动发生的场所。庙宇多分布在村落深度较浅、整体结合度较低的边缘区域，对村落内部空间而言可达性较弱，相对隐秘、安静，不易接近的地区。壮族、苗族、瑶族村落中，公共建筑类型不多，等级也不分明，住宅与主要道路常直接通过入户小径连接，因此道路结构、公共空间系统并未形成明确的等级序列。而在内聚型的侗族村落、规则网络状的毛南族、仫佬族村落中，公共空间的聚集现象则较为明显，与宗族性的社会组织形态、防御性相关，进一步验证与补充了调查与比较研究的结果。

4.2.3 桂西北少数民族传统村落公共空间的特征分析

通过田野调查、分类统计、对比归纳以及空间句法的分析与验证，桂西北地区的自然地理环境以山地丘陵为主，山多田少，传统村落在与自然环境的结合上存在明显的相似性，集中表现在依山傍水的自然环境特征、村落整体形态与自然环境的协调、边界的模糊性、以干阑为主的界面特征、因地制宜的街巷与广场的形态、围合方式、空间尺度等方面。这一方面是崇敬自然、和谐共存的生态观的表现，另一方面是对风水观念的重视。同时，相似的历史、社会、文化背景以及与恶劣自然环境的长期斗争、不断迁徙所孕育的宗族性和各民族村落因生存、管理与防御需求而生发的聚居性，再加上民族之间长期、持续的文化交流、借鉴融合，因而在组织结构和文化特征上表现出相似性。另一方面，传统村落是以居住者的空间概念为依据建造起来的，即使处在相同或相似的空间环境中，不同的民族也会建构出不同的公共空间形态。桂西北的少数民族传统村落中，差异性最明显地体现在公共空间分布结构街道格局、与公共建筑的形式上（表4-6）。

龙脊生态博物馆

金竹歌舞广场

程阳风雨桥

高定寨门

高定鼓楼群

田头古榕与广场

吉曼芦笙坪

毛南族广场

滩头碉楼

滩头门楼

图4-16　村落重要公共空间举例（来源：作者自摄）

桂西北传统村落公共空间的相似性与差异性　　　　　　　　表4-6

相似性特征	差异性特征
自然环境特征	空间结构与组织形式
空间布局	道路格局
空间生长方式	公共空间的类型与形态
公共空间形式	整体界面特征
公共活动内容	

（来源：作者自绘）

1. 桂西北少数民族传统村落公共空间的相似性

桂西北地区的少数民族传统村落公共空间的相似性，主要表现在规模、整体形态、平面形态、界面特征、空间尺度、生长方式、公共活动的内容、建造技术等方面。其中，在村落与公共空间的规模、整体形态、平面形态、边界空间、界面特征等方面，表现出与崇敬自然、和谐共存的生态性特点。在空间结构上，表现出利用与改造自然的风水性特点。空间的生长方式体现了以血缘为纽带，聚族而居的宗族性。公共生活的内容则反映出各民族文化交流、融合的文化特征。

（1）与自然融合的空间特征与生态观

传统村落在选址与空间布局上，遵循"天人合一"的指导思想，即敬畏与崇拜自然万物，强调天道与人为的合而为一，追求人类与自然的和谐共生。

百越民族的自然生态观原始而朴实。"万物有灵"的自然崇拜、稻作农耕的生产方式使百越先民对土地、山水、动植物等自然要素极其崇拜与敬畏，并进一步形成了强烈的顺应自然、师法自然的生态、哲学观，映射到生产、生活中，则通过信仰、禁忌、宗族条款来约束与规范族人各方面的行为，如土地开垦、水源利用、森林砍伐、石山开采、建筑营造等，以实现对生态系统的管理，维持人、村落与自然的平衡[1]。

农耕型村落的极限规模取决于其环境的容量；而环境容量，又由基地的规模、耕地面积、水源、林木等生产要素的丰歉程度决定[2]。在调查样本中，村落均分布于高山丘陵地区，平地较少，可供耕种的土地也比平原地区要少，所幸林木繁盛，水源丰富，各族人民意识到森林水源的重要性，以村规民约的形式严禁砍伐水源林，并大量种植人工林以保持水土。同时，发挥创造力沿等高线在丘陵山地上开垦出大面积的梯田，以涵养水源、稳固土壤、提高产量、土壤肥力，乃至整体环境的承载力，因此村落规模以200～600人口的中型规模村落为主，并几乎全部采用了梯田与经济林的农地格局，干阑村落与梯田、林木相互映衬、点缀的景观也成为桂西北传统村落的文化符号。

村落的地形起伏、与水源的关系、山形水势的走向决定着村落公共空间的整体形态。调查中，分布于高山地区的村落优先在等高线不太密集的高程范围内沿等高线发展，有明显的水平走势；丘陵地区的村落则选择山头之间的平坦谷底发展：背山面阳，沿等高线蜿蜒曲折地有机布置，因而建筑的朝向亦有扭转错动，并不一致，看似自由散漫，却和地形取得了高度的和谐，因而多以团块状、散列式格局为主，当有较大的水系流经时，村落的线性特征凸显而呈现带状、散列状形态。

同时，村落的基底状况影响着公共空间的规模和形态。桂西北山地丘陵地区因平地有限，缺少大型的公共活动场地与天井、庭院等半公共空间，公共活动多发生于村口、河边、大树下的小块空地与村寨边缘的凉亭等小型公共建筑中。在调查中，样本村落均表现出了这种面状公共空间有机分散、形态自然的特征。

界面特征上，以干阑住居为主的界面建筑依山就势，参差起伏，色调质感统一，呈现出一种完全融入自然的状态。村落中的建筑单体体量较小，尺度相仿，坡屋面与山势形成呼应，表现出对自然地形的模拟；小青瓦搭配原色杉木的建筑立面，就地取材，色彩单纯，自然和谐；灵活松散的布局也使得村落边界模糊，完全融入自然（图4-17）。

① 赵冶. 广西壮族传统聚落及民居研究 [D]. 广州：华南理工大学，2012.
② 熊伟. 广西传统乡土建筑文化研究 [D]. 广州：华南理工大学，2012.

（2）空间布局与风水观

在长期的生存、生活、生产实践中，人们对居住地自然环境特质（包括气候、地形、土质、水源、温度、湿度、屏障等）的认识与社会伦理、民俗、玄学、易学、预测等知识相融，形成了风水学说，这不仅是一种民间信仰，更是自然生态观的基础上，凝练升华形成的风俗文化。

各少数民族朴实的生态观、原始巫教与随汉文化传播而进入广西的道教、佛教文化的相互结合，形成了各民族独有的风水观念，虽不及汉族风水文化般完整、系统，但这些源于对山水环境深刻体认的质朴务实的规划理念，仍对村落的选址、布局以及建筑单体朝向、体量、形式等产生了普遍而深刻的影响。

壮族、侗族的风水观念与汉族较为接近，以"地理五决"，即"觅龙、察砂、观水、点穴、取向"来确定村落选址（图4-18）。追求"后有靠山，前有朝宗，左右有砂山护卫，明堂方广平畅，溪河似玉带环抱，水口紧固的理想村落环境"[1]。

苗族风水观之独特，在于村落选址以地形起伏的左右次峰为宜，以增强村落防御性，村落轴线坐北朝南，后方主峰来龙山，前方溪流蜿蜒，其对面则是对景山（图4-19）[2]。

村落、梯田相互点缀　　　　　　鼓楼高耸和而不同

对自然地形的模拟　　　　　　道路界面

图4-17　自然和谐的村落界面（来源：作者自摄）

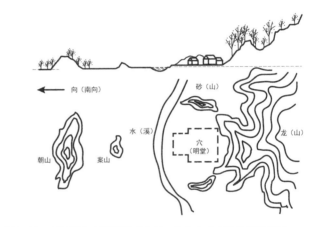

图4-18　理想村落环境示意（来源：改绘自《中国民居研究》）

图4-19　汉族风水格局（左）与苗族风水格局（来源：改绘自《村镇风水格局的封闭式空间构成》《西江苗岭景观的评价、规划与利用》）

[1] 韦玉姣. 三江侗族村寨的地理环境与民族历史变迁 [J]. 广西民族大学学报(哲学社会科学版)，2002，24（5）：44-46.

[2] 熊辉. 怀化地区侗族与苗族传统聚落风土环境景观比较研究 [D]. 长沙：中南林业科技大学，2007.

瑶族将村落环境拟人化，对应于头部、双手、两足（图4-20）。村落中最理想基址依次是：胸部的中央、胸部左右两侧、胃部、腹部。瑶族通常视左为己方，右方看作敌方，"左青龙右白虎"。因此，从右方来的"白虎水"就不能饮用，唯有舍近求远，将左方的"青龙水"通过竹筒搭接而成的管道，引至各家各户作为饮用水，而"白虎水"只能作灌溉和洗涤之用。同样，青龙山应在体量超过白虎山，并将白虎山围住，方能保证处于不败地位[①]。

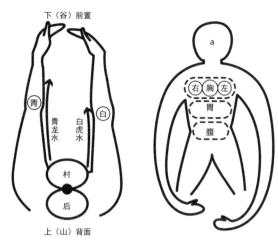

图4-20　瑶族村落风水格局（来源：改绘自杨昌鸣. 东南亚与中国西南少数民族建筑文化探析［M］. 天津：天津大学出版社，2004：125）

虽然对风水格局的理解与定义略有不同，但各民族对依山、环水、面屏的理想村落格局的追求是一致的。同时，村落空间要素的设置往往也基于风水格局的改造与优化。山、水、树、桥、亭、路、塘，这些村落中的自然与人工公共空间要素，共同构成了村落的地理空间和文化符号，既满足风水观念的需求，更保持了村落与自然的平衡与和谐。

（3）空间生长方式与宗族观

血缘关系是影响村落公共空间组织的重要因素。以血缘关系为纽带聚族而居的现象在南方少数民族中尤其普遍，一方面因其生存地域的自然环境较为恶劣，另一方面如苗、瑶这类势力单薄、迁徙不断的民族，聚族而居成为其族群延续的生存选择。

土著民族的聚居模式与汉族以封建礼制规范下的大家族聚居不同，以两代以内的核心家庭为基本单位，因此其居住格局并不大。由血缘关系紧密的家庭组成"房族"与"宗族"，三代以内为"房族"，以外则为"宗族"，家族是房族、宗族的总称。一个同姓宗族或家族，分户聚居即形成一个基本村落，较大的村落也会由数个家族组合而成[②]。壮族的寨佬制度、侗族的"款"组织，苗族"埋岩"，瑶族"石牌"、"油锅"或"瑶老"制度，均是这种以血缘为纽带的村落社会人际组织关系的体现。

在这类聚族而居的传统村落中，住居的布局受血缘关系远近影响极深。同姓家族在建造住居时具有相互靠近、聚集的传统倾向，甚至是共用隔墙，节省建造成本。通过串、并联式的排列组合，形成小型住宅群，进一步扩大、相连，形成一个小区或组团，以便彼此关照，在家族组团内部也自然地形成公共交往的空间。在调查中，样本的民族构成、组团特征与空间布局均显示出桂西北少数民族的聚居性与宗族意向。例如，龙胜龙脊村，廖、侯、潘三个姓氏家族已于此聚居约600年，自上而下依次分布于龙脊山上，随着村落的发展与扩张，廖家与侯家住居最为密集紧凑，两姓氏组团间几乎无明显界线，潘家聚居于地形最低处，与廖氏、侯氏略有

① 杨昌鸣. 东南亚与中国西南少数民族建筑文化探析［M］. 天津：天津大学出版社，2004.
② 熊伟. 广西传统乡土建筑文化研究［D］. 广州：华南理工大学，2012.

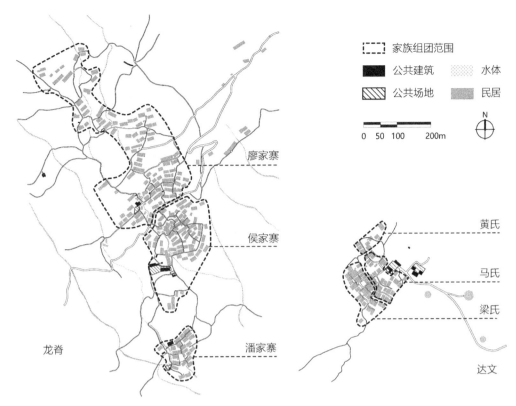

图4-21　龙脊（左）与达文（右）的家族组团布局（来源：作者自绘）

间隔。同样地，在那坡达文屯，梁氏家族的住居位于山腰上，马氏住居于山脚，黄氏则处于山谷盆地最低处。各姓氏聚居组团布局呈现依地形梯级分布的特征（图4-21）。

（4）公共空间形式、公共活动内容与文化交流

伴随着人口的迁徙与流动，在不同时期、不同地区、不同少数民族的文化发展都会受到其他民族文化的影响，在文化传播的过程中，各族文化的碰撞孕育出丰富多彩独具民族特色的文化形态，同时，在长期的文化交流、频繁的日常互动中，各民族通过文化交流而加深民族之间的认同，也在一些风俗习惯、生产技术、建造技艺等方面达成共识，呈现相互渗透、兼容的状态，例如原本以刀耕火种为主要生产生活方式的瑶族与苗族，在迁入广西后，由于人口、经济处于相对弱势地位，为适应气候和地貌并保证民族生存和延续，其文化积极与广西土著民族文化或汉族文化相融，习得了较为先进的耕作与建造的技术，其村落风貌与公共空间形式亦呈现"近壮则壮，近侗则侗，近汉则汉"的特点。

又如侗族擅长建筑，公共建筑与空间形式丰富多样，高达数丈的鼓楼，横跨河流的风雨桥，从建筑的跨度和高度上体现出其建筑技术的成熟，这也影响了相邻而居的壮族。龙胜龙脊地区造型简朴的壮族风雨桥在其他地区的壮族村落中非常少见，这与受到侗族建造文化的影响有关。一些苗族村落中修建的大型风雨桥、鼓楼，也正是向侗族学习、借鉴的结果（图4-22）。

此外，在多民族杂居背景之下，节庆风俗相近的现象也很普遍，除了春节、端午、中秋等国家法定假期，还有许多节庆为各民族所共同庆祝，例如预祝五谷丰登的尝新节，敬牛护牛的牛魂节等，或时间各异，但其庆祝或祭祀等活动的内容相近。

各民族之间在频繁的文化交流中逐渐达成相互认同、相互交融的局面，同时孕育出形态相似的传统村落公共空间。

2. 桂西北少数民族传统村落公共空间的差异性

（1）空间结构与组织形式

从空间结构来看，各民族传统村落公共空间的布局均较为自由，多顺应山势与河流自然形成，形式与形态有机而灵活。所不同的是，侗族村落的向心性较显著，一般由鼓楼、鼓楼坪及戏台组成明确的物质形态与精神的中心，住宅与其他公共空间均围绕这一村落中心布局，再顺应地势建造，形成内聚型的空间结构。壮族村落通常没有明显的中心，即使在修建了较多寨门、廊桥、庙宇、凉亭的富裕村落中，住宅也并不依据这些公共建筑与空间来组织形态布局，而是纯粹地顺应地形沿等高线发展，凉亭、观景广场等多位于视野开阔、地势相对平坦的村落边缘区。苗族、瑶族、毛南族虽有芦笙场、盘龙庙等独特的公共空间，却不一定将它们布局于村落的形态中心，而是依山就势选择较为平坦开阔的位置设立，对村落整体空间的散点状布局方式无直接影响，公共空间呈现扩外式结构。在近年来的新农村建设中，出于形象显著、便于到达和使用的目的，许多村落在中心区域新建了篮球场、阅览室、活动中心等公共空间。

图4-22　龙胜金平村壮族风雨（上）与三江高亚村苗族鼓楼（下）（来源：作者自摄）

（2）道路形态

在内聚式与外扩式两种公共空间结构的基础之上，村落的道路格局亦呈现出不同的特征。在壮、苗、瑶的外扩型传统村落中，道路多树枝或交织状的网络形态，如龙胜龙脊村（图4-23a），以一条顺应地形的路径为主，辅以众多树枝状分支，凸显村落层叠延绵的空间形态。在地势较为平缓的地区，路网相对规整密集，呈交织状，如龙胜平安寨（图4-23b）。而在侗族的向心型村落中，鼓楼、戏台所在的核心区通常是村落主要道路的交汇点，于是路网由核心区呈放射状向外辐射，建筑亦据此向心排列，如三江马安寨（图4-23c）。丘陵河岸边的侗族村落群，常采用沿河带状网络布局以充分利用河流资源，但村落核心区影响力犹存，路网仍保持一定的放射形态，最终发展为多层级多组团的放射网络，如三江程阳八寨，图4-23d显示的为其中紧密相连的马鞍、岩寨、平岩、东寨、大寨五个村寨。

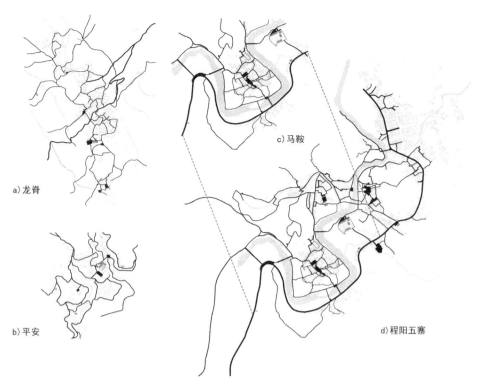

a) 龙脊

b) 平安

c) 马鞍

d) 程阳五寨

图4-23 村落道路网络差异性特征（来源：作者自绘）

（3）公共空间的类型与形态

在公共空间的类型与形态上，侗族的建造技艺水平最高，因此传统村落的组成要素十分丰富，山林、河流、坡坳等自然边界与村口寨门、河上风雨桥、村边大树等象征性边界共同划定出村落的领域范围，鼓楼、戏台、鼓楼坪则构成村落中心，在一些村落中，更与萨坛、观景长廊、水面等结合成形式、功能与意义更为丰富的村落核心区（图4-24）。

壮族村落少有祠堂、鼓楼与戏台这类大型、精美的公共建筑。风水树、土地庙、凉亭与其他宗族、祭祀场所形式均简单朴实，多分布在村落周边，村民的公共活动常在田间、空地上进行，随意而分散，对村落空间布局无太大影响，因而村落没有明确中心与轴线（图4-25）。

苗族、瑶族在公共空间形态、建筑形式上呈现近壮则壮、近侗则侗的特征。桂西北的苗族村落主要分布于融水、三江，紧邻甚至混杂于侗族聚居区内，因此许多苗族村落也具有鼓楼、风雨桥，但在规模、形制上不如侗族的高大精美。芦笙坪是体现苗族"芦笙文化"的重要公共空间。芦笙坪中常设有芦笙柱，传统的芦笙坪通过凸显、衬托芦笙柱的铺地图案来体现空间的特殊意义，而今许多村落中的芦笙柱已设计为可移动的，芦笙坪也多与村落中的球场整合。作为平日休憩交流与节日娱乐聚会的场所，芦笙坪还兼有晒谷等生产活动功能，成为苗族村落最具凝聚力的核心空间，与侗族的鼓楼坪不同，芦笙坪的选址不一定在村落形态中心，而是依山就势，择地势平坦、面积充分处，村中、村口、村尾均可，对其他建筑、空间的构建影响并不显著。区域中具有重要地位的"中心村"还设有坡场，多为村落边缘较平缓开阔的土地、草地，在坡会时期供附近村落居民集会、活动。瑶族支系很多，地域性特征明显，盘王庙是瑶族特有的公共建筑，其规模、形式及其在村落中的位置各异，多位于村落边缘区，或在

图4-24　侗族村落典型公共建筑与公共空间（来源：作者自摄）

　　　　土地庙　　　　　风水树与祭祀　　　　　风雨桥　　　　　　村口凉亭

图4-25　壮族村落典型公共建筑与公共空间（来源：作者自摄）

村口、村尾，或在几个相互靠近的村落群体的中间①。苗、瑶文化中均有深厚而强烈的树木崇拜。苗人视枫树为祖先，苗族村落都有一颗甚至几组枫树作为护寨树，栽种在村落的制高点或

────────

① 李敏. 湘南地区瑶族传统民居群落研究［D］. 长沙：中南林业科技大学，2013.

芦笙柱（苗）　　　　古榕（苗）　　　　　　盘王庙（瑶）　　　　红豆杉（瑶）

图4-26　苗族、瑶族村落典型公共空间（来源：作者自摄）

中心地带，可以从村中任何位置看到其枝叶繁茂的树冠，这是苗族宗教信仰和意识形态的具象化表达与民族精神寄托。护寨树周边常划为村落的禁区，一定距离范围内禁止新建住居，对村落的空间布局起到约束、限制作用[①]。同样的，瑶族村落也有意义重大的风水林，一般设立在村落入口地带，在一些村落中甚至形成了环绕风水林布局的空间形态。苗、瑶村落中也常见凉亭、井台、土地庙、戏台等公共建筑，但多形制朴实，因地制宜（图4-26）。

（4）整体界面特征

桂西北村落以依山就势、因地制宜的散列布局为主，建筑随地势层叠起伏，因此，空间的整体界面特征取决于标志性公共空间与民居建筑的关系。在侗族村落与拥有鼓楼的苗族村落，围绕鼓楼而建的干阑民居的高度大多低于鼓楼，并且鼓楼旁多设有平坦开阔的鼓楼坪，更以一种水平方向的延展态势反衬出鼓楼的统帅地位。干阑建筑群与点缀其中的堰塘、谷仓、晒台等公共空间共同簇拥着鼓楼中心，无论在平面布局或竖向空间上，均营造出紧凑集中的空间形象，形成村落高低错落的整体界面特征（图4-27a）。为提高防御性而建有碉楼的瑶寨亦然，如恭城县朗山村（图4-27b）。在其他传统村落中，公共建筑与民居的规模、形制相似，就地取材，整体村落形态显示出良好的比例、均衡的尺度、有韵律感的布局，顺应山形地势起伏，自然和谐地形成统一的整体。

a）鼓楼统率的高定寨（侗族）　　　　　　b）防御性强的朗山村（瑶族）

图4-27　桂西北传统村落整体界面特征类型（来源：作者自摄）

① 王乐君. 黔东南苗族聚落景观历史与发展探究［D］. 北京：北京林业大学，2014.

4.2.4 桂西北少数民族传统村落公共空间形态的影响机制（图4-28）

1. 地域性——分布区域与地形特征对公共空间形态的影响

地域性对桂西北少数民族传统村落公共空间的作用表现在村落的分布区域与公共空间的形态上。由于地理环境的相似性，各民族对村落选址、地形利用与改造的原则与方式是相近

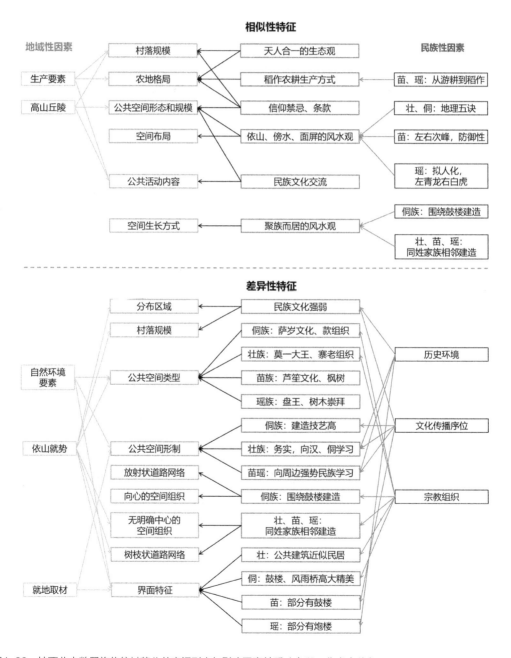

图4-28　桂西北少数民族传统村落公共空间形态与影响因素关系（来源：作者自绘）

的，依山傍水，既是文化的选择，亦是生存的选择。山提供了林木与耕地，水则是从事稻作与日常生活必不可少的资源。

壮族村落分布广泛，需面对更多样的地形地貌做出调整与适应，因而呈现出的村落公共空间形态多样。水源、林木、耕地的富足程度决定着宏观层面的村落环境容量与规模：平原河谷地带的壮族传统村落人口较多，规模较大，连接成片；而山区村落，规模较小，多单村落散居。同时，地形的起伏与水源的关系影响着村落的空间形态：开阔平缓基地上的村落受限较少，均衡发展，呈团状或片状；丘陵地区村落择山头间的平坦谷底，团簇状散点布局；高山村落优先选择等高线不太密集的区域顺势布局，水平走势明显；沿河发展的村落则线性特征显著。

侗族分布范围小，但在聚居区内属强势民族，村落环境较苗、瑶等其他少数民族优越，故以平坝型和山麓型村落为主，形态与规模相似。聚族而居使其单个村落规模较大，并常由多个宗族村落围绕核心公共空间形成更大规模的村落群。平坝型侗寨资源充足，利于扩展，易于形成向心围合的村落空间，山麓型侗寨受地势限制，向心性稍有减弱，但依山势纵向发展，空间层次更丰富。

桂西北的苗、瑶村落深居高山山区，地形特征比较复杂，村落规模小，道路不完整且不规则，布局自由，村落的分布也比较稀疏。毛南族与仫佬族村落在分布上更靠近桂中平原与浅丘地区，地形对村落的限制较少，但仍然遵循了背山面水的选址规律，于山脚缓坡建造村落，尽量留出开阔平坦的土地以供耕作，于是村落多沿山形水势呈带状形态，其建筑形式亦逐步从干阑向天井地居发展。

2. 民族性——宗族制度、历史环境与文化传播序位

在相似的地域环境下，不同民族鲜明的民族特征，则成为村落公共空间多样性的决定因素。

（1）宗族制度的差异对公共空间组织结构的影响

百越诸族的村落采用小家庭聚居的模式，以两代以内的核心家庭为主要构成单位，同姓的宗族或家族即可组成一个基本村落单元，在模式与尺度上与封建礼制规范下的汉族大家族村落有所不同。

侗族村落由从家庭到家族、房族再至村寨的多层级的"团寨"社会结构组成。最小家庭单位称为"垛"，"补拉"通常为三代以内的家族组织，即由同一祖父所生儿子的各个家庭组成，血统极其靠近。房族或宗族为"斗"，与"补拉"在所涵盖的辈分上有所不同，常为五代以上，但同为以父系血缘为纽带的宗族组织。"斗"内的家庭以鼓楼为中心建造各自的房屋形成居住组团，其公共活动亦多在"斗"内的鼓楼、鼓楼坪进行。"补拉"和"斗"均具有适度的开发性，在特殊情况下，考虑到安全与生活便利，也可接受有亲密地缘关系，但并非同一房族、家族甚至是外姓居民的加入。房族、家族一般都拥有田地、林木、鼓楼等公产，并设"宁老"，即族长。若干"斗"居住组团围绕着中心鼓楼，聚斗而居，则构成村寨，拥有集体公有、共同维护经营的墓地、树林、公田、中心鼓楼等[①]。可见，在侗族村落中，鼓楼影响着村落空

---

① 熊伟，赵冶，谢小英. 壮、侗传统干阑民居比较研究［J］. 华中建筑，2012，30（4）：152–155.

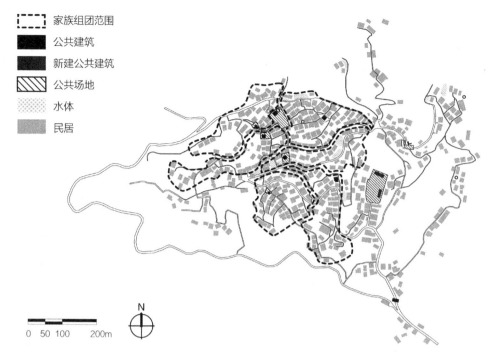

图4-29　三江高定寨组团布局与簇团结构（来源：作者自绘）

间形态的组织而成为物质形态上的中心，同时，作为各层级宗族、社会组织集聚、商议、休闲娱乐和社会交往的场所形成民族认同的精神核心。

侗族有"分家不分房"的习俗。几个小家庭拥有各自的火塘间、卧室，其表示"分家"，但仍同居于同一座干阑住居中，宽廊是整个大家庭的公共空间，并连接起各小家庭的生活空间，近似于"长屋"的形式。随着家庭人口的增长，住宅在长度与高度上不断扩展，直至无法继续扩建，才会增盖新房，但仍与父房紧密相连，这也是侗族干阑尺度较大，空间形式复杂多样的原因。

三江高定寨是侗族宗族性村落的典型范例（图4-29），其中的五个姓氏家族分成了六个"斗"，居住组团以各自姓氏或分支的鼓楼为中心形成，六个组团分列于山谷两侧，中心鼓楼和戏台靠近北侧坡地的中心，为全村各姓氏共建分享，是整个村落的公共核心，以此为基础进一步形成多核心多层级的簇团状的村落整体结构（图4-31）。

壮族传统村落中公共建筑数量较少、形制朴实，不似侗族鼓楼、风雨桥般高大精巧。但因其分布范围广，族群众多，各地村落空间营建多因地制宜、就地选材，形式多样，公共建筑亦难以统一形制。同时，壮族务实的民族性格反映到建造过程中，表现为从经济实用出发，公共建筑简单、质朴，重内涵轻形式。此外，壮族长期、大面积处于汉族社会统治的中心地带，使本民族特色不同程度上被同化、消解，难以完整流传，导致了公共建筑不发达、影响力亦较弱[1]。壮族干阑住宅的排列，同样受到血缘关系的影响。大多数家庭在儿子结婚后即分家立

---

① 赵冶. 广西壮族传统聚落及民居研究［D］. 广州：华南理工大学，2012.

户，但新建的住宅依然相互靠近，同一家族住宅基本连成一区，以便彼此关照。

其他少数民族村落同样以"寨老"制度来组织社会结构。苗族村落的空间布局亦以宗族组群为主，村落不论大小，均少与异族杂居，并且一个村落中多为同姓宗族。山地瑶通常由数十户有血缘关系的家庭组成小规模的村寨，少与其他民族或宗族杂居。仫佬族也是同姓聚族而居，自成村落。可见，广西各少数民族传统村落均具有强烈的以血缘为核心的组织关系，但在具体的空间营建过程中，选择了不同方式、通过不同程度的转译，形成了多样的村落空间组织结构与形态表征。

（2）历史环境与文化传播序位对公共空间整体形态与界面特征的影响

如前所述，广西地区在旧石器时代，已有原始人类活动，繁衍生息。先秦时期，形成岭南百越族群中的"骆越"与"西瓯"，是为壮族、侗族的祖先。秦瓯战争之后，秦始皇统一岭南，汉、苗、瑶、回等外来移民在不同的历史时期大量迁入。其中，汉族人口众多，经济、文化领先，处于统治地位，控制了大部分的城镇与土地肥沃的平原地区。土著民族或与其杂居共处，文化融合，或往桂西、桂北迁徙。稻作文化对于水的执着追求，加上相对众多的人口优势，使得壮族居民仍然占据了部分河谷、盆地等水源丰富的地区。其他的少数民族势单力薄，被迫迁往桂西北高山地区。侗族的祖先原居住在梧州、浔江一带，后向西北迁徙至桂、赣、湘三省交界，人少势弱，分布区域集中且封闭，但毕竟属于土著民族，故占据了相对优渥的山脚地带。苗族、瑶族自外省迁入，长期受到统治阶级压迫，只能不断深入地广人稀的山区腹地，游耕散居。因此，形成了俗语所描绘的"汉族、壮族住平地，侗族住山脚，苗族住山腰，瑶族住山顶"的各民族宏观分布图景，这是长期民族争斗的结果，也是各民族经济生产方式的自然选择。

历史环境与民族关系的变迁不仅影响着各少数民族传统村落的分布与选址，也影响其村落公共空间的组织方式与形态特征。

受汉文化影响最早、最为深刻的壮族传统村落的公共空间形态与结构因汉化程度的不同而异。桂东、桂北的在唐宋时期已成为汉族的密集聚居区，壮族多与汉族杂居，经济文化生活方式受到汉族强烈影响而逐步趋同，因此该地区的壮族村落与民居均采用了汉化形式，布局相对规整，天井地居朝向统一，界面平整、开窗少，山墙高低错落，连续性强，巷道与广场的封闭与围合感亦较强。桂中以平原河谷地形为主，交通相对便利，耕地亦充裕，属于百越文化与汉文化交融的地区，这种文化的交叉直接地反映在村落与民居的形式上，天井地居与干阑式民居兼有，还发展出了砖木、夯土结构的次生干阑，路网整饬，巷道格局逐渐成型，整齐、连续且具秩序感。桂西南、桂西北偏远闭塞，地势险峻，发展滞后，在时间上亦较晚接触到汉文化，与中央封建王朝的矛盾时有恶化，起义不断。该地区的壮族对本民族传统文化主体意识较强，尤其是桂西大石山区，干阑形式传统而原始，村落建筑依据家族关系布局，公共空间简单实用。同时，对汉文化也表现出开放、包容的态度，善于吸收、融化与再创造，将汉族的礼制观念巧妙融入到民族建筑中，例如"一明两暗"的建筑格局，社庙、祖屋等公共建筑形式，并不断与其他少数民族交流学习，木建筑工艺日渐成熟，从而较好地传承和发展了传统村落与建筑形式，龙胜、西林的壮族村落是典型代表。在桂西，还有少部分汉人长期与越人杂居，而融入越人中。该地区传统村落及民居较少受到汉文化的影响，还保持着最为原始的面貌，多为单一宗族的血缘型村落，小而分散，以那坡地区的村寨最为典型。

侗族经历了战乱的迁徙、与其他民族杂居以及洪荒山地的开发，直至宋代乃成为独立的民族。此后，中央王朝对侗族聚居区的开发力度自北而南逐渐加强，由羁縻州制、土司制度到土流并治、改土归流，一步步将侗族置于直接统治之内。然而侗族聚居区内社会、经济、文化的发展极不均衡，存在着北南、城乡之间的巨大差异。广西侗族所属的南侗支系为明清苗疆所在，直至乾隆元年，该地区方完成改土归流，纳入王化。但此地居民和汉官之间仍充满矛盾，拒绝接受汉人统治，汉化过程十分缓慢。再加上侗族社会"款"组织制度对内自行维护正常秩序，对外抵制外来冲击的作用机制，使得侗族在发展的过程中对自身文化的保留和传承较好，保存了本民族的特色。

由于汉族统治者的不断压迫，以及传统的刀耕火种生产方式，苗、瑶村落只能不断迁徙，于深山之中艰难发展，或是主动顺应与吸收强势文化，而呈现"近壮则壮、近侗则侗、近汉则汉"的文化与村落空间形态。同时也为了抵御外族的侵略，村落的封闭性、防御意识均较强[1]。

3. 地域性与民族性的互动关联

综上所述，在同一地域条件下，海拔、气温、降水、雨雪、植被、土壤等地域性因素差异小，地形、区位、交通条件对于村落的形成相对重要，直接影响着公共空间的形态。民族性变化则复杂多样，其中人口构成、信仰、文化多样性、文化传播序位，是关键性的影响因素，具体表现在影响村落中公共空间的形成、空间结构与组织形式及公共建筑的分布、类型与界面特征等方面。

强势民族占据优势地形，聚居形成大、中型村落，反之，弱势民族则形成小型村落，村落形态、公共空间、生活方式趋同于强势民族。不同民族具有不同的信仰，造成了庙宇神明、公共建筑的类型与形态的差异。可见，地域条件相当时，村落公共空间形态的多样性、差异性更多是受到民族势力强弱、各民族信仰、风俗习惯、生活方式等的影响。

4.3　少数民族传统村落与汉族村落公共空间形态

在广西少数民族发展的历史进程中，与汉族的交流从未间断。汉族文化在生产技术、经济结构、生活方式以及意识形态上均较为领先，因此少数民族亦乐于学习、吸纳。民族的聚居不可避免地造成文化的冲突、交流与融合。在互通有无的文化交流过程中，强势的汉文化持续不断地向较为弱势的少数民族文化渗透，并进一步辐射至周边的民族与地域[2]。从本章第一节不同地域下壮族传统村落的公共空间比较中，已可以清晰看到壮族村落在较为强势的汉族社会、经济、生活、文化传播的影响下而表现出的地域性分异。

---

① 韦浥春，汤朝晖. 桂西北壮族、侗族传统聚落形态比较研究［J］. 小城镇建设，2015（12）：92–98.
② 谭蔚. 地域性特征的形成与演替［D］. 昆明：昆明理工大学，2004.

4.3.1　少数民族的"汉化"

1. 汉文化与壮族传统村落公共空间

汉文化在广西地区的作用范围与影响强度总体上呈现由东向西的渐变渗透。

汉族移民主要来自中原和广东地区，其迁入的通道亦集中于广西的东、北部，因此桂东地区首当其冲成为汉族的密集聚居与开发的地区。其中留存的少数民族传统村落亦多被"汉化"，村落的规划布局、民居的形制均向汉式风格趋同。在封建礼教与宗族制度的潜移默化中，祠堂也成为当地少数民族村落的物质与精神核心。由于汉文化的强势作用和其生产生活方式的优越性，少数民族乐于接受并广泛地吸收、采纳汉化的生活方式与风俗习惯，因而作为生活空间的传统村落，亦与同一地域、相互靠近汉族村落相似。

例如，在来宾市武宣县东乡的客家聚居区中，壮族的传统村落同样选择了横堂屋的建筑形制，并于其对称的中轴上依礼制秩序、严整地布置了半月形池塘、禾坪、凹门廊、厅堂、祖堂、两翼的天井、横屋等重要的公共空间，与附近客家村落无异（图4-30d）。

位于瑶族聚居区内的壮族村落——金秀龙腾屯，其格局却采用了广府村落的布局方式。在规划建造过程中，宗法制度、礼制秩序和风水传统均通过建筑空间营造进行转译与表达。左祖（文昌庙）右社（五谷庙）、梁氏宗祠与其宗祠广场的核心地位显著，并以此为中心，向心、对称地组织村落空间。但整体而言，其舒朗的布局、相对松弛的形态，却不似粤中地区梳式布局般严整规矩，多了几分灵动、有机，体现出地域、文化融合的特点（图4-30e）。

桂北是广府与湘赣两种建筑文化交融的地区，阳朔朗梓村和龙潭村就同时具有这两种村落的特点，以湘赣风格的马头墙形成高低错落的空间界面，平面布局上又结合了广府村落的规

a）桂西北　　　　　　　　　b）桂西南　　　　　　　　　c）桂中

d）客家风格　　　　　　　　e）广府风格　　　　　　　　f）湘赣风格

图4-30　汉文化影响下的壮族传统村落空间形态（来源：图b来自：http://www.ctps.cn/photonet/bbs/upload/img/200592964148834.jpg；其他均为作者自摄）

a）上金旧街   b）扶绥渠旧   c）靖西旧州

图4-31   典型商业聚落（来源：a）Google Earth；b）扶绥县住建局提供；c）作者自摄）

整与壮族村落的灵活[①]（图4-30f）。

此外，在封建社会，广西经济开发的高峰期约在明、清珠三角经济崛起之际，广府商人不断向外迁徙扩张，沿西江、红水河逆流而上，甚至渗透到桂西山区，促进了广西沿江商业型聚落的发展。靖西旧州、龙州上金、扶绥渠旧均是此类少数民族商业集镇的代表，聚落以沿江或垂直于河流的线性结构为主，前店后坊或一明两暗带天井的商业型街屋沿主街或带状广场排布（图4-31）。

桂中处于壮族文化与汉族文化广泛交叉、碰撞的区域，又是大石山区与丘陵平原地形交接地带，村落公共空间呈现出复杂交错的多样化格局。由于林木日益稀少，大石山区的干阑建筑日渐衰落，新建住居跳跃式地采用了砖混结构，对传统的保存与继承较少，村落的空间格局与桂西类似，公共建筑不发达，结构简单，但由于砖混建筑的错杂出现，公共空间的整体界面略显杂乱。河谷地区由于场地限制较少，建筑布局比较稀松，街巷特征逐步凸显，公共空间整体形态相对清晰、规整。在汉族建造技术的影响下，发展出以山墙为承重主体的悬山结构建筑，山面采用夯土、泥砖、砖石等本地材料，建筑体量高大，外观较为封闭（图4-30c）。总体而言，桂中村落与建筑的空间形式在一定程度上仍然继承了干阑村落的传统特征，但受到不同程度汉文化的作用，呈现出从原始干阑村落到次生的夯土、砖石干阑村落再到汉化村落的渐进式的发展历程[①]。

桂西北、桂西、桂西南地区由于地处偏远，高山险阻，交通闭塞，较晚受到汉文化的影响，均为村落传统风貌保持较好的地区，但因为自然资源、文化传播、经济往来的条件不同而表现出不同的特征。

桂西北地区虽丛山延绵，所幸林木茂盛，集结了主要水系的源头，环境的承载力相对较高，人口密度较高，村落的规模也较大。同时，与相邻而居的其他少数民族的交流与学习，例如与建造技艺高超的侗族学习工艺，这无疑对壮族村落营建的选型、选材、用料以及工艺起到了积极影响，因此，作为高水平的干阑村落之代表，该地区的传统村落具备了类型多样、层次丰富、造型精美的公共空间（图4-30a）。

而在较为偏远、贫困的桂西及桂西南地区，受汉族文化、经济辐射很少，社会、经济面

① 赵冶，熊伟，谢小英. 广西壮族人居建筑文化分区［J］. 华中建筑，2012（5）：146-152.

貌与生活方式均较为原始，其公共空间无论在种类、形制、尺度、数量、质量、技术、选材、工艺等方面都无法与桂西北地区相媲美（图4-30b）。

这种既有完全汉化、也有交融碰撞，还有少数民族文化占主导地位的多层级、多元化的文化传播与发展境况，不只存在于壮族中，在其他少数民族中都有不同程度的呈现。

2. 汉文化与侗族传统村落公共空间

侗族聚居的桂西北地区，由于交通不便、地处偏僻，远离汉文化中心，加之根深蒂固的组织约束，文化发展主要来自本位文化的哺育，受汉文化的影响相对较小。"鼓楼"正是受到汉文化影响而命名的。侗族大歌、侗族村落中常见的戏台、飞山宫等空间元素也是在汉文化影响下，吸取了部分汉文化的特征与精髓而得以发展，一些村落中甚至还建有祠堂。三江侗族自治县良口乡和里村的三王宫是一座因汉族与侗族建筑艺术巧妙融合而闻名于世的砖木结构建筑群，其整体布局形似汉族的宫廷式院落格局，设有中堂、长廊和神宫等汉化建筑元素，戏台、两边回廊等又是侗族传统的穿斗木构造干阑式建筑（图4-32）。明末清初，榕江河畔的侗族村落葛亮村，因其优越的地理位置和丰富物产，吸引了大批的闽粤商人到此从事木材贸易，逐渐发展为繁华的商业码头。为祈求神灵庇护，促进商业发展，商人们耗费巨资从广东沿海地区请来建筑工匠，依妈祖庙之形式在葛亮村兴建天后宫、关帝庙、孔明庙。随着商业的发展，封建礼教与文化在这一地区逐渐被侗族人民所接受、吸纳并辐射传播出去（图4-33）。

图4-32　人和桥（左）与三王宫（右）（来源：作者自摄）

图4-33　葛亮村闽粤会馆、天王宫、诸葛亭与侗族民居（来源：作者自摄）

3. 汉文化与苗族、瑶族传统村落公共空间

广西的苗族聚居区与侗族部分重叠，分布于桂西北的高山中，作为人口不多的外来民族，主要受到侗族、壮族的影响，而受到汉文化影响不强烈。

瑶族村落的分布则相对广泛，桂西北、桂中的高海拔山区，桂北平原均有分布。桂西北桂中山区的瑶族村落仍以传统干阑式村落为主，而平原地区则较多受到汉文化影响，发展为平地瑶，其生产、生活方式与风俗几乎与汉族无异。

桂北地区瑶族原籍多为湖南南部和广东地区。这一地区最初为广府式村落、干阑式村落以及湘赣式村落混杂的格局。明代以后，受汉文化由北至南的剧烈影响，湘赣式建筑大量兴起，而转变为以湘赣式村落为主。富川瑶族自治县秀水村、福溪村、虎马岭村均为此类村落之代表，是瑶、汉文化交融的典型案例。

桂北虽然多丘陵石山，但村落多选址在山脚，地势相对平坦。对水体的利用同样有独特的生态理念，常把山体截流或水渠水体引入，穿越村落，便于使用，村落几乎都是环水而居，街巷亦均设有排水沟。

瑶族的原始聚居形态多由单一的宗族关系（屋族）发展起来，血缘关系密切。房屋之间大多紧密相连，由于各个村发展条件的不同使得村落呈现出带状、散列状等布局，随着用地规模和人口的增长，村落形态越来越多地演化为团块状。村落布局规整，整齐的街巷式布局将村落平均划分为几个生活区域。随着经济的不断发展，村落向四周扩散，逐渐演变为内部紧凑有序，外部灵活随意扩张的状态。

平地瑶传统村落的公共空间包括畜牧用房、寺庙、宗祠、晒谷场、烤烟房、堆肥房、晒谷场、炮楼等。寺庙、祠堂、戏台、炮楼，均为汉式风格。村中一般还会有风水树。古树和宗祠多设立在村落的几何中心或村口。宗祠为湘赣式，相比同时期的居住建筑，其建筑体量更为低矮，以一层为主。在对比之下，碉楼成为村落整体的制高点。碉楼是为了抵抗土匪，维护村落利益，于村落中心建立的，其体量高耸，门厚窗少，易守难攻，形成村落的防御性核心，碉楼也曾是当代除祠堂外，宗族凝聚力最强的表现，有时甚至充当着祠堂的功能。天井地居、马头墙的湘赣建筑群，布局紧凑，形体构成多样，与瑶族村落的宗族性特征呼应的同时，形成了层次丰富、高低起伏的界面形态（图4-34）。

碉楼　　　　　　　　　　　　　祠堂　　　　　　　　　　　　　山墙（马头墙）

图4-34　瑶族村落典型宗族性公共空间（来源：作者自摄）

4.3.2 汉族的"少数民族化"

与百越传统村落的汉化演变历程相对应，"少数民族化"同样在汉族中存在。

明清之前，迁入广西的汉族人口，规模较小，分散、不集中，相当一部分被完全"少数民族化"。宋朝时，许多祖籍为山东、江西的汉人，被完全"壮化"，融入了在百色等地的壮族村落。三江古宜镇一带的"六甲人"，则是由福建迁徙而来的，其村落形态呈显著的"侗化"。百色田林浪平乡有一些自称"高山汉族"的族群与村落，据考证大多在明代因战争自湖南迁入，其村落依山就势，灵活布局，公共空间简单朴素，民居建筑亦以干阑式为主，也有平基木瓦的住居。由于生活在土著民族大量、大规模聚居的地区，加之交通闭塞，散居的汉人一方面渐渐与汉族主流群体隔绝，产生了文化脱节，另一方面受当地的少数民族的影响而同化。随着时间的推移，这部分汉族人慢慢地形成了生活、文化风格独特的"高山汉族"族群。与其他汉族族群相比，"高山汉"的服饰文化和生活习俗，更顽强地固守着汉族古老的传统[①]。可见在少数民族文化强势的区域，人口数量较少的汉族在某些文化层面与形式上也可能被"少数民族化"。乐业县龙坪屯是典型的"少数民族化"汉族村落。

龙坪屯高山汉族村落，四周为高山环绕，村落平面布局自由，与山势互动并融为一体。道路为树枝状，一条主要道路将龙坪屯的几个居住小组团有机地联系在一起。宅间道路十分狭小，宽度不过2米，窄的仅有0.8米，石制台阶，步步升高。村落内除了古树、土地庙和近年新建的小学，并没有其他的公共建筑或公共绿地。

村落中的建筑多为石台基木结构，平面依据风水而划分为中堂居中的"三间两厦"格局。少数民族最重要的室内公共空间——火塘被改造为悬挂起来的"火铺"。传说汉族祖先来到当地，跟土著头人讲好只是暂时寄居，而非永久居住。故"三脚不落地"，要悬吊起来，从而创造出了火铺的形式。在火铺上架三脚，在三脚上架锅煮饭，避免了三脚直接支在地面上，以视对本地人的尊重。而且在日常生活当中，高山汉也只能由侧门出入，不能经常从正门通行。每幢建筑的门楣上都有"耕读门第"的对联横额，门窗雕刻着精致的花纹和"福"、"吉祥永驻"的字体（图4-35）。

此外，许多汉族村落在保持着传统风格的同时，呈现出因地制宜的多样性特征。例如桂东南的广府式村落，从村落布局来看，水体、宗祠等核心公共空间的分布与规制以及村落的风水意向仍具广府特色，但街巷却不似粤中地区村落般那样严整齐矩的梳式布局，例如玉林高山村、金秀龙腾屯。同时，建筑体量亦较广府核心区高大，不仅有传统的"三间两廊"的住居单元，更多的是规模较大的宅院及其构成的村落，如灵山的大芦村、苏村和玉林的庞村。其原因一方面是远离广府文化核心区而导致了文化的变异，另一方面则得益于广西多变的地形地貌以及桂东地区土地肥沃、自然资源丰沛。村落拥有更大面积的土地，建筑单体的规模便较大，再顺应轻微起伏的地形，最终呈现出相对松弛的布局形态。

整体来说，广西少数民族的"汉化"传统村落，主要分布在桂东南交通便利、与汉族交流交往频繁密切的地域。由于自身自然地理条件、环境气候因素、根深蒂固的百越土著民族传统、生活习俗等要素的影响，汉化的少数民族村落并没有生搬硬套汉族文化与模式，而是各显千秋，甚至在一些地区的汉族村落出现了"少数民族化"的特例，也反映出在文化交流、传播变迁的过程中因地域环境的作用而产生的分异。各地域、各民族族群与村落根据自身的发展需要，借鉴各族传统村落营建与生产生活方式，创造出具有本民族特色，又采众家之长的村落公共空间形式与公共文化。

---

① 黄家信. 族群岛：浪平高山汉族的形成［J］. 百色学院学报，1999（2）：19-23.

a）龙坪屯卫星地图

b）龙坪民居

c）石台基

d）门窗雕花刻字

图4-35　乐业龙坪"高山汉"村落风貌（来源：a）Google Earth；b）、c）、d）作者自摄）

4.4　广西少数民族传统村落公共空间特征与内涵

整体而言，广西少数民族传统村落公共空间形态的特征反映出三方面的内涵：其一，相似的地域条件形成了不同民族对待自然环境的一致态度，造就了相似的生态观、风水观念、信仰崇拜与生产生活方式，并通过公共空间的营建反映出来，即各民族的公共空间存在着相似的"自然而为，纯朴务实"之共性；其二，不同的民族或不同地区的村落，在公共生活与空间的组织、构建的具体方式上存在着差异性，并且表达出特定的地域与民族特色，即"多元个性，和而不同"的个性；其三，广西少数民族传统村落公共空间经历了自然孕育、调适、理性选择和融汇创新等发展阶段，同时在不同的历史时期，经历了多种文化相互交融、碰撞，其中既包括各少数民族之间在村落与公共空间形态营造上的借鉴和学习，也有在面对强势的汉文化与汉族村落公共空间形态时，从回避、退让，到正视、关注与学习、融合；甚至有少量的汉族迁入少数民族聚居区后在新环境下对自身的汉式村落公共空间进行适应性调整的现象，最终实现了与文化融合的过程与方式相呼应的传统村落公共生活方式与公共空间形态"多元并存、包容汇聚"的格局,是为广西少数民族传统村落公共空间的特性。

4.4.1 共性:自然而为,纯朴务实

广西少数民族传统村落公共空间的共性首先表现在自然环境影响下的地域性特征与纯朴务实的民族性特征之上。

尊重自然、融于自然。如前所述,自然环境是村落起源与发展的基础条件,少数民族长期生活于广西"八山一水一分田"的地形地貌与温润潮湿的气候中,因而极其敬畏自然,尊重环境,山水意识强烈。无论在村落选址,还是公共空间形态与布局中,都将自然环境作为重要的组成元素。甚至其公共空间的形态与结构均是以自然环境要素作为空间组织的核心,公共活动的发生也具有融入自然的开放性与外向性。例如,歌舞、集会活动都会在田间、草地、坡地上举行。无论是广场、晒坪,还是祠堂、庙宇等公共空间中,都会刻意的保留或者栽种树木,并以之为信仰的寄托与村落精神的核心。同时,传统公共生活的内容与形式,亦多以自然要素为对象或主题,如自然崇拜、与动植物相关的节庆祭祀、歌舞书画中的山水情怀。可以说,自然环境是村落公共空间的宏观组成部分,也是其"因地制宜"构建特征的基础,还是村落公共生活的文化性格。

适应并改造环境。少数民族传统村落在空间营造上坚持因地制宜、顺势而为。村落由体量相近的住居建筑组成,在平原地区较为规整地疏朗布局,在高山丘陵则因地制宜,层叠起伏,整齐划一;无论是层层叠叠、韵律十足的整体界面,抑或是高低错落,相得益彰的天际轮廓,都勾勒出适应自然、与自然和谐的空间形态。在公共空间营造的过程中,通过挖方、填土等方式规整出尺度适宜的平坦场地,兼顾生产与公共生活的需求,同时巧妙利用台地或挡土、边坡,烘托公共空间的氛围。在地形陡峭、耕地稀缺的高山地区,少数民族发挥创造性,因地制宜地创生出一种崭新的农耕文化——梯田稻作文化,把不利的地形条件转变为有利因素,甚至在大石山区亦有作用,显示出少数民族认识自然、尊重自然并改造与利用自然的伟大力量。梯田文化同时孕育出了丰富的节庆主题、公共活动类型与内容,也成为广西少数民族独特的文化沉淀与地域风貌。在探索、改造与利用自然的过程中,孕育与衍生出相应的风俗习惯、宗族规定,乃至信仰崇拜。与此同时,信仰崇拜、节庆风俗等民族性的要素,又通过日常公共生活反作用于人们改造环境的活动与方式,从而形成了各地区、各民族村落公共空间的多样性。

其三,用材本土化,经济实用。考虑到经济技术和交通运输的具体条件,就地取材往往是性价比最高的建造方式,因而也成为建造的基本传统。相较之下,本土化的建材也更易于承受当地气候的考验。少数民族的公共建筑多简单质朴,为了满足最基本的生产生活、社交活动而建立。历史上,广西湿热、严酷的气候环境以及粗糙、拙朴的建筑技艺决定着公共空间的营造重点并不在于其体量之宏大或形式之精美,而更关注于在选址、空间形态布局、公共建筑构造等方面如何适应自然环境的特点,营造适合生活的公共空间。例如,为防风而围绕村落密植林木;开挖堰塘利于排水、通风,又可蓄水、养鱼、防火;通过屏风墙、木骨泥墙、夯土,合理利用当地建材隔热保暖,并通过最简单直接的建造技术实现不同自然环境下空间营建的适应

性需求。虽然少数民族传统村落公共空间形态在整体上表现出原始、简单、务实的特点，但正是这种"质朴"的表达方式亦深刻地诠释了广西少数民族传统村落公共空间形态与结构的自然生态性。

其四，聚族而居。与自然生态观同样质朴的，是少数民族以血缘为纽带的宗族观念与聚居形态，是为民族性的表现。众所周知，人类的聚居模式始终与社会组织和社会生活紧密联系着，血缘关系构成了人类最原初的群体性聚集。在少数民族地区，"聚族而居"共同生活的组群方式是村落公共空间构成的基本原则[①]。无论兄弟房屋联排而建，家族自成组团，形成小尺度围合的公共空间；还是围绕宗族核心地标布局住屋与其他公共空间，均体现出村落内部互帮互助、团结融洽的公共生活氛围。可见，聚族而居是广西少数民族传统村落在社会结构层面的共性。以家族、宗族血缘为纽带构成基本聚落单元，再以聚居地与土地决定的地缘关系为网络相互连接，将散布在高山、丘陵、平原、河谷间的各少数民族传统村落编织、整合起来[②]。此外，独具民族特色的信仰崇拜、节庆风俗等文化性格与生活方式同样深刻地影响着公共精神的形成与公共生活的开展，并通过公共空间的形式反映出来，使得公共空间具有了与社会发展相关的文化属性。

其五，自组织的结构特性。聚族而居决定了广西少数民族传统村落是亲密的社群聚落。熟人社会的封闭、单一、均质化特点使得人们的生活较少受到外界的干扰。同时，传统村落又是一个典型的农业社会，人们依据自然生活的经验与生产生活需求，来建构公共空间，因而公共空间的形式遵循着在公共生活方式的影响作用下，自生长、自组织、自构建的基本规律与结构特性，缺乏严格、完整的规划、设计思想。

传统乡村公共空间的自组织机制，还体现在空间形式与使用功能的高度统一上，它应村民具体的使用需求而产生，在聚集、聊天、互相帮助等互动过程中形成交往活动、促进感情沟通、增强交流，从而逐渐固化、稳定，形成社会交往的公共空间[③]，日常生活方式影响着公共空间的形成和使用，而公共空间的发展、变化，又反过来促进了公共生活方式的更新与转变。

不同少数民族，拥有不同的民族文化，在不同区域聚居，呈现出不同的村落公共空间形态，但在村落公共空间形态与结构所表征的生态观与营造思想上，其基本内容是相同的，即表现为共同的适应自然环境、因地制宜、聚族而居与质朴务实。

4.4.2 个性：多元个性，和而不同

各少数民族在广西共同的聚居环境中以及各自文化、经济、社会、思想观等的影响下，坚守着本民族独特的文化传统，亦在基本思想和大众审美上趋于一致，因此，在村落公共空间形态上表现出了"多元个性"[④]。在具体的自然环境与社会人文因素影响下，形成丰富多样的村落公共空间形态，同一民族在不同的地域环境中适应性地营造出不同的村落公共空间形

① 管彦波. 论中国民族聚落的分类 [J]. 思想战线，2001，27（2）.
② 赵冶. 广西壮族传统聚落及民居研究 [D]. 广州：华南理工大学，2012.
③ 王东，王勇，李广斌. 功能与形式视角下的乡村公共空间演变及其特征研究 [J]. 国际城市规划，2013，28（2）.
④ 杨定海. 海南岛传统聚落与建筑空间形态研究 [D]. 广州：华南理工大学，2013.

态，即使在同一地域环境下，不同的民族也呈现出不同的村落公共空间形态。这些具体内容已在上几章中有详细分析。在此仅简要归纳一下广西各少数民族传统村落公共空间形态的主要特征。

壮族村落分布最为广泛，地形地貌上包括了高山、丘陵、平原等地带，文化圈层上跨越了少数民族文化本位的聚居区，少数民族与汉族文化渗透、碰撞的渗透区以及汉族文化强势的汉化区，因此村落公共生活方式与公共空间的形态尤为多样，其类型与形式亦反映出汉文化的影响程度。其主要特征是：具有内向的社交方式，因此公共活动多于室内公共空间——堂屋、火塘间进行，且具有简朴务实、重内涵轻形式的民族性格，民族文化、宗族观念主要通过集体祭祀与民俗节庆等非物质的公共活动的形式流传下来，较少体现在公共空间和聚落形态上，因此户外公共建筑类型较少，形式简单，对村落整体公共空间结构影响不大，户外公共活动发生于融入自然、形态自由的田间地头、村口树下，公共建筑诸如土地庙、凉亭等多设置在聚落边缘与水头处，既能标识出聚落的边界也方便劳作后休息之用，其世俗生活用途远远强于宗教信仰的意义。公共空间组织自由、有机，没有明确的村落中心与空间等级秩序，而体现出一种匀质的、适应自然的随意性。

侗族聚居于山地丘陵地区，聚族而居，常由紧密毗邻的同一宗族不同分支的组团形成规模较大的簇团状村落，或由距离较近的多个宗族村寨，顺应山形水势形成规模浩大的村落群。侗族的社交方式具有外向型特征，公共活动多于集体的公共空间中进行，从而形成了向心性明显的整体空间形态，且对公共空间的营造产生深刻影响。鼓楼、鼓楼坪及戏台组成的中心区不仅仅是村落形态的核心，更是公共活动的凝聚节点，道路系统亦由核心区呈放射状向外辐射。在广西少数民族中，侗族的建造技艺最为高超，因此公共建筑与空间形式最丰富多样，高达数丈的鼓楼，横跨河流的风雨桥，造型精美的戏台、井亭等，这种成熟的建筑技术也影响了相邻而居的其他少数民族。

苗族正是受到了侗族影响强烈的少数民族之一，靠近或深处侗族聚居区中的苗族村落借鉴了侗族的鼓楼、鼓楼坪而建造了铜鼓坪和形式相对简朴的鼓楼、风雨桥，但在其他一些自然环境条件相对恶劣的地区，村落公共空间形态则与周边壮族村落相近：规模较小，以依山就势的灵活松散布局为主，没有形成明确、固定的向心性公共空间结构。此外，村落中的古树常常成为村民精神的寄托，公共活动在树下自发地形成与开展。由于人口数量较少，文化处于弱势，自然环境恶劣，苗族传统村落公共空间呈现出"近侗则侗，近壮则壮"的趋同、兼容的形态。

广西境内的瑶族分布相对分散，支系也很多，主要有山地瑶与平地瑶两大类型。因此其村落公共空间形态差异也非常大。由于文化相对弱势，深居高山，资源稀缺，山地瑶村落通常规模很小，空间分散，甚至没有形成完整的道路系统，公共空间及其匮乏，神树、盘王庙和土地庙成为其精神寄托与祭祀活动的场所。平地瑶受汉文化影响剧烈，村落形态规整，公共空间学习与借鉴了汉族的祠堂、门楼等，并出于村落防御性的考虑建有碉楼，村落整体界面特征亦与汉族无异。

此外，毛南族、仫佬族、水族和壮族、侗族同为土著民族，有相同的民族渊源与近似的发展历程，其公共活动与空间形态延续了百越族群的传统内涵，又因人口较少，且受到周边其他较强势民族文化的影响，而呈现出"近壮则壮、近侗则侗、近汉则汉"的特征。

综上所述，传统村落的公共空间是百姓使用村落、交流互动的主要场所，空间的形态和使用状况也是体现村落地域性与民族性的重要方面。村落公共空间的形式是多样的，如街巷、广场、庙宇等，其尺度、规模、形态与最终组成的整体结构都是建立在特定的地域条件之下，其中充满着丰富的民族智慧，地域性与民族性协同互动，形成了村落公共空间形态的多样性。每个村落总有着自己的独特空间表达方式，都是当地人民在特定的民族文化背景下，长期与周边环境协调适应、相互作用与改造的结果。

4.4.3 特性：多源并存，文化交融

如果说，"自然而为，纯朴务实"的共性与"多元个性，和而不同"的个性勾勒出了广西少数民族传统村落公共空间形态与结构的基本特征，这种特征在其他地域的传统村落中或多或少亦有类似表现；那么，作为少数民族人口最多、民族文化冲突与融合现象最为纷繁复杂的地区，"多源并存，文化交融"则必然成为广西少数民族传统村落公共空间形态与结构最为独特、显著的特性。

任何地区、任何民族的村落都不是一成不变的，变迁和演化贯穿着村落空间营造与发展的整个过程。村落也不是孤立发展的，在不同时期都存在本土文化的扩张与外来文化的渗透，文化的交融对村落公共空间产生着深远的影响。广西民族文化发展历程中，最显著的特征是民族构成及文化传播的复杂多元化。土著民族与外来移民，百越文化与汉文化在不同的时间生发、迁入、逐渐聚集，在广西独特的地理环境中长期持续地共存、相互作用，形了成多文化并存的生态格局，即民族性的"多源"与"多元"特征。

民族文化冲突与融合过程所孕育了广西多元并存的民族文化生态，通过对村落分布与选址的影响，塑造了"桂西百越土著，桂东汉族移民"、"高山瑶、半山苗，汉人住平地，壮侗住山槽"的多民族杂居共处的聚居格局。历史环境与文化传播序位则进一步影响了村落公共空间的形态，其中汉文化的影响最为广泛而深刻。由于汉族在政治、经济、文化上的强大优势，其文化同化的速度是历代递增的，在地势平缓的桂东、桂东北、桂东南以及各大中城镇尤为突出，这些地区的少数民族已完全融入汉族社会文化之中，因此这一地区的壮族村落在规划布局、祠堂等公共空间、民居形式均与当地汉族村落几无差别。少数民族受汉文化影响的程度，既有地区的差异，也有民族内部的差异。地理分布上，水陆交通便利，邻近人口密度较高省份（如湖南、广东等）的桂东、桂南、桂北，是接纳汉族移民最多的地方，少数民族被汉化的时间最早，人数最众，受汉文化影响的程度最深刻。桂中次之，桂西、桂西北地区则因环境恶劣、山高路险，汉文化在这一区域的传播较缓，经济条件落后，但少数民族传统文化却保存较完整。总体来看，在广西全境，汉文化的影响自东向西渐次减弱，村落公共空间也在礼制观点影响下，相对规整，显示出较强等级与秩序的空间形态与组织结构，过渡到自由有机的、无中心、无等级秩序、简朴实用的空间形态与组织结构，反映出汉文化与少数民族文化的强弱更替的过程。区域间文化传播及发展的不平衡，造就了广西少数民族地域文化的异彩纷呈，既有完全汉化的现象也有汉壮文化交融以及壮文化占主导的不同境况。各少数民族传统村落的公共空间形态与这种民族文化交流、融合、更替、演变的历史进程与方式相互呼应，呈现出顺应文化环境的"同构"现象。

4.5　地域性、民族性的关联互动——多因子综合作用机制

　　公共空间形态，是自然、经济、历史、社会、文化、技术等因子持续不断地影响、共同作用的结果。一方面，强调"地域性"，无论是地域地形、地貌、水系、气候等自然地理环境、农耕生产因素、经济社会发展还是地域深层文化脉络，都是空间形成的必要基础。另一方面，尤其对广西少数民族传统村落而言，"民族性"是其村落与公共空间运行与发展的重要内部动力，人们在长期聚居与社会生活中形成的村落的社会秩序和观念、信仰、习俗、社会风尚等均是传统村落公共空间建构和空间形态的内在因素。通过前文的调查与比较研究，可梳理出广西少数民族传统村落公共空间形态及影响因素对应图示（图4-36）。

　　多样的地域、民族文化与村落公共空间构成了一种复杂的文化现象，公共空间的形态并非个别要素独立作用的结果，而是受到包含自然地理、经济技术、社会组织、历史人文的多因子综合作用机制的影响结果。多因子系统的内部结构与秩序规律决定了系统的外在表现与作用方式，从而引发了不同影响因素对村落公共空间的影响层面与方式的差异，即有些要素可独立地起到主导作用，从而影响空间的某一特征，有些则是多种因素相辅相成、共同作用于空间。这些因素的作用时间、影响强度与范围也并不均等，在某些特定的条件下，某项因素的作用会格外凸显，成为主导，但随着时间推移、环境变迁，其他的因素也会取而代之，成为更重要的

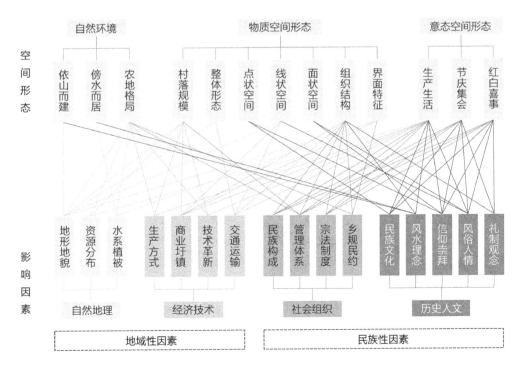

图4-36　广西少数民族传统村落公共空间形态及影响因素关联（来源：作者自绘）

主导影响因子。

前述的对比研究已归纳出广西少数民族传统村落公共空间多样性的形成与发展过程中，地域性与民族性的关联互动规律。

（1）地域性因子属于自然、环境的领域，不可改变，但具有可选择性；民族性因子属社会、文化领域，可以改变，且选择性强。在村落公共空间形成与发展的过程中，地域性与民族性是同时存在、共同作用的，缺一不可。

（2）在同一地域不同民族聚居的情况下，地域性因子相对稳定，村落公共空间主要受到民族性因子的作用：地域生产方式不同，村落生活文化不同，则公共空间形态特征与内涵不同。当民族性因子不断变化与影响，地区的生产方式发生改变，则村落生活方式随之改变，公共空间的形态亦改变。

（3）在同一民族不同地域聚居情况下，民族性因子相对稳定，村落公共空间主要受地域性因子影响：村落形态和规模不同，公共空间形态和规模亦不同。当地域性因子不断变化：聚居方式变迁，村落发生变迁，则公共空间与生活方式随之变迁。

（4）没有一成不变的地域环境，也没有一模一样的民族文化，更没有完全一样的村落公共空间形态。少数民族传统村落公共空间的相似性与差异性是地域性因素与民族性因素在不同层面、不同程度地发挥作用的结果。

在地域性与民族性互动作用的过程中，切不可忽视的，是村落的主体——"人"的主观作用。多元的影响因子对空间形态的影响，最终要通过人的生产生活与建造实践得以体现，这是人们基于自身生活需求和营造观念对村落公共空间发出的主观调适作用。在村落生产的初期，地域性的影响较大，在人与环境的关系中，为村落的发展提供了多种可能性。随着村落的发展，村落空间与文化亦逐渐成熟，民族性因素的作用越发重要，逐渐超过了地域性的影响，并成为推动村落发展的主要力量。与此同时，地域性仍以物质生产与技术为媒介，影响着村落空间与文化的发展过程。

综上所述，广西少数民族拥有根深蒂固的多神信仰、稻作文化、小家庭聚居与聚族而居的社会组织，生态观、风水观等民族性因素与文化性格，是公共空间形态与布局等特征的内在根源；广西自然环境与农耕生产条件等地域性因素是村落空间形成的基底与基础条件；经济、技术与文化的传播与融合是公共空间形态不断完善与多样化发展的动力；地域、民族之间文化交流与渗透则使传统村落公共空间融合了相邻地域或民族的部分文化特征。

广西少数民族传统村落少有严格的规划思想，村落的公共空间是人们根据自身的经验与习惯以及现实的、具体的生活需要而构建的，即承载着民族文化、社会风俗的公共生活影响着公共空间的形成、使用与改造；而村落公共空间作为一种建成环境，其外在形态及精神内涵，又持续影响着生活其中的人们，并潜移默化地改变其心理状态、价值观念，进而形成某种特定的行为模式，即公共空间的发展、变化促进了公共生活方式的更新与转变。村落公共空间形态与公共生活相辅相成、相互作用，共同构成了村落公共空间有机统一的整体。

4.6　本章小结

在民族文化多元交融的背景之下，为理清广西少数民族传统村落公共空间特征，本章运用分类描述与空间句法的综合分析方式，对广西少数民族传统村落公共空间进行分类比较研究。

一、以壮族村落为例，对不同地域环境下同一民族传统村落的公共空间形态进行比较发现：公共空间在注重传承与发展民族文化与特性的基础上，在不同地域环境下呈现出多样化的形态与特征，地域性在壮族传统村落公共空间的形式、尺度等方面具有显性的决定作用，而民族性则相对隐性，从精神的层面潜移默化地影响着公共空间的营造与公共生活的方式。这是少数民族传统村落应对具体的自然环境条件所做出的适应性调整，也反映出民族之间在不同层面上、不同程度的文化交流与影响作用。

二、以桂西北地区为研究范围，对相同地域环境下不同民族传统村落公共空间进行比较。分析结果显示，桂西北地区传统村落在山水格局、公共空间形态与自然环境的协调、公共空间的围合与渗透性、界面建筑的特征等方面较为相似，这是朴实的生态观、风水观、宗族观，以及民族之间的文化交融共同作用的结果。而具体的分布区域与地形特征，不同民族的宗族制度以及历史环境与文化传播序位则是相同地域下不同民族传统村落公共空间形态差异的主要影响因素。

三、汉文化是广西少数民族发展历程的重要影响因素。广西的汉化村落由于自身的自然地理条件、环境气候因素、民族生活习俗等要素的影响，表现出地域性分异与多样化特征。同时，在一些地区的汉族村落出现"少数民族化"的特例，反映出文化传播过程中因环境的不同而产生的变异。

四、总结归纳广西少数民族传统村落公共空间的特征：自然而为、纯朴务实的共性，多元个性、和而不同的个性，多源并存、文化交融的特性。

五、从自然地理、经济技术、社会组织、历史人文等方面梳理公共空间的影响因子，并指出广西少数民族传统村落公共空间并非影响因子作用力的简单叠加，而取决于各影响要素之间的相互关系与作用方式。少数民族传统村落公共空间的相似性与差异性是地域性因素与民族性因素在不同层面、不同程度发挥作用的结果。其多因子综合作用机制可总结如下：广西少数民族传统村落与公共空间中蕴含着自然朴实、多元共存的地域、民族文化内涵，这不仅是传统文化传承与发展的宝贵财富，更是中华民族面对全球化的机遇与挑战时，坚守本土文化传统，汲取外来文化精华的经验借鉴。

因此，公共空间的保护和发展在遵循分类保护、真实性、整体性、参与性、动态与可持续发展等传统村落保护与发展原则的基础上，还应当以传统文化、公共生活方式的延续唤回空间意义；以空间保护来展现民族传统、文化风俗；以修缮、改造、再利用来重塑公共空间形态的保护原则，以及更具体、更有针对性、更能体现公共空间特性的方法与策略：1）保持、控制村落整体风貌与公共空间结构；2）通过还原、再现礼俗空间，存旧续新日常生活场景，以公共空间为载体的乡土传统展示平台等方式实现公共空间的存续与更新；3）以村民为主体的参与性保护与活力营造；4）基于大数据与互联网的空间信息资源库建设；5）精准化保护与发展。除了重视传统公共空间物质形态与精神文化内涵在传统村落保护中的继承与延续，还应注重在新农村建设、新公共建筑等诸多方面践行传统地域、民族文化的现代性诠释，全面地挖掘、保护、传承与发扬广西少数民族与传统村落与公共空间文化。

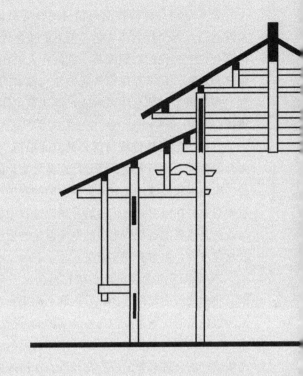

第5章

广西少数民族传统
村落公共空间保护
与发展策略

公共空间是村落物质与精神的核心载体与表征，是传统村落保护与发展的重要内容与关键问题。当今社会，文化、信息的快速传播不仅使城市被多元文化所包围，更掀起了传统村落与乡土文化的剧烈变革。如何将人类在特定的时期与地域培育出的特色文脉在现代社会延续和发展，是学界目前普遍关注与探索的理论方向。而纵观以往的传统村落保护与发展研究，多着重于村落整体风貌或民居建筑单体，对于公共空间的探讨则相对缺乏，未得到足够重视。

广西少数民族传统村落公共空间根植于丰富多彩的自然地理环境，在多民族、民系文化融合的背景下逐渐成型，既是广西地域文化的物化表现，也是民族文化生态系统重要的组成部分。广西少数民族传统村落公共空间的保护与发展，对广西乃至全国文化生态的平衡发展有着重要意义，在应对日益扩张的全球化过程中也具有不可替代的历史人文价值，在人们长期适应与改造自然界的过程中形成的空间营建的生态思想对于当下的村落与公共空间保护与发展、新农村建设等，更具有现实意义。

本章以广西少数民族传统村落公共空间的地域特色、空间形态与公共生活的研究为基础，将村落历史与民族文化发展联系起来，总结传统村落与公共空间的现状、面临的困境与未来发展的机遇。通过保护与发展实例的分析，发掘留存并影响至今的有价值的特色公共空间元素，探索民族与乡土文化再造，空间内涵延续的方法与途径，以期实现对传统村落公共空间等历史遗产的合理有效的保存与开发，探讨地域性与民族性的多元化特征如何在适应现代生活需求的基础上，继续传承与发扬。

5.1 广西少数民族传统村落的现状

随着城镇化的推进、市场经济的发展、社会制度的变迁，社会主义新农村建设正全面展开，许多传统村落都摆脱了贫穷落后的面貌，经济得到了很大的发展。在愈加丰富与优越的物质基础之上，村民希望改变封闭滞后的生活、生产条件与居住环境，建立适应现代化生活方式的新村落，从而越来越注重村落的整体规划，推动新农村公共空间形态从无序向有序发展，力求兼顾生产与生活，从实际需求出发进行合理布局。同时，注重生活环境的质量，例如，规划广场、图书室等公共空间，为人们的休闲娱乐、社会交往提供场所，增添活力；又如居住组团的布局向城市社区学习，注重空间的结构与层次，从粗放型建造向集约型、精细化发展，以建设可持续发展、资源节约、生态友好的村落公共空间[①]。

与此同时，传统村落公共空间也受到了各方面的冲击，一部分传统的公共空间形式日渐消亡，一部分空间正处于衰败的边缘，同时一些具有新形式、新特征的公共空间亦正在开始产生。这种公共空间的剧烈变迁不仅表现在公共空间的内涵与功能的骤变，大量公共空间衰败甚至消亡，还表现在村民原有的、自主的生产、生活方式受到了外界的影响而导致公共生活方式

---

① 邱娜. 新农村规划中的公共空间设计研究[D]. 西安：西安建筑科技大学，2010.

的蜕变。在对广西传统村落的踏勘、访谈过程中，发现当前传统村落的物态公共空间与意态公共生活普遍存在以下几种状态。

5.1.1 物态空间方面

1. 农耕性公共空间的变迁

农耕稻作是乡村聚落最为传统而典型的生产方式，随着农耕文化的逐渐削弱，村落对城镇、经济、资源的依赖日益加深，村民或外出务工，或在村落中从事旅游观光、开办乡镇企业等新型的经济生产活动，他们所拥有的田地多承包给少部分本村甚至外村村民进行耕作。村落的农耕性公共空间从内在的生产与社交方式到外在的空间形态与景观风貌均面临衰落。为了村落的扩张与建设，山林植被受到大量砍伐与破坏，耕地亦被占用为建设用地。为了追求产量与经济效益，一些地区还大力发展桉树商品林。由于缺乏有效监管与科学的种植方式，砍伐天然林木、大面积占用耕地、种植过密、短期轮伐等乱象层出不穷，导致了土壤失活，水土流失，乃至生态破坏。还有一些村落为迎合游客"跟风"种植油菜花、草莓、薰衣草等，无形中改变了传统村落的农地格局，并且弱化了村落本身的传统风貌与特征（图5-1）。

2. 水系与滨水空间的衰落

对于强调傍水而居的少数民族而言，河道或水体的重要性不言而喻。村落形态与水体互动相生，形成丰富多样的空间格局，孕育了各式各样的公共活动。

近代，公路的建设完善与机动车辆日渐普及，公路代替水路成为传统村落对外沟通的主要交通方式。水系作为交通与贸易要素的功能基本丧失。村民日常生活用水，如饮用水、洗涤、洗澡等，在过去基本依赖于村落的河道、池塘、水井等，围绕这些水体的空间也因而成为村民做家务、话家常的场所。而今，大多数村落已有自来水管道体系直接供给到户，使得公共水体原有的生产生活供水与公共交往的功能弱化乃至消失。

水系与滨水空间在生产与生活中的重要性日益降低，其衰落亦难以避免。水系周边的桥头、码头、井台等传统的公共空间活力不再，许多池塘甚至被填平作为宅基地或工厂建设用地，水质污染、河道淤积的现象亦时常发生（图5-2）。

　　　a）速生桉占用耕地　　　　　　b）速生桉环绕的村落　　　　　c）耕地大规模改种薰衣草

图5-1　农耕性公共空间的变迁（来源：a)《南国早报》2015年04月22日；b）、c）作者自摄）

码头　　　　　　　　　　水井　　　　　　　　　　　　井台

图5-2　衰落的水体空间（来源：作者自摄）

祠堂荒废　　　　　　　　　　　　　鼓楼失去标志性形象

图5-3　衰败的宗族性空间（来源：作者自摄）

3. 宗族性公共空间衰败

　　在传统村落中，鼓楼、碉楼、祠堂、祖屋曾是宗族群体的凝聚核心与精神象征。在战争时期，许多村落的宗族建筑遭到破坏。时至今日，城镇化的发展与新生活方式的引入，宗族性的祭祀或集会活动日益减少，宗族性公共空间更多地成为集体生活与回忆的载体，影响力不断衰弱，失去了昔日济济一堂、其乐融融的氛围，仅在逢年过节才会热闹起来。因使用频率低，年久失修，杂草丛生，加剧了宗族建筑的坍圮，或堆满杂物，或成为家畜家禽的棚圈，甚至被部分拆除，作为新建房屋的建材使用。侗族鼓楼作为组织村落空间形式的核心要素，在许多村落中至今风貌犹存，但由于周围的住居通过改造、扩建而愈发高大，与鼓楼体量相当或更甚，从而整体看来，鼓楼逐渐被淹没于干阑住居之中，不再具有"和而不同"的标志性效果了（图5-3）。

4. 残旧破损严重

　　公共空间的衰颓不仅表现在公共空间的类型、功能与内涵的削弱、减少，尚存公共空间的质量与状态亦令人堪忧。在偏远的高山丘陵地区，交通不便，经济滞后，公共空间反而因此基本保持了传统的风貌，但残旧破损现象严重。鼓楼、戏台、凉亭等建筑由于少人问津，使用频率低，经年累月的逐渐显露出衰败破损的迹象，却无人维护、修复，道路两侧的界面建筑结构坍圮严重，公共空间缺乏活力（图5-4）。

图5-4　公共建筑残破坍圮（来源：作者自摄）

"新"干阑建筑　　　　　　　　　　　　　　　　新式井亭

图5-5　公共空间失去传统形式（来源：作者自摄）

5. 传统形式不再

在交通相对发达、以旅游开发为村落发展方向的地区，传统村落逐渐脱离农耕经济生产方式，民族、地域文化的传承出现断层，公共空间形式蜕变，传统不再。例如，传统的青石板、卵石、泥土铺地的街巷被混凝土硬化取代；街道网络追求简单便捷的直线或网格型，缺少了与自然地形互动、曲径通幽的意趣；干阑建筑架空的底层改造为商铺，或以混凝土结构为主，木板饰面，再用木板、砖、石砌筑或封闭，层数与高度不断增加，堂屋、火塘间等传统的室内公共空间亦逐渐销声匿迹。又如凉亭、井台这类景观小建筑，从木结构转变为混凝土结构，逐渐背离了传统村落的公共空间风貌（图5-5）。

6. 新建公共空间活力缺失

近年来，新农村建设与村落保护修缮也为乡村聚落增添了不少公共空间类型，如康体健身运动场、篮球场、戏台、图书室、老年活动室等。值得注意的是，这些新公共空间的规划与建设，很大程度上是以城市社区作为模板的，强调相关设施的配比与技术性指标，重视物质层面的空间建设。诚然，城市现代的生活方式对传统村落居民有极大的吸引力，也起着示范、引领的作用，新的公共空间形式应运而生，亦促进了新生活方式的传播。然而，一些新公共空间却似乎有些"水土不服"，难以被村民完全接受。例如，新建的篮球场由于村落中的年轻人多外出务工，并没有太多人在此进行体育运动，多闲置或用作停车场、晒谷场，只有村委组织活动时才聚集起一定的人群与活动；康体健身设施虽引领了村民锻炼的热潮，但设备本身易于损坏，且无人维护与修理，损耗严重，难以持久；休闲绿地的规划设置没有考虑到乡村的特殊性与居民的需求，图案化、形式化的布置致使休闲绿地变成了"形象工程"。因此，对于这些忽略了乡村固有的风俗与传统文化的新型公共空间，村民的评价不高，认同感也不强。同时，在村落的改造或新建中，对于传统人文社会生态的保护缺乏重视，新建公共空间功能单一，交通、景观功能大于社交功能。然而类型丰富、功能复合、具有特殊文化意义的传统公共空间与活动却未能得到有效的保护与延续（图5-6）。

图5-6　新建公共空间活力缺失（来源：作者自摄）

5.1.2　意态空间方面

如果说公共空间的物质实体保护了承载民族文化的骨架，那么意态空间的保护则是针对民族文化的精髓。在传统的农耕社会中，因生产与生活上的互帮互助，居民关系密切、联系频繁，公共活动丰富多彩，常有集会活动、文体娱乐等。生产劳动之外的空闲时间大多投入到公共生活之中。再加上许多村落地处偏远，历史上外来文化对其冲击、影响较弱，民族的原生传统文化得以保留与传承。然而，随着现代文明的不断发展，许多传统文化活动亦濒临危机，主要体现在以下几方面：

耕地有限，劳动力富余，很多青壮年劳动者外出务工。村落农耕场景依旧，但是农田、果园大部分仅由几户村民或外地人租种；许多村落已逐渐远离传统的以农耕经济为主导的生产方式。某些村落由于旅游业的进驻，留守的务农村民转投旅游服务业，利用自家住居经营商铺、旅馆、饭店等。以农耕经济为载体的传统社会交往与公共生活难以为继。传统的带有社会交往功能与意义的贸易活动如今沾染上了浓厚的商业气息。例如，许多村落都新建了市场，圩市的盛况与影响力都逐渐消失。村口、村中小卖部本是为方便村民购买生活必需品也同时成为逗留聊天之处，而今随着旅游开发，都卖起了土特产、纪念品以吸引游客，社交功能减弱，商业气息浓厚（图5-7）。

日渐衰颓的渠旧圩市　　　　　　　程阳桥头的小摊贩　　　　　　　龙脊平安寨商业街

图5-7　村落社交空间旅游化、商业化（来源：作者自摄）

在一些地处偏远、交通不便、发展滞后的村落中，受外界影响较少，公共场所基本保持原有的传统风貌，但是村内居民先后外出务工，人口不断迁出、减少，缺少了公共生活的主体，既无组织者，亦少参与者，公共活动难以进行，同样影响到传统民族文化活动的继承和发展。传统的民族节庆风俗、集会活动逐渐简化。除了春节，端午、中元、重阳、腊八等具有历史意义或文化传统的节日不再具有浓郁的节庆氛围，没有特别的庆祝仪式或文娱活动，只是家人一起吃个便饭，有些家庭因青壮年外出务工，甚至难以团聚①。

在少数民族传统村落中，德高望重的族内长者仍然具有一定的话语权，他们在筹集修缮和建设资金、号召社会援助、祖坟修建和迁移、祭祖等事务中仍然是主要的组织力量。但随着宗族长者的离世，年轻的宗族成员无论在宗族意识还是声望、影响力方面都相去甚远。宗族内祖屋的精神价值与地位仍然非常重要，但建筑的现状通常残破不堪。住居里的堂屋作为家族和宗族祭祀中心的功能亦存在，但祭祀的规模和形式都大不如从前，宗族组织的影响力不再。

传统的婚嫁丧葬礼仪的现代化。繁琐、隆重的红白礼俗而今有了不同程度的变革。例如在婚嫁的迎娶环节中，汽车替代了步行、抬轿子、牛车接亲，婚礼中的繁冗的礼节也有所简化甚至直接省略。此外，少数民族的结婚彩礼本较为简约、实用，但近年随着经济的发展，婚礼糜费之风日渐抬头与蔓延，形成了不良的社会风气。广西地区传统的丧葬礼仪包括择吉、出殡、下葬、守孝、扫祭等繁褥至极的过程。近代，出于破除迷信之目的，已逐步简化，也受到现代生活方式的影响，例如服装、服饰、贡品都不再严格遵循传统形式，而较为随意。我们应该以客观辩证的角度来审视传统婚丧礼俗的变革，对于其中迷信的、与当今社会价值取向相抵触的部分予以剔除与改正，而对于其中承载的地域、民族文化、信仰以及所蕴含的对生活的美好祝愿与乐观积极的人生观与时代精神的，应当坚定地保持与传承。

传统乡土社会生活受到了现代城市生活方式的引导，人们更多地集中在新建的复制了城市社区公共空间模式的篮球场、活动器械区等场所进行公共活动，健身、跳广场舞成为公共活动的新形式。同时，随着电视、电脑、手机与网络的广泛普及，村里的年轻人更多地"宅"在家中看电视、上网，很少参与户外公共活动。这些均导致了原有的朴实自然的公共空间因使用人群的减少而逐渐荒废。

①　郑霞. 张谷英村公共交往空间及传承研究[D]. 长沙：中南林业科技大学，2009.

5.2   广西少数民族传统村落当代发展的问题与契机

5.2.1   面临的问题

1. 社会环境的变革

我国长期存在着深刻的城乡二元结构：城市化、城镇化的快速推进，城镇人口与用地规模不断扩大，城市风貌剧烈变革；与此同时，农村劳动力大量输出，对于乡土聚落的保护意识淡薄，盲目追求城镇化等，使得传统村落面临损毁与衰颓。诚然，城镇化是工业化、现代化进程中必经的历史阶段，它在促进社会经济发展、提高人民生活水平、推动公共服务的普及、提高公共服务质量、推动社会治理的完善、缩小城乡和地区发展差距等的同时，传统村落正不可避免地发生着变革、解体，甚至遭到破坏，数量锐减、质量颓危，乡土文化形态与特色丧失，并直接导致了社会、经济结构的剧变以及人们的价值观、生产与生活方式的变革。村落的空心化、老龄化、幼小化现象日益凸显。

空心村是近年城镇化进程中我国特有的、突出的普遍现象，它主要表现为：人口的空巢化，村落社会组织的空洞化，农田与宅基地的空置化，基础设施与社会公共服务的空缺化以及精神文化生活的空虚化，这些都直接影响着传统村落公共空间的保护与发展。例如，第一批中国传统村落中的罗秀镇纳禄村、阳朔县朗梓村，留存了大规模的祠堂与住宅建筑群，却仅有一位老人居于其中。祠堂等公共建筑年久失修，破旧不堪，堆满了杂物，再也看不到集会、活动的盛况。大部分的村民都已搬至村边公路两侧，修建新居。老宅、古村何去何从并无人问津。在本研究的田野调查中，这类传统村落空废，传统文化无以为继的现象不胜枚举（图5-8）。

图5-8   老宅与独守的老人（来源：作者自摄）

社会、经济体制与环境的变革，对村民的传统观念也产生了巨大冲击，宗族观念与结构随之变化。一方面，传统聚族而居的村落形态逐渐解体，核心家庭和主干家庭占据了主导地位，其空间形态与生活模式亦随之改变。房屋的新建不再遵循家族相互靠近、围绕公共空间核心布局的传统，随意性很大，缺乏了传统价值导向与理性规划指引而与宗族组织结构、地域文化传统逐渐割裂。

另一方面，由于接受了不同程度的教育与外来文化的影响，村民的生活观念也呈现出多样化。传统的生活环境与现代生活方式的冲突日益剧烈。例如，大多数村落没有完整的道路系统，仍为泥泞的土路，公共设施不完善，供水、排水、排污缺乏，严重影响着村民生活环境与质量的提高。传统价值观、审美观的动摇促使其主动改变生活方式和生活环境，如在建设新房时盲目追赶"现代潮流"、"贪大求新"，争相在靠近公路的田地上建造房屋，各种形式、材料、颜色的无序混搭，破坏了传统村落肌理与整体风貌（图5-9）。

图5-9 杂乱无章的村落肌理与空间形态（来源：作者自摄）

2. 自然环境的破坏

伴随着村落的扩张，建设需求持续增长，耕地和林地被无规律、无限制占用；大规模的速生桉造林，过量施肥和喷洒农药，生物多样性降低；村民生活污水、企业的工业废水随意排放，水源水质恶化，水道淤积，均对传统村落环境造成严重污染。对于村落公共空间而言，自然山水格局遭到破坏，以前在自然环境中发生、进行的公共活动逐渐减少；木材资源短缺，木构建筑的传统难以延续，公共建筑的保护修缮缺乏优良建材。

自然灾害也是广西传统村落公共空间遭到破坏的重要原因。尤其在桂西北少数民族聚居区，全木干阑依山而建，鳞次栉比，密集无间，耐火等级极低，又无防火分隔，存在很大的火灾隐患。再加上使用火塘的生活习惯容易造成用火不慎；村落电路老化，村民缺乏必要的用电安全和消防安全意识；地处偏僻，外部救援力量难以及时赶到；灭火器等材普遍缺乏，难以组织有效自救。一旦着火，便往往是火烧连营，对人身与财产造成巨大损害。火灾过后，传统住宅甚至重要的公共建筑均化为乌有，村落空间形态与结构破坏殆尽，在过去的十年中，林略、同乐、干冲、高秀等传统千户侗寨，都遭遇了不同程度的火灾破坏，干阑民居乃至中心鼓楼都未能幸免。

3. 人为因素的破坏

历史上我国长期处于外敌入侵与内部战乱中，战争与政治不仅阻碍了传统村落的延续、发展，还往往造成了大规模的破坏。祠堂、会馆、庙宇等重要公共建筑常常是炮火攻击的目标，精美的雕塑、墙画被人为损毁，写满标语。然而，由于保护观念与法律意识的淡薄，时至今日，人为破坏传统公共空间的现象仍层出不穷。一方面，村民"拆旧建新"与不恰当的新农村建设导致的建设性破坏，正是传统村落人为破坏的常见现象。由于对乡土文化与传统村落价值的认识不足，受到"城市化模式"的冲击，为了满足生活需求，村民随意、自主地改造、拆除传统建筑，不能以整体、发展的眼光看待村落，使村落与公共空间发生低层次的畸形变异；政府部门与开发商在新城镇开发、新农村建设的过程中，未经文物调查勘测，忽视有历史价值的古民居、古街道，而擅自破土动工，为追求政绩急功近利，对传统村落的整体风貌造成巨大创伤，如忻城土司衙署附近的仿古商业街，马头墙高耸林立，看似传统，实则为风格与元素的误用。另一方面，在利益的驱动下，一些传统建筑或保护文物的持有者私自对雕塑、木材、门窗等建筑构件与装饰进行拆卖，或是一些不法分子的故意盗窃，均对传统公共建筑造成无法挽回的破坏。例如武宣县洛桥村梁氏宗祠中，光绪年间广西巡抚授予的"武魁"牌匾和几幅木雕楹联，以及阳朔朗梓瑞枝公祠的雕花装饰的侧面角门均被盗走（图5-10）。

此外，传统村落分布范围广、乡土建筑数量众多，但相关的保护法规、管理体制、政策制度仍存在诸多欠缺与不完善之处，资金与人才更是捉襟见肘。为了提高城镇化水平，保护与建设的重点只能落在一小部分"特色村落"或"新农村试点"上，产业结构与土地利用调整的困难分散了政府与相关部门的精力，容易造成对村落空间整体规划的忽略，公共空间的营造更是力不从心。此外，资金不到位，则保护修缮难以落实，加之疏于管理，许多传统建筑便在闲置中破败不堪、自然损毁。同时，建造技术失传、传统工匠难求，传统建筑材料亦无处可寻，在保护修缮的过程中反而易弄巧成拙。

大部分村落已制定相应的总体规划，但雷同者众多，并未能从村落的具体实际出发，有的甚至生搬硬套城市的功能布局、形态结构，缺乏对乡土社会与乡村环境的准确认识与重视；而有的则表现为模式单一，无法体现村落独特的地域、民族文化。这源于相关政府部门、专家学者、设计者没能深入村落，了解村民实际需求并深入挖掘传统地域文化以及乡村

传统元素的误用

角门被盗

牌匾被盗

图5-10　人为因素的破坏（来源：作者自摄）

环境特征所导致的。从而，村落公共空间的规划设计没能真正体现与传承村落的传统风貌与文化特质[①]。

还有一些地方把旅游视为村落发展的唯一出路，把入选"传统村落名录"看作开发旅游的契机。诚然，传统村落因其自然风景、文化积淀、民族风俗而具有旅游价值与随之而来的经济价值，但保护传统村落不能以旅游价值为首位，而应该更注重挖掘与发挥其历史价值、艺术、科学、社会价值。传统村落的开发是一次性的、不可逆的过程，其历史文化一旦被歪曲、误读便再也无法复原。因此，以经济为本位的、粗暴、低层次的过度开发，既会造成传统文化的碎片化与原真性的丧失，还会形成一种把村落视作摇钱树而沉迷于大拆大建，陶醉于眼前利益的错误的价值导向。

5.2.2　发展的契机

自2005年10月，党的十六届五中全会做出了建设社会主义新农村的重大战略决策并提出了"生产发展，生活宽裕，乡风文明，村容整洁，管理民主"的二十字方针以来，广西先后开展了"广西少数民族村寨防火改造项目"、"广西城乡风貌改造工程"、"农村危房改造"、"广西城乡清洁工程"、"广西村屯环境综合整治"、"美丽广西清洁乡村"、"广西特色名镇名村建设"、"广西传统村落的保护与发展"、"乡土特色建设示范工作"等活动与项目。这反映了社会各界对乡村问题的重新关注。作为传统社会文化、思想、经济的起源，悠久而深厚的农业文明重获认同与重视，文化、精神内涵的延续与焕发新生拥有良好的机遇，且值得期待。

建设社会主义新农村与村落公共空间保护与发展的内涵是一致的，均以改善村民的生产条件与生活环境、提高生活质量、实现农村社会的改革与发展为目标。可见，传统村落保护、社会主义新农村建设与村落公共空间的规划设计休戚相关，村落的公共空间保护与规划是传统村落保护与新农村建设的重要内容与具体表现。

1. 特色名镇名村的打造

2011年以来，广西推动、实施了特色名镇名村建设，集中全力打造一批特色名镇、旅游名镇名村、文化名镇名村、生态（农业）名镇名村。截至目前，累计开展了90个特色名镇名村的创建工作，已有60个村、镇获评广西特色名镇名村称号[②]。南宁市江南区江西镇扬美村等九个村镇已顺利完成名镇名村的项目建设，村容镇貌明显改观，基础设施和公共服务进一步完善，特色产业发展迅速，达到预期成效，并顺利通过验收，获得了自治区政府命名的"广西特色名镇名村"。

2. 美丽乡村

"美丽广西"乡村建设活动，是广西在党中央提出建设"美丽中国"战略的背景下，为巩

---

① 邱娜. 新农村规划中的公共空间设计研究[D]. 西安：西安建筑科技大学，2010.
② 王凌云. 广西三年打造一批特色名镇名村[J]. 中国建设报，2011.

固并扩大良好的生态优势、为人民群众创造美好的生产条件与生活环境的一项重大决策部署。整个活动分为四个阶段：清洁乡村、生态乡村、宜居乡村、幸福乡村。每个阶段为期两年，通过八年乃至更长时间持续不断地努力，力争使全区的乡村面貌发生全面的、明显的、稳定的、不可逆的根本变化，实现"天长蓝、水长绿、树长青、地长净、人长寿，使广西呈现更洁净、优美、和谐、自信的时代新形象"[①]。至今，该活动已取得较显著的成绩，活动内容包括产业转型升级发展、农村产业融合发展、农村建设全面覆盖等。当前正在进行"生态乡村"活动的最后攻坚阶段，并于2016年内，适时启动了以"产业富民、服务惠民、基础便民"为主要内容的"宜居乡村"活动。

3. 广西传统村落保护发展

2012年，根据住房和城乡建设部、文化部、国家文物局、财政部等七部（局）的部署安排，在住房城乡建设厅、文化厅、财政厅的组织下，广西全区范围内开展了传统村落的调查摸底与统计核实工作，并于2013～2014年进行了两次补充调查，初步确定约266个拟列入"广西传统村落名录"的村落。其中，在第一、第二、第三批"中国传统村落名录"中，广西有89个村落入选，并获得中央补助资金共计2.67亿元，目前已有69个广西范围内的中国传统村落开展了保护修缮、规划等项目实施工作，进展顺利[②]。

随着这些社会主义新农村建设、传统村落保护、特色旅游项目的开展，广西少数民族传统村落、建筑、山水环境等文化特色得到了越来越多的关注。但这些项目的开展仍处于起步探索阶段，且侧重于村落物质环境方面的整治、增设，以改善村民的生活环境、发展文化旅游为主要目的，对村落历史文化特色的挖掘和保护不足，对内在社会形态的重视远远不够，对文化路线的发掘还多流于表面，甚至出现了开发利用的不当行为。在村落整治和建设层面，如何和谐地将广西少数民族文化、自然环境与现代性生活元素融合，如何使新增设施不破坏历史文化环境，尚有待反复推敲。

5.3　传统村落公共空间保护与发展的原则与策略

综合上述案例，公共空间作为传统村落中民俗文化及日常生活载体，在传统文化保护与传承方面极具价值。鉴于其存续和发展正在面临着类型减少、活性降低及内涵缺失等危机与困境，建立一个有针对性的保护与发展体系迫在眉睫。本节参考当前传统村落保护与发展的原则和策略，针对广西的地域特色与少数民族的文化传统，就保护的对象范围、保护的基本原则与策略进行阐述，并对广西少数民族传统村落公共空间的传承发展提出建议。

---

① 魏恒. 彭清华在全区"美丽广西·生态乡村"活动电视动员大会上的讲话[N]. 广西日报，2014.
② 刘哲. 广西传统村落现状与保护发展的思考[J]. 广西城镇建设，2014（11）.

5.3.1 保护的内容与范围

公共空间存在着社会性与物质性的双重属性，因此对公共空间的保护也因同时关注公共空间物质形态与发生于其中的公共活动以及社会交往的结构方式。

传统村落公共空间的物态空间是由各种类型公共空间建筑与开放的公共场所形成的有机整体，这是一个系统整体，不仅包括各类宗族性、集体共有的鼓楼、祠堂、村委、广场等重要公共空间，还包括生活、生产设施和其他公共基本设施和空间如桥梁、溪流、堰塘、水井、围墙、篱笆、道路、田地、码头等。值得强调的是，自然环境是传统村落存在与发展的基础，是公共空间的宏观构成，尤其在少数民族村落中，是公共活动发生的主要空间。因而，应该将适当范围与特定功能的村落原生态环境作为纳入公共空间的保护范围，例如农田、河流、风水林等。自然环境、公共建筑与场所，均是传统村落公共空间形态与结构不可或缺的组成部分。

保护传统村落公共空间，还要保护村落中普遍存在和约定俗成的活动形式、抽象无形的意态空间，例如村落中的商业贸易、节庆祭祀、红白喜事、集会仪典等活动，这是村落传统文化的直接表达，是村落历史与精神的寄托和延续。公共生活的用品，例如火塘、家具、农具；公共生活、民俗活动所留存下的有意义的印记，如石碑、石刻、村规乡约等；公共空间的营造文化、习俗、工艺等非物质文化遗产，都应纳入传统村落公共空间保护的内容。缺少任何部分，都会破坏公共空间结构的完整性、系统性与原真性。

广西少数民族传统村落公共空间具有其民族文化的特殊性，是民族发展与变迁、文化冲突与融合的历史见证、记载与延续，因此在确定保护对象与范围时，要用历史的、发展的、整体的、动态的视野来评估、审视，注重整体空间结构的保护以及民族传统习俗的传承，乃至历史文化印记的挖掘。

5.3.2 保护的原则

目前对于传统村落的保护原则，国内外专家学者都持有不同的观点，归纳起来有以下几点基本共识：

原真性——包括设计与形式、材料与实体、传统技艺以及周边环境的原真性；

现实性——认识到变化和发展的必然性以及尊重已建立的文化特色的必要性；

地方性——尊重传统村落和建筑的文化价值和传统地域性特色；

景观性——必须认识到传统村落和建筑是文化景观的组成部分；

整体性——保护存在过程中的全部历史见证，保护范围以传统村落为整体，包括其生态、景观、布局、结构以及造型色彩等；

分类保护——根据历史、文化的综合价值予以分类和判断保护方式；

参与性——原住民的真正参与，才能使传统村落保护具有现实意义；

动态、可持续性——保持传统社区的稳定与居民生活的正常秩序，保证居住环境的改善和生活水平的提高[①]。

---

① 熊伟. 广西传统乡土建筑文化研究[D]. 广州：华南理工大学，2012.

因此，传统村落公共空间的保护原则与发展策略应在与传统村落保护原则协调统一的基础上，更具体、更有针对性地体现公共空间的特性：

（1）以传统文化、公共生活方式的延续唤回空间意义

传统村落与公共空间的营造依赖于各族先民对自然条件、社会环境与空间的体认与适应，空间不仅是生活和居住的场所，更是各族人民聚族而居的社会单元和精神领域。寻找和挖掘传统村落公共空间的地域文化和社会价值，延续传统社会秩序与公共生活方式，以此理解特有的场所精神与空间观念，唤回将要逝去的村落公共空间之意义。

（2）以空间保护来展现民族传统、文化风俗

公共空间是容纳、传承与发展传统文化的重要载体，通过空间的重塑反过来唤起村民对民族传统、社会秩序的记忆，用物质形式的存留和再造来帮助非物质文化长久存续。同时，公共空间的保护使仪式、场景和象征元素得以在原有的村落公共空间中活动和展示，从而保持了空间的本义与特性，并让参观者有机会了解和融入到村落历史、族群记忆当中。

（3）以修缮、改造、再利用来重塑公共空间形态

对于具有悠久历史年代、卓越艺术价值和完整空间形态的传统村落与公共空间，应该予以全面、严格的保护，通过对历史的了解尽量还原传统的物质空间形式，对现今无法还原的非物质公共生活文化与要素，则采用静态展示（图片、影像）的方式。对于延续了传统风貌的公共建筑，可在不改变外立面和建筑结构的前提下，适当提升内部功能、改善生活条件，维持传统建筑内的日常公共生活，激发村民公共活动的热情，也让参观者亲身体验村民的生活场景，展示和动态保护公共空间形态。对于大多数村落，严格保护的意义不大，则主要引导其在保持自身特色的基础上，进行"时代化"更新。结合现代生活需要，采用新的建构技术和建筑材料重新营建新的公共建筑或空间，结合传统村落空间形态结构的特征进行空间布局，引导少数民族传统村落的时代更新。

5.3.3 空间保护与发展策略

广西少数民族传统村落公共空间是村落历史传统、社会生活和文化创造的人文历史表达，是地域文化和村民思维逻辑、生活模式的重要体现。以地域性、民族性为基础，理解村落空间形态，不仅可避免形象工程或保护性破坏等，还利于将空间作为传统民族文化的媒介，通过各民族公共生活的空间重构，反过来作用于村落凝聚力与活力的营造。

1. 保持、控制村落整体风貌与公共空间结构

作为传统村落的重要组成部分，公共空间的保护与更新以传统村落的整体格局与风貌为导向。尤其是面对不同民族、不同地区的村落，应甄别判断、区别对待。由于长期存在的多民族杂居共处的历史与现状，广西境内各地在相当长的一段时间内政治制度、社会组织与经济发展形态分异极大。加之自然地理条件复杂，山区交通不便，人们处于相对封闭的村落环境中，与外界交流匮乏，因而有"五里不同风，十里不同俗"的说法[①]。少数民族传统村落存在民族

---

① 郑景文. 桂北少数民族聚落空间探析[D]. 武汉：华中科技大学，2005.

文化、规模、经济结构和发展阶段的诸多差异。在进行保护和发展时，应与特定的地貌气候、民族文化、生产生活方式相适应，体现民族和地方特色。因而并不适宜提出统一、详细的强制性标准，宜参照当地经济社会发展水平，针对居民的实际需求，客观评估空间的历史文化价值，依据不同的策略和重点进行保护与发展，始终坚持"保持地域、民族特征与改善场所条件并存"。

在整体形态与风貌层面，采用"低度干预"方式梳理较为宏观的村落格局、肌理秩序和面域功能等问题。一方面是控制性干预，顺应历史传承至今的村落结构、秩序，减少潜在破坏；另一方面是修建性干预，以微创介入或"隐身"的方式，来延续村落整体环境由来已久的自然生长状态。具体措施包括：在空间结构上，保育原生格局、肌理，对受损部分适当清理调整，并做合理发展；功能方面，在尽量降对村落宏观格局与秩序的影响基础上，谨慎对待公共空间布点、基础设施布局敷设①。

其中，空间结构是公共空间形态组织的内在逻辑，是人们认知环境的重要途径，是保持传统村落公共空间认同感与识别性的关键要素。公共空间结构的保护要求对村落的内在社会秩序有深入的了解与认识，对于宗族组织、公共生活方式形成清晰明确的"心理地图"。对于有形的自然、人工的标志物、节点、边界等形式要素，如鼓楼、庙宇、风雨桥、寨门、码头等，应坚决予以保存，并注意控制其周围的建筑物，避免产生干扰；对无形的结构要素与形式，则应回归村落的传统社会形态，通过秩序重构，延续传统的宗族认同与公共生活方式，从而使村落公共空间的外在形式遵循其内在的社会形态与生活方式。

例如，在侗族传统村落的保护与发展中，应注重梳理并保持其簇团状的空间结构，这是与"补拉—斗—款"的村落社会组织结构相适应的。新建、改建的建筑，均应当遵循这种以鼓楼核心区为中心向四周辐射的空间结构与层级秩序。在壮族村落中，虽然其社会组织的层级与秩序不似侗族般严格、分明，但保持着家族成员房屋相互靠近，同姓宗族独占一定地理空间的传统。虽然随着村落的扩张，不同姓宗族组团的房屋相互靠近，进而连成一片，并没有明显的空间界限，以致外人从建筑分布形态上无法分辨出其组团分界，但在宗族成员看来，组团的范围与期间界限确是清晰、固定的且不会突破的，这样的村落分布格局亦是当下村落建设与发展过程中所应遵循与谨慎维护的。

或疏朗或集中的空间肌理，或等级清晰或均质模糊空间格局，保留了村落原本的格局风貌，更重要的是，其内涵的结构逻辑与传统时期社会层级、族人之间的亲密程度等内在社会秩序紧紧相连，公共空间结构与组织秩序的存续，将使得历史记忆的今日呈现不再只是集体想象。

2. 公共空间的存续与更新

（1）还原、再生礼俗公共空间——民族性传承

如前所述，节庆民俗、红白喜事是广西少数民族公共生活的重要组成部分，它通常有固定的行动规则与活动空间，因此，在此类公共活动的承载空间保护过程中，首先应当梳理传统

---

① 王竹，钱振澜. 乡村人居环境有机更新理念与策略[J]. 西部人居环境学刊，2015（2）：15–19.

的祭祀、节庆、人生礼仪活动举行的时间、空间节点、路线、参与人员等具体事项。通过礼俗公共空间的修整，一方面对空间进行功能还原，恢复传统仪式进行的场所，重新建构村民共同行为与群体认同的渠道；另一方面通过仪式的现代性重现增强村民对传统生活的记忆，唤起族群想象，加强交流与联系。

许多传统村落中的礼俗空间往往在形制、空间、构筑元素等方面具有象征意涵，寄托了少数民族对祖先、神明的崇拜以及对风水庇佑的诉求，庙宇、鼓楼、风雨桥、风水树、祖屋、祠堂等空间及其选址、序列均是体现各种象征崇拜的意涵空间。这些建筑具有极高的人文历史价值，其保护与修缮是当前村落建设的重要任务。保护具体措施可结合现今的社会文化特性，允许传统建筑内的居民外迁，或是对传统建筑进行再利用改造，但要保存聚居建筑的社会功能即要延续议事、祭祖和婚嫁丧葬等的仪式活动和象征功能，不得改动传统建筑的意涵空间；修复已经破败的建筑形制和建筑装饰、完善建筑空间序列，清除建筑空间中的杂物，恢复空间原本样式，将传统建筑中所体现的内在精神与民族文化重新展示在人们面前。

（2）存旧、续新日常生活场景与公共空间——地域性延续

日常生活场景通常对应于与村民日常联系最密切的田地、田间小径、禾坪、古井、宅前屋后等生产生活与交流交往空间。日常的公共活动虽不具有节庆仪式般的制度化的具体形式和规定，但它是村民最平常、最真实的生活形态，是传统村落"内部原真性"的重要体现。日常生活场景及其公共空间保留与延续的方式主要包括：

1）恢复被占用的农田、果林，重现农耕活动；梳理杂乱的和被占用的传统建筑附属空间，拆除与传统建筑相冲突的新建建筑和构筑物；恢复被填埋的堰塘，保持其蓄水功能；使堰塘、禾坪、晒排、菜园等成为具有生产生活性质的休闲公共空间。

2）梳理传统村落道路体系，让主要道路串联大部分传统建筑和空间要素；疏通被构筑物、植物丛、废弃杂物阻挡、隔断的宅间小径，保持其通达性。

3）保护传统村落的自然环境要素，恢复"山—宅—田—水"的传统生态空间格局，禁止环境协调区内任何破坏性的建设。

4）修复残破、废弃的古井、古桥、碑刻等历史要素，恢复要素周围村民的交流、交往空间，提升历史要素的文化景观和场景构筑功能。

5）对于不可恢复的历史空间赋予其新的时代意义。如将传统村落中现今功能难以还原的教育类公共建筑（如祠堂、书院等）改作村落历史文化的展示空间；族谱、契约、房屋修建记录、生产工具、历史照片等都可作为见证村落历史与民族文化的展示内容；在旅游开发型村落中，还可对少数民族传统村落中典型的生活和生产场景进行表演性展示，以最直观的方式宣扬少数民族历史与文化，与传统公共空间的存续互为补充。

对于仍以农耕为主要生产生活方式的广西少数民族传统村落而言，保留传统的公共生活场景、再现旧时生活形态是传统公共空间存续的关键，因而必须立足于对日常生活场景的观察与研究，发现公共活动与村落环境各要素之间的关系，通过日常场景的"再现"，重塑公共空间活力。

（3）新公共空间的营建——本土融合

公共空间的营造应采用"本土融合"方式，主要针对微观层面的形制、形式与点域功能。鉴于广西传统村落中公共服务设施普遍匮乏的现状，公共空间势必作为新的异质空间单元介

入，这就要求其与本土建成环境融合共生，保持、延续地域性与民族性特征。具体措施包括：秩序方面，公共建筑的形制应与村落民居融合，形式应吸收地域、民族传统建筑特色；功能方面，则关注其对于当地乃至周边村落的复合作用，扩大实际功效。

（4）将公共空间作为民族文化、地域特色的载体与展示平台

公共空间作为传统村落的核心，在其整体保护与发展中不可忽视。而以往的村落保护与发展的关注多集中在民居建筑单体上，公共空间并未得到足够的重视。公共空间是人群活动的载体，是村落功能的必要补充，是村落历史脉络与民族文化、地域特色的传承，因此，也更易成为村落的重要标志，于此寄托精神与铭记历史。

对传统村落公共空间的保护与更新中应重点营造重要公共空间节点，以街巷传统肌理的延续、保留为基础，结合各村人群活动频率与分布，突出核心公共空间，对地域、民族文化要素加以甄别与再利用，使之成为村落之间具有差异性的亮点和特色，避免造成"村村有特色，各村皆大同"的面貌。例如，在以宗教或民族文化为发展核心的村落中，宗祠、社庙、祖屋是家族或宗族集会、祭祀、节庆活动的空间，这类空间及周边环境应作为特色公共节点进行营造，延续传统的形式与风格，并与其他的民俗空间联系、结合，梳理村落公共空间的结构关系与秩序，整合优化民俗特色资源。而在以农耕文明为主导的村落中，田间地头则是与村民生产生活最为密切的公共空间，承载着村民的大部分生产生活活动，如何完整保存其空间形态，传承、延续农耕文明的意义与价值则是保护与发展的关键问题。例如，桂西、桂西北山区的梯田，不仅是生产用地，同时也成为独特的农业景观，是村落文化个性与持久活力的源泉。

3. 基于大数据与互联网的空间信息资源库建设

"互联网+大数据"的意义不仅仅体现在庞大的数据库资源，基于数据的专业化分类整理、保存与研究，更有利于对实物环境与资源的保护，以及通过互联网向大众分享与传播有价值的信息。近年来，这一概念与技术已迅速渗透到各行各业。国外的数据信息较为丰富与完善，涵盖面广，开放度高。例如，荷兰建筑年份的可视化数据平台，整合了荷兰全国所有城镇的城市、人口、坐标、建造年份、面积等信息，并可于网站上进行数据的查询与自定义筛选和呈现（图5-11a）；类似的空间信息与数据也包括在一些较为成熟的地理信息系统平台中，例如意大利的Sistema Informativo Territoriale信息平台（图5-11b）。

a）荷兰建筑年份可视化数据平台　　　　　　　　b）意大利 S.I.T. 地理信息平台

图5-11　国外村落、建筑信息平台（来源：a）http://code.waag.org/buildings/#52.2074, 5.0798, 16 b）http://www.comune.sant-angelo-in-vado.ps.it/index.php? id=14820）

在我国城市规划与城市设计领域，掀起了"开放数据运动"，为城市研究的开展提供了大量的数据基础。例如，许多公共空间研究领域的学者，已利用百度、腾讯的人口热图数据，进行不同空间形态下人口分布、使用状态的分析，评价空间活力，分析活动的时空分布差异等，进一步深入剖析公共空间与公共活动的形态与结构特征。又如通过大众点评的评分信息或微博等文字信息内容的解析，将人们对于城市空间的认知与感受进行数据化的转译，有效弥补了传统城市规划中此类主观信息的缺失。

地理信息学科的专家、学者已开始尝试利用遥感技术对重点村落进行乡村发展综合规划，通过三维立体方式展现，直观明了再现乡村建设规划美丽图景，使农村建设有章可循，提高农民参与规划制定、完善并实施的主动性和积极性。

在规划与建筑学领域，传统村落空间信息数据库的建立无疑有利于对传统村落进行系统的、精准的、时空维度的定量研究。基于对传统村落与文化的特征解析，确定数字资源库的规范与标准，将特征值作为数据输入系统，借助视频、音频、图片等信息资料把传统村落的空间结构、建筑形式、结构形制以及传统文化等全部信息与细节扫描保存，形成数字化的资源库，再通过互联网为公众提供数字化展示、教育以及为学者的研究提供开放数据，实现信息的共享、交流与开发利用。

此外，互联网与大数据等技术手段还有利于建构基于乡村社区或宗族组织的传统文化交流与传承平台，如将家谱、村落历史档案数字化，建立社交网络，结合家风教育、村规民约、文化交流、网络学堂等服务和功能建成一个开放互动的虚拟社群，也是一个情感交流和村落文化传承的平台。

由于传统村落信息获取的难度与不确定性，相应的信息库、数据平台的建立并不顺利，尚未形成完整体系，但也因而存在更多的可能性与更广阔的发展前景。

4. 精准保护与发展

如前所述，近年来如火如荼的传统村落保护与开发，多参照新农村建设规划的发展模式进行建设，由于对历史保护及传承性的考虑不足，导致了历史文化遗产消失、过度开发、盲目建设和传统建筑改造失当等建设性性破坏现象，传统村落的空间形态、生活方式、乡土记忆，甚至是历史文脉，正在无形之中面临着割裂的危机。

将"精准"纳入传统村落保护的核心要求已势在必行，即强调传统村落的科学、理性、有序的传承与发展。在精准调查、掌握历史资料、乡土记忆和"在地文化"符号，准确预测村落人口增长，确定村落发展规模的基础上，精确分析、梳理地域与民族性特征、历史文脉，结合村民意愿，精准规划出合理的村落生产、生活、生态空间；精准描述乡愁文化现象、精准复原历史景观风貌，探寻支撑乡村社会发展的生活方式与经济产业，方能实现对乡土文化的"精准保护与传承"。

5.3.4 地域、民族文化传承策略

1. 传承内容

村落格局与风貌：与地形、植被、水系的结合，适应当地地形地貌、气候条件、反映历史文化、地域特征的建筑形式与风貌等。

生产生活方式：保护传统的建造工艺、风格，建造文化、建造习俗，传统的生产方式、技术，迎宾送客的活动等。

民俗节日活动：保护不同民族丰富多彩的节日文化，如"行歌坐夜"、赛芦笙、"月也"、赛芦笙、花炮节、春耕节、牛王节等。

祭祀活动：保护具有民族特色的传统祭祀活动，如侗族的祭"萨岁"。

婚丧嫁娶活动：保护具有民族特色的传统红白喜事活动、丧葬民俗、婚嫁民俗，如侗族的"偷亲"、壮族的"岩洞葬"等。

2. 传承方法

博物馆保护。建立博物馆来收藏并展示当地的物质与非物质遗产资料，一些非物质文化遗产可借由多媒体的方式在博物馆进行展览、播放。

民俗风情表演。传统聚落的公共空间是民族传统文化的空间载体，民俗活动都于其中进行。在旅游开发的村落中，这类公共空间也成为游客主要活动的场所。"还原"具体公共场所中的对应公共活动，将传统非物质文化以表演的形式供游客参观与体验，是一种有效传播民族文化的方法。然而，在近年的旅游开发热潮中，民俗风情表演的"商业气氛"愈加浓厚，原真性反而逐渐丧失，亟待关注与警惕。

长效保护机制。对重要的非物质文化遗产，由政府部门进行认定、申报、统一编号，并记录在案，公之于世。对传统公共建筑艺术，同样需要详实的调查、测绘与记录，并以通俗易懂之形式向大众传播与分享，还可举行展览、建筑竞赛等，吸引各方人士参与其中。

村民为主体的参与性保护与活力营造。村民是村落的主体，最了解、熟悉村落的历史文化与生活环境。从政府部门、建筑师、规划师视角出发的保护规划并不能完全满足村民的真正需求。引入"公众参与"机制，发动更多原住民参与到规划、建设的决策与实践过程，有利于设计者对村落环境概况、历史文化资源的了解更准确、全面，也便于与村民直接交流，了解他们的需求与意愿，据此调整方案，使规划与保护更切合实际，易于实现。

另一方面，传统村落公共生活与生产生活息息相关，其主体也是村民。传统村落公共生活文化的延续不能依赖于旅游开发、民俗表演，而应关注村民的活动方式，按需保护规划，重塑公共空间活力。针对村民不同季节、时间的外出劳作或公共活动进行详细调查，结合村民意愿适当保留承载民族文化、村落历史和乡愁回忆的公共空间要素，合理分布村民的节庆活动、日常休闲或民族、民俗表演等各类型公共活动的空间，通过公共空间便利性、多样性的提升，为更丰富的公共生活创造条件。

在当下，传统村落中的熟人社会特征与宗族组织力量仍然存在，但不断深化的社会分层、复杂的意识形态、强势的城市文化及城市的地缘吸引力等因素，已经迫使其内部产生剧变，传统的秩序与规范被城市化思想冲淡，公共生活的形式与活力日渐衰颓。公共空间与公共生活是相互依存的，传统村落公共空间的保护与发展必须以公共生活与社会秩序的延续为基础，从而更需要发挥村民的主观能动性，延续传统社会秩序，发挥宗族、村委会的组织与凝聚力，根据当下的社会文化特征，调整与重新定义宗族的社会职责，并结合其他社会力量，形成传统村落社会生活的新秩序，为公共生活与公共空间的延续提供土壤与意义。

5.3.5 传统公共空间文化的发展

传统公共空间文化内涵不应只在传统村落的保护中的继承与延续，更应该在新农村建设、新公共建筑等诸多范畴进行传承与发扬。

1. 生态博物馆

"生态博物馆以有助于地域社会的发展为目的，通过探究地域社会人们的生活及其自然环境、社会环境发展演变过程，进行自然遗产和文化遗产的就地保存、培育、展示的场所与机构，是居民参与社区发展计划的工具[①]"。

2005年，广西民族生态博物馆建设"10+1"工程正式启动，并选取南丹白裤瑶生态博物馆、三江侗族生态博物馆和广西靖西旧州壮族生态博物馆为项目试点。其中，"1"是指广西民族博物馆，主要发挥引导、统领作用，"10"是指遍布广西10座已建或在建和待建的民族生态博物馆，除了上述的三个试点外，其余的博物馆包括那坡达文黑衣壮生态博物馆、龙胜龙脊壮族生态博物馆、融水苗族生态博物馆、金秀县瑶族生态博物馆、贺州市莲塘镇客家围屋生态博物馆、灵川县灵田乡长岗岭村汉族生态博物馆以及东兴京族三岛生态博物馆。这种总分互补联动工作的方式旨在实现资源的共享与互补，也为我国生态博物馆的发展提供了新的思路[②]。

就已建成的几个生态博物馆来看，仍面临着资金短缺、得不到必要的维护与修缮、宣传不到位、保护意识不足、缺乏专业人才、管理滞后等问题，在村落层面上，生态博物馆还不能完全融入其中，居民的认同感和参与度不足，也尚未达到成为传统村落中新兴的公共建筑和公共场所、丰富村民生活的目标。

2. 新农村建设

近十年来，我国进行了大规模的快速新农村建设和农村住房的改造工程，多以集中、优化农民居住和产业模式为目的，提供全面的基础设施与完善的公共服务配套，使传统村落的居民能享受到与城市相当的生活条件。也正是在现代化和城市化的冲击下，许多村落在规划发展中出现了诸多问题，例如照搬城市社区模式，按某种配比或标准来确定公共空间的类型和布局，重民居的改造和新建而忽视村落整体格局与公共空间，形式单一、千篇一律，乡土文化与地域性特色丧失等。在新型城镇化的背景之下，乡村聚落的发展模式也应由过去片面追求扩大规模、扩张空间，转变为切实提升乡村文化、公共服务内涵，使乡村聚落成为高品质的安居乐业之地。

传统村落中往往蕴含着丰富的与自然和谐相处、增强集体凝聚力、营造生活氛围和空间活力的经验和智慧。新农村的公共空间与传统村落公共空间是一脉相承的，研究与借鉴传统村落在选址、山形水势、道路网络、公共空间形式与氛围等方面的营造经验进行新村规划与建设，有利于从总体上实现地方风貌和传统文化的保护和传承。例如：

---

① 乔治·亨利·里维埃. 生态博物馆——一个进化的定义[J]. 中国博物馆，1995（2）：6-6.
② 覃溥. 广西民族生态博物馆的建设及"1+10工程"[N]. 中国文物报，2005.

图5-12　恭城红岩的老村（左）与新村（右）（来源：作者自摄）

　　尊重和充分利用自然地形、江河水体、气候环境、农地格局等地域性要素，减少对自然环境的过度改造；善于运用自然要素来营造公共活动的空间氛围，塑造自然惬意、富有乡土气息的公共空间环境，延续村落的地域文脉（图5-12）。避免千篇一律，无视地域环境的单调、规整的行列式布局。

　　借鉴传统村落层次丰富、有机开放的公共空间组织方式，以宜人的街道尺度连接起大小不一、形态各异、有机分散的节点空间。

　　保留传统村落中简单朴实却极具吸引力的公共空间，如村口、宗祠、水井、晒台等，尊重、延续与发展传统形式与风格，避免"张冠李戴"文化符号，避免简单套用通过大尺度、大空间、新结构、新材料，以追求新颖洋气的城市公共空间营造手法。

3. 城市公共建筑中的文化转译

　　传统村落公共空间的民族文化、地域特色，不仅可作为新农村建设的历史经验与精神传承，也可作为观察、思考建筑问题的现状背景与切入点，通过建筑语汇的转译而在现代城市公共建筑中呈现出来。例如，在商业综合体的设计中，常以传统街巷、水乡为主题，营造舒适惬意的商业街区氛围；又如在博物馆设计中，常以传统文化符号或纹样作为建筑立面表皮的元素等。

　　近年来，广西地域建筑的创作与探索层出不穷，但总体仍趋于"表皮化"、"符号化"、"具象化"，多关注对造型、材料、装饰等物质形式的借鉴，却较少涉及空间形态的理解和再塑，更勿论精神层面的传统文化与民族性格的继承和发展。

　　少数民族传统村落公共空间在与自然环境充分融合、多层次的组织结构、交往空间氛围的营造、传统材料的当代演绎、界面风格的延续以及对自然气候环境要素的适应性等方面对现代建筑创作有很多启发与指导意义。

　　深刻挖掘广西少数民族传统文化的继承性、生态观、人文观以及地域性内涵，从空间形态、材料的使用、建筑细节的转译与建筑色彩的表达等方面借鉴与传承传统营造观和场所精神，方为广西地域建筑创作、创新的探索方向。

5.4 广西少数民族传统村落与公共空间保护发展实例

广西少数民族传统村落保护与发展方兴未艾，尤其自2012年以来，广西通过实施城乡风貌改造、名镇名村建设、村镇规划集中行动、特色民居塑造等，一批富有地域特色、民族文化的传统村落得到保护、传承和合理利用。但传统村落保护点多面广，实施起来面临多种困境。一方面，传统村落大多分布在经济欠发达、交通不便的少数民族聚居区，基础设施差、生活水平低、发展的基础薄弱；另一方面，很多地方对传统村落的保护认识不足，只重经济利益，而轻社会价值，缺少保护规划和强有力的保护措施，发展的方式、速度、阶段参差不齐，取得显著效果者屈指可数。

本节将结合广西少数民族传统村落保护与开发的实例，剖析与探讨保护与发展策略。程阳八寨是广西传统村落中较早开发、较为成熟并且规模较大、地域民族文化资源丰富的村落，其发展方式以旅游开发为主，取得了一定成果，也同样遇到了困难和波折。旧州街是传统商埠型聚落的代表，聚落格局完整，同样较早地展开保护与开发、旅游业与民族手工产品生产并重发展。弄立村为地处偏远高山地区的瑶族古村，资源稀缺，生产生活发展滞后，公共空间匮乏，结构不完整，保护与发展刚刚起步。古民寨是现存保护最好、规模最大的壮族夯土传统村落，其保护与发展工作正在如火如荼开展中，借鉴与吸取了许多传统村落的模式与经验，在各方面做出了很多大胆尝试，值得持续关注与探讨。通过对这四个不同地域、不同民族、功能与资源类型不同、保护与发展的时间、阶段、方式各不相同的案例的深入剖析、比较借鉴，反思后效，总结经验与教训，探索切合实际的、具体可行的保护与发展策略。

5.4.1 程阳八寨——旅游开发的困惑

1. 村落概况

程阳八寨是位于三江侗族自治县林溪乡的八个侗族村寨，林溪河绕村环转，将村落编织、串联为整体的村落群。各个村寨风貌独特，民族文化原真性得到较好的保存，在前文已详细介绍，故不再赘述。

2. 保护与开发现状

程阳八寨作为一个传统村落群落，是一个有机的整体系统。各个村寨相辅相成而拥有丰富的历史信息库与独特显著的民族文化特征。将村落群作为整体来保护开发，不仅有助于保持风貌与文化的完整性与多元化，更有利于发挥规模效应，延续与发扬侗族传统文化。

（1）整体空间形态保护与发展

在总体的保护规划中，强调延续侗族传统村落沿河串联布局的特点，同时为保持村落的独立性、完整性与原真性，将规划的新聚居区与新公共建筑与原有村落有所隔离，以减少对传统风貌的干扰，强调"不仅要从单体上保护村落公共建筑，也要保护其周边环境；不仅要保存和维护好物态的公共场所，还要继承其承载的民族传统文化"。突出"桥、歌、节、寨"四大特色，提出"百年风雨桥，千载侗乡情"的主题，着力打造"程阳八寨"这一旅游品牌。同时，强调容量控制，既能促进旅游发展，又不妨碍传统村落的保护（图5-13、图5-14）。

（2）公共空间的保护与发展

对保护与发展规划范围内的建筑与空间进行详细调查分类，依据保护、修缮、改造、更新、拆除、新建六个类别的具体情况与目标，分别提出保护与整改要求。保护重点建筑，如各村寨的鼓楼、戏台、风雨桥等历史文化保护建筑；传统风貌建筑改造需遵循"修旧如旧"，"功能是现代的，形式是传统的"指导原则，控制商业建筑的数量、规模、位置，控制商业区域、核心区的商业氛围。在村落内适当地补充满足现代生活需求的公共空间与服务设施，并注意控制形式与规模，不破坏传统风貌。

对村落重要空间节点进行独立设计，例如，对各村寨核心区传统风貌进行恢复，对因新建、改建而被破坏的街巷肌理进行调整，对水环境进行

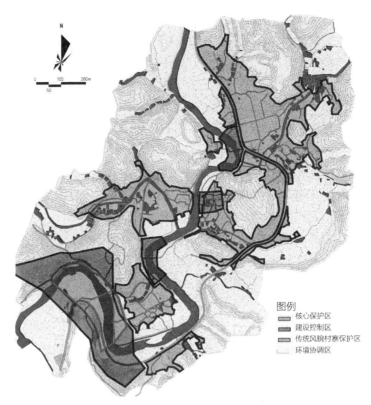

图5-13　程阳八寨总体保护规划（来源：广西华蓝设计（集团）有限公司提供）

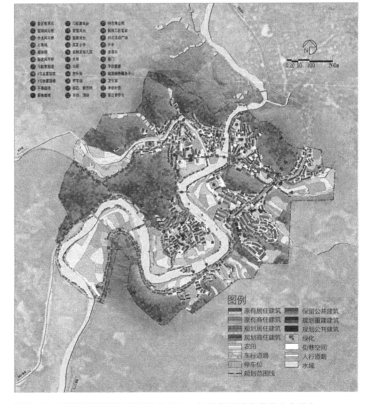

图5-14　平岩村规划总平面图（来源：柳州市规划局微信公众号）

结构梳理与景观营造：

控制鼓楼核心区周边的建筑形式与体量，高度上不能超过鼓楼，保证鼓楼在视觉上的统领地位，强化其作为侗族村寨空间核心与精神寄托的标志性。同时加强公共建筑之间的联系，通过建立通达性强的路网以及开阔的视线通廊，联系起各个村寨的鼓楼与风雨桥，加强村落群的内部联系性与整体系统性。

村落边缘的公路不仅是村落群对外联系的主交通干道，也是串联起各个村寨的主要路径，沿着公路设置旅店商店等商业建筑，利于形成村寨以外带状的商业中心。村落内部建立完善的路网系统，以青石板铺地，道路联系各个村寨以及公共场所，道路形式与格局遵循"顺应自然，适应地形"的原真性原则，依山就势，曲折变化。同时结合旅游规划，确定路线、业态以及相关服务设施的布局。

对林溪河进行水体整治，开辟沿河景观带，梳理渗透入村寨内部的溪流、堰塘等水系结构，塑造与建筑、桥梁、田野相得益彰的水景观体系；保护堰塘原始的生产性功能，保护原有的谷仓、禾晾、公共厕所等水上的小型建筑，维持村落公共空间的多样性与民族性。

在保护传统村落的同时，以发展的眼光看待传统村落的未来，为社会主义新农村的建设做出提前的规划设计。在保持现状村寨规模的前提下，调整用地，疏散人口，将超出容量限制的居民迁至外围居民安置点，并调查与分析居民生活需求，增加公共设施，包括2处村委会，5处文化室，以及卫生所、活动中心、广场、运动场、市场、邮局、信用社等。所有的改建、新建的建筑与标志牌、垃圾桶等构筑物或景观小品均进行专项设计，以使之与传统风貌协调。

（3）意态公共空间的保护与发展。

作为国家4A级景区，程阳八寨吸引了大量的游客和众多的学者到此观光、游览、考察，也使得侗乡传统文化获得保持与发扬的机遇。村寨内新建了戏台、广场，专门用来表演侗族的歌舞，如酒歌、吹芦笙、踩堂舞、侗戏等，游人可以定时定点在固定的场所观看表演。在节假日里，马安寨与岩寨的鼓楼广场上会设下百家宴，让游人亲身参与、体验侗族风情。

3. 保护与发展的思考

历史上三江地区的侗族一直聚居在地处偏远、交通闭塞、封闭落后的高山丘陵地区，外来文化少有渗入，因而原生态的侗族文化得以较为完整地保存下来，整个侗族聚居区亦保持着原真、古朴、自然、和谐，这也成为程阳八寨发展的宝贵文化遗产基础。近年来，程阳八寨的保护与旅游开发卓有成效，成功地创立了文化旅游品牌，获得了较高知名度，成为西南地区民族村寨旅游开发中的典型代表。产业结构的成功转型改善了当地居民的生活条件，缓解了就业压力，并带动了相关产业的发展。公共服务设施、社会保障体系、基础设施等不断健全，有效地改善了村寨环境，提升了生活品质。并且通过"政府支持指导，民间协调配合"的方式，深入挖掘物质文化遗产与传统民俗文化的形式与内涵，结合收藏、记录、表演、传授等具体的方法促进了民俗文化的保存、传播与发展。

程阳八寨是广西传统村落中较早开发、较为成熟的实例，但其发展过程同时遇到了困难和波折，值得总结、借鉴：当地村民在政府部门、景区开发公司的鼓励下参与到景区的发展之中，然而，在实际的参与过程中，由于利益诉求点的不同，村民与公司、政府之间、村寨之间

及村寨内部、政府与公司之间存在着各种各样难以协调
的利益关系，不可避免地导致了利益相关者冲突事件
的发生，例如，在景区的开发过程中，旅游开发公司与
村民常发生矛盾与对立。一方面，旅游开发公司极力劝
导村民参与开发，但对其实际需求的关注与理解不足，
收益分配较不合理，难以实现真正的村民参与式的旅
游发展与运作。另一方面，村民缺乏对文化资源价值与
管理、运营、收益、分红等经济概念的理解与认识，当
未能获得期望的、相应的收益时，便出现"私下兜售门
票"、"带客逃票"等不规范的做法与混乱的局面。利益
相关者之间的关系与冲突是社区、村落参与旅游发展的
巨大障碍，更是未来村落保护与开发不可避免与亟待解
决的难题①。

a）新建筑体量过大

　　改造的重点与资金投入都集中在村落核心区与重要
公共建筑节点上，这些区域的保护修缮效果较好，但其
周围的建筑和环境风貌却无暇一一顾及、面面俱到。因
此，一些民居的形式、体量、风貌的问题未能得到有效
控制，以致公共空间界面在局部出现杂乱无章的现象
（图5-15a）。

b）沿公路界面杂乱

　　沿着公路建设是近年来乡村发展的热门趋势与方
向。村落外围的公路成为新的公共核心带，但由于在早
期的管理与规划中未引起足够重视，乱改乱建的现象较
多，造成公路两旁风貌不佳，杂乱无序，给外来者的第
一印象便遭到破坏（图5-15b）。

c）风雨桥挂满纪念品

　　程阳风雨桥作为整个景区的主入口，其桥廊两侧却
挂满了服饰、织布等琳琅满目的纪念商品，不仅影响了
风雨桥的外观与桥内的视野，更使得在风雨桥中谈天说
地、玩耍嬉戏、拦客对歌的传统活动场景再不复返（图
5-15c）。从程阳风雨桥至合龙桥的主要游览路线上，为
吸引游客而着力打造了特色商业街，然而其两侧建筑均
为混凝土结构、杉木皮饰面，商业气息浓厚，与传统干
阑建筑的风貌相去甚远（图5-15d）。

　　在意态空间层面，由于旅游业的繁荣，许多外来商
户入驻经营，业态逐渐繁杂，现代化城市化的娱乐业态
的进驻使得传统的文化活动被压制。另一方面，在民俗

d）传统街道商业化

图5-15　公共空间风貌乱象（来源：作者
自摄）

---

① 陈巧岚. 参与式发展：程阳桥景区民族旅游的人类学透视[D]. 南宁：广西民族大学，2010.

表演或者宣传当地文化形象的活动中，当地居民"被要求"穿上传统民族服饰，舞蹈歌唱，然而这样的"表演"已不是原生的自发的公共交往与集会活动的情景，而是在旅游背景下，经过主观重构与包装的民俗产品。手工艺品、土特产商业街的兴旺，也将传统的具有社会交往意义的贸易活动转变为商业气息浓厚的产业经营，在满足了游客的文化与商品消费的同时，村民自为的、原生的公共活动却日渐衰落。

5.4.2 旧州街——传统街市的兴衰

1. 村落概况

靖西县新靖镇旧州街，原为归顺州的州治所在，喀斯特地貌，四周群山环绕，有旧州河穿过，河两边分布大片的水田。丘陵、田地、河流、旧街，构成了风景优美的田园风光。以旧州街为核心的传统村落保护区范围内约有355户，1360人（图5-16）。

图5-16　旧州卫星图（来源：Google Earth）

2. 公共空间特征

村落沿河发展，整体形态呈东西走向的带状。旧州街的主街同样沿着旧州河的流势依山而建，坐南朝北，总体呈T字形。南北街较宽，约20米宽，200米长，是集会、活动和贸易的主要场所，东西街长约500米，宽3～5米，全部用青石板铺设。在主街的控制之下，村落的道路系统呈规整的网格状（图5-17）。

在南北街临河尽端，有壮音阁戏台。2005年新落成的旧州壮族生态博物馆展示中心坐落于旧州街的中段，合院式布局，体量低矮，形式简单，与周边民居和谐统一。河流东侧的河心岛上有清乾隆年间建的文昌阁，并以一座小桥联系旧州河北岸。此外，村落周边保存了许多历史、自然遗迹，南有"紫壁樵歌"山，天皇殿、观音阁；东有张天宗墓，东山石刻；西有明、清岑氏土司墓群。四周山崖上还刻有许多明、清文人的诗文。

旧州街历史上是边贸商品集散地，至今保留着明清时期古朴的民居和极富壮族特色的圩市建筑——街屋，建筑沿街而建，多为单开间，少量双开间，青砖墙青瓦，开间宽度统一为3.5米，进深约30～40米。街屋前半部分为厅堂多为高4米，进深4米的两层木楼；后半部为低矮居室，呈前高后低，如虎蹲坐状，俗称"虎坐"。前厅和居室间以祖宗神坛牌屏隔开，居室之后设天井，以供采光透气。天井后又设有厨房、猪圈、小作坊和菜园。街屋前檐出挑约1米，供行人遮阳避雨，厚重的木门，古朴典雅。因古时旧州圩非常热闹，商品贸易繁荣，各家都将前厅辟为商店，而今则主要经营绣球、土特产等。

3. 意态空间与传统人文特征

旧州山水田园秀美，历史遗迹众多，壮乡风俗浓郁，其中，以制作绣球为代表的刺绣工艺与抛绣球的民俗活动是最具标志性的壮族传统文化表现。旧州亦是古代约定俗成的歌圩所在

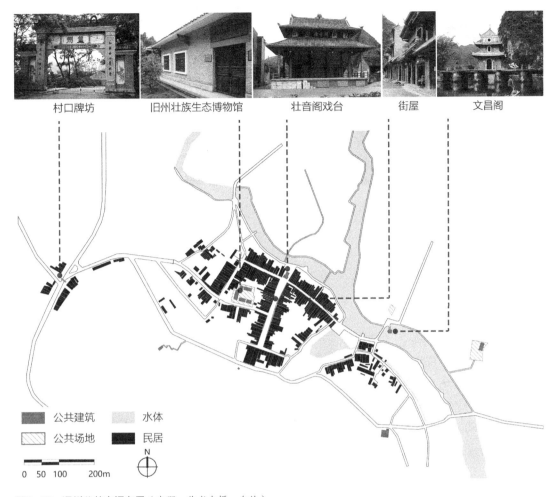

村口牌坊　　旧州壮族生态博物馆　　壮音阁戏台　　街屋　　文昌阁

公共建筑　　水体
公共场地　　民居

0　50　100　　　200m　　N

图5-17　旧州公共空间布局（来源：作者自摄、自绘）

地，山歌传统源远流长，歌圩人山人海，末伦、木偶戏、壮剧等民间艺术精彩纷呈。旧州街上传统的年节习俗，如牛魂节与端午药市，和壮锦、木雕、剪纸等民间工艺均具有丰富的文化内涵。此外，以土司墓为代表的土司文化，以旧州街古建筑为代表的壮族建筑文化，以东山摩崖石刻和田园为代表的山水文化以及壮族"那"文化，以天皇殿、观音楼等为代表的宗教文化等多种文化并存，因而也被誉为"壮族活的博物馆"（图5-18、图5-19）。

4. 保护与开发现状

改革开放后，旧州居民发现了绣球的文化与经济价值，尝试将其作为旅游工艺品，逐步推向市场，进而远销海内外，旧州亦因"绣球街"闻名于世。1998年，旧州街道委员会自发开始发展旅游经济，接待外来游客，至今已接待游客逾200万人次。近年来，政府重视旧州的文化旅游活动的发展，结合社会主义新农村建设和广西特色名镇名村建设，以丰富的文化旅游资源为依托，大力扶持绣球、壮锦等文化产业，逐步完善旅游基础设置，改善民居环境。旧州的保护与开发的具体内容主要表现在以下几个方面：

图5-18　端午药市（来源：http://www.sohu.com/a/23622
1649_726372）　图5-19　绣球制作（来源：作者自摄）

（1）整体空间结构的梳理

通过对村落公共空间整体结构的梳理，确立了"两心、一带、三区"的空间结构发展方向（图5-20）。在厘清空间功能与结构的基础上，确定保护的重点与未来发展的范围和方向。

两心：即壮音阁形成的古村文化中心，大致上靠近村落的形态中心，以及归顺湖与文昌阁形成的

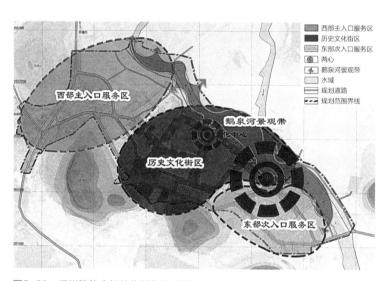

图5-20　旧州整体空间结构规划示意图（来源：百色市乡村办提供）

景观中心，也是村落的重要公共空间节点。一带：是沿河的自然观光带，是游客参观、探访村落的主要游览路径，也是村落田园风貌的集中体现。三区：由保护的重点地段——传统村落历史文化中心区，西部面向县城方向的主入口服务区，以及主要以"那"文化特色观光为主的东部次入口服务区组成。

（2）公共空间的保护与发展

2001年自治区民委投资80万元对旧州民居、庙宇、戏楼进行修复。2005年9月9日，旧州壮族生态博物馆落成开馆，成为我国第一座壮族生态博物馆。近年来，又先后投入800多万元，用于主街道路面青石板的铺设以及居民房屋立面的改造，完成了旧州街新区路网建设、道路硬化、铺设排水排污管道、旧州景区江滨绿化生态停车场等系列建设工作，以及新建篮球场，购买乒乓球台、羽毛球、排球等各种文化体育用品，进一步完善基础设施配套。

旧州壮族生态博物馆，是我国的第一座壮族生态博物馆，通过有效保护旧州壮族的自然环境、文化遗存、社会结构和居民生活，展示了旧州传统村落的文化积淀。其保护与展示采用

了"展示中心"和"原状保护"相结合的方式。原状保护通过古遗址、古民居、古戏台、古陵墓等物质文化遗产的修缮,展示壮族建筑的发展过程;保存了壮族传统刺绣、织锦、山歌艺术、壮剧、木雕、节日等民族文化的旧州"绣球街"的活态展示,展现民间工艺、歌舞、文学各种非物质文化遗产之魅力。展示中心则以图、声、像等现代科技手段和采集民间的实物展览相结合,通过特殊的导游图指示出刺绣、山歌、酿酒、木雕、农民画等传统技艺的家庭展示点以及土司遗存、民居建筑、节庆风俗的文化遗址分布,有效地与原状保护展示结合起来。

在街道界面的整治引导上,改造前的街屋多为低矮的一至两层建筑,既有采用毛石、土坯、青砖、原木等传统材料的老建筑,又有钢筋混凝土结构的新建筑。部分老建筑做了局部修缮,质量维持得较好。新建建筑体量与传统建筑体量较为协调,利于改造。因此,整治措施主要包括了两个方面,其一,采用统一的立面材质与色彩:青砖、灰瓦、白色涂料,通过木质门窗延续木雕工艺文化;其二,统一檐口高度,强化街屋的传统风格与秩序感(图5-21)。村落的整体界面也因而更加和谐统一、连续而有韵律。

在完善公共空间结构和设施建设的同时,旧州街十分重视意态公共空间的建设,组建村民理事会,建立健全村规民约,规范言行举止,村屯风气淳朴。村民还自行组建了业余壮剧团,在传统节日时举办演出,同时经常开展篮球、拔河、山歌等比赛。

改造前现状

立面改造方案

图5-21　旧州街立面整治引导方案(来源:百色市乡村办提供)

5. 保护与开发反思

旧州是广西少数民族地区保护与开发较早的村落,其整体空间格局的完整性亦得益于生活于此的壮族村民长期累世的悉心经营,以及政府的大力监管与投入。

将旧州保护与发展规划总平面图与空间句法的整合度图示相对照可观察到(图5-22、图5-23):新建的公共建筑多位于村落边缘距离村口深度较浅的区域,这是因为旧州街内部的公共空间配套与布局已基本成型,仅需稍作修缮或改造即可满足村民与游客的需求,无需过多新建补充。另一方面,村落的发展目前主要依托旅游业,根据游客需求对景区入口、游客中心、停车场、景观绿地、餐厅、商铺、厕所等旅游配套的基础设施进行完善无疑更为紧迫,因而此类新建公共空间多设置于村落外围、深度较浅、游客最先且最便于到达的区域。

目前看来，旧州的旅游产业开发在经济上无疑是成功的。绣球作为民族手工艺品，不仅易于开发利用，其社会效益与经济效益也比较明显，因而靖西县政府将旧州绣球当作一项旅游工艺品产业进行打造，再加上得天独厚的旅游环境，外来订单不断，绣球产业已经形成了一定的规模，成为村落的主要收入来源，壮族绣球工艺也在民族文化再生产过程中得以保存、传承。

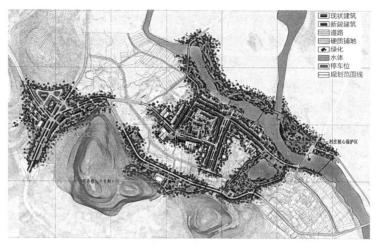

图5-22　旧州保护与发展规划总平面图（来源：百色市乡村办提供）

然而，在村落传统风貌的保护上，仍存在一些缺憾：由于旧州浓厚的历史文化积淀与靠近县城的交通优势，在改革开放后便取得较大的发展。靖西地区壮族的传统建筑以干阑式为主。但随着生活方式的改变，村民纷纷改建或新建为钢筋混凝土的楼房，在风格与形式上日趋混乱，壮族风貌特色严重丧失。所幸，作为传统文

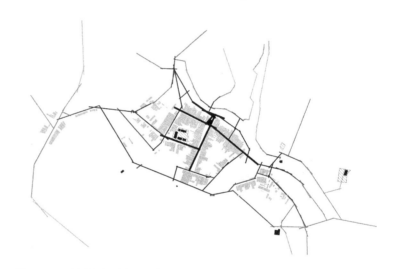

图5-23　旧州空间句法全局整合度分析（来源：作者自绘）

化民族村落，较早地引起了重视，得到及时的保护。然而，重新整治过的建筑界面，已然失去了木构建筑的风骨，原生态的村落风貌受到了影响。在旅游开发的初期，为了突出民族特色，便试图重新构造壮族文化系统，这促使村民不断根据"当年情境"或者民族"应该情境"来塑造旅游景区的外显形象。政府统一出资按照规划好的干阑风格对房屋建筑进行表面的改建装修，试图塑造视觉上的民族形象。同时，为了还原当地民俗娱乐场景，政府重新修整古戏台，并在周围住居的山墙上设置相关文化物件的展览，供游客欣赏。这种视觉上的民族形象，难免落入了不新不旧的"仿古商业街"的尴尬境地，而对重点保护建筑的修缮也没达到预期的"修旧如旧"的标准与效果。

同时，随着旅游产业的发展、经济模式的转型，全村近70%的村民都在从事旅游服务、绣球制作与销售等工作，而不再耕种田地，也对旧州的田园景观产生一定的影响。

5.4.3 弄立村——从空间匮乏到结构完善

1. 村落概况

弄立村位于广西壮族自治区河池市大化瑶族自治县板升乡南部，为自然村，人口较少，户籍人口250人，常住人口160人，总户数约为50户。村落资源匮乏，生产方式以畬耕型为主，经济、生活发展滞后，农民人均年收入仅千余元（图5-24、图5-25）。

2. 公共空间特征

（1）自然山水格局

弄立村的选址依托喀斯特丘陵地貌，择山坳之间，岗峦环抱，地势平缓，略有坡度。遵循瑶族传统的风水观念，村落坐北朝南，负阴抱阳，前有对景山，即朝山、案山，是为理想的村落格局。因深处大石山区，村落范围内并无地表、地下水体，村民生活饮用水主要靠蓄水池进行雨水收集，用水极为紧张。村落周边多为农林植被，包括庄稼、乔木等，而周围石山因土壤贫瘠，仅能支撑草丛、灌木丛等少肥、低矮自然植被的生长。

（2）公共空间形态特征

弄立村村落规模较小，住居的分布稀疏，并未构成完整的、明显的街或巷，建筑群体布局呈自由、零散的状态，朝向随机，缺乏清晰、有序的村落肌理与空间轴线。

村落西北宽度约2.5米的砾石路为弄立村与周边村落联系的唯一路径，对外交通联系极其不便；村庄内部联系亦较弱，道路网络以两条纵向简易的石板路为主干，贯穿全村，再以台阶或横向道路连通各家各户，道路狭小，路面状况不佳，通达性不强。

此外，村落中的主要公共空间还有：4处石棺与墓葬、22处晒台、风水林以及新建的小学、村委会、戏台：

图5-24　弄立村鸟瞰（来源：作者自摄）　　图5-25　弄立卫星图（来源：Google Earth）

石棺与墓葬群。弄立村现保存有石棺4处与墓葬群多处，部分还刻有碑文，至今保存完好。反映了瑶族传统的鬼神崇拜与祖宗崇拜。

风水林。环绕村落建筑周边，含村民种植的村落风水林，形成村落周边的带状屏风，同时亦有乔木散植于民居间隙之中。

新建村委会、小学。分布于村落的中部，均为砖混结构，平屋顶，高度三至五层。原有戏台十分简单，现正在建设中。

晒台。晾晒谷物、玉米是村民日常生产生活的重要部分。受到山地的限制，村落中没有宽敞的晒场，因此传统的瑶族干阑侧门旁有用竹条拼搭成的四方晒台，供晒粮物、休息乘凉、刺绣纺织等活动，增加了内外空间的连通，延续着建筑的生产生活功能。目前，村落中尚保留了22处晒台。

整体而言，村落公共空间类型与数量均不足，简陋且质量与状态差。地面以泥土地面或砾石面为多，仅有少量混凝土铺地的活动场地。杂草丛生，缺乏景观绿地（图5-26）。

（3）整体界面特征

经年累月与自然侵蚀使得弄立村内建筑均受到不同程度的影响乃至破坏。传统的住居多为1~2层干阑式木构架结构，具有典型的瑶族建筑特征，整体界面统一和谐；部分新维护建筑，在不破坏原有框架结构的基础上进行了墙面修复，采用村落周边石材，建筑色彩、结构、高度与村落风貌较为相符。而近年新建的建筑因多为砖混结构的平屋顶建筑，少量为坡屋顶建筑，色彩、材质均与传统建筑存在差异，因而与村落原有的整体传统风貌形成极大的不协调性（图5-27）。

砾石铺地　　　　　　　　　　　　晒台　　　　　　　　　　　　新建村委会与小学

图5-26　弄立村主要公共空间（来源：作者自摄）

残破的瑶族干阑建筑　　　　　　　　　　　较为杂乱的整体风貌

图5-27　弄立村整体界面特征（来源：作者自摄）

3. 意态空间与传统人文特征

弄立村传统节庆、民风民俗保存完好，祝著节是其村落重要的传统节庆，笑酒活动、唱祝酒歌等节庆活动均为重要的庆祝方式（图5-28、表5-1）。

图5-28　祝著节（来源：作者自摄）

弄立村意态空间概貌　　　　　　　　表5-1

传统节庆	祝著节（亦称达努节）、盘王节、春节、中元节、社王节、清明节等
民风民俗	唱山歌、笑酒活动、铜鼓舞、古情歌、红蛋礼、踩犁头、上刀山、唱祝酒歌。传统民族体育活动：斗鸡、斗鸟、射弩、打陀螺、板鞋等
民间艺术	铜鼓舞、古情歌
民族文化	瑶族居住文化、布努瑶民族非物质文化、畲耕文化、宗族文化、祭祀文化、酿酒文化

（来源：作者自绘）

4. 保护与开发现状

2013年8月6日，弄立村被列入住房和城乡建设部公示的第二批中国传统村落名录。2014年7月，大化瑶族自治县人民政府委托广西华蓝设计（集团）有限公司进行弄立村村庄保护规划的编制工作。同时，大化县文联正着手编印出版《中国传统村落——弄立村弄立队图典》，以收集、整理详尽的村落资料，为下一步对村落的保护、传承和利用奠定基础。

目前，对于弄立村公共空间尚未采取具体的、有效地保护措施进行修缮保护，村落现状整体风貌破坏严重，随意改建、新建现象突出，传统建筑群处境堪忧。依据现阶段的调研成果与规划文件，对于弄立村的保护发展规划，尤其是公共空间的保护与开发将从以下几个方面进行：

（1）整体空间形态保护与发展

1）村落选址保护

加强对村落选址的保护，保持在原址上发展。村落核心保护范围内不得改变村落原有格局，在原有基底的基础上，还原突出传统建筑群落空间格局，反映弄立村聚族而居的特点。

2）自然景观保护

保护周边村落现有的山体、山林，禁止挖山采石，禁止开山建设。保留现有山林地。结合现状植被分布，布置中心绿地、公共活动的绿地、场地以及路旁、宅院及宅间空地。绿地植物应以本地乡土物种为主，经济作物与乔、灌、花、草结合。

3）传统格局保护

核心保护区范围内不得改变原有格局，在保持原有基底的基础上，以清、民国及历史建筑为基底，重点突出以明堂为核心的主要节点，改善村落公共开放空间，设置公共绿地，对周边现有山林地进行保护，禁止开山建设，实现对传统的延续。

4）整体界面保护

尽量保持弄立村带状发展的传统格局和自南向北发展轴线的延伸性，在轴线延伸区域内不宜建设高层构筑物，高度宜控制在30米以下（图5-29）。在保护视廊、视域范围内不得建设影响整体效果的建筑物和构筑物，目前已有影响的建筑物、构筑物应逐步改造，降低高度或平改坡、调整外立面风貌或拆除。

（2）公共空间保护与发展

1）道路系统保护

巷道的走向、材质、铺地形式、比例不予改变，尤其保护其宽、窄的尺度变化；保护巷道两侧界面，维持原有的建筑虚实关系、材质、色彩与铺砌形式。必要的工程管线全部地下敷设。市政设施小品，如路灯、垃圾收集箱、消火栓、公共厕所、指示标牌的形式、色彩、风格应与弄立村整体的历史风貌相和谐统一，符合村落的历史建筑风格、形式、尺度以及色彩。

图5-29 弄立村规划设计鸟瞰图（来源：广西华蓝设计（集团）有限公司提供）

2）公共空间节点保护

弄立村遗留的古墓、晒台、蓄水池与风水林，应作为重要的传统历史环境要素加以修复、整治与保护，使其保留或恢复传统风貌，与村落整体传统风貌相协调，并对其周边环境进行必要的整治。传统风貌建筑（以干阑住居为主）根据其分布情况进行分级保护，不同范围的传统建筑，根据具体区域的保护要求实施保护。其中，对核心保护区的重要建、构筑物进行保护、修缮和改善，对已建设在重要建、构筑物原基址上与整体风貌不协调的构筑物进行拆除或改造（图5-30）。

3）公共服务设施规划

文体科技设施方面，对村委会建筑进行改造，采用瑶乡民居风格，使建筑屋顶形式及外立面风貌与传统村落民居风貌相吻合。内设广播站、阅览室、办公室、保卫室、会

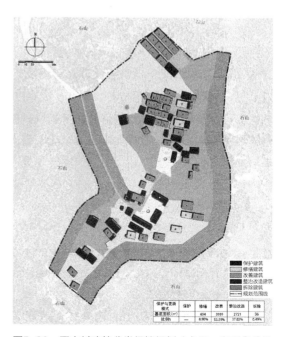

图5-30 弄立村建筑分类保护规划（来源：广西华蓝设计（集团）有限公司提供）

议室和村民活动室，并在村委会附近规划一处文化站。在村委会附近规划村卫生室，兼作景区医疗服务室。利用村委办球场、小学球场作为公共健身运动场地，在村委办周边绿地设置公共健身运动器材，完善医疗保健设施。在村委会附近设置小型便民超市，保证生活需要，弥补商业设施的缺失。

4）建筑单体整治规划

建筑单体的整治需控制其体量，维持村落整体的空间尺度；控制建筑高度，保持村落依山就势的空间形态与丰富层次，形成有序变化的天际轮廓线；界面保持连续，强化空间的领域感，塑造整体的空间视觉形象；就地取材，选用土、木、竹、石等原生态材料，以达到材质、色彩的统一与和谐。

从建筑功能整治来说，传统村落中的建筑保护必须结合建筑的利用进行，提供一些适合功能如茶馆、手工作坊、展示馆、乡土生活体验大院等才能保证传统村落重新焕发其生命力，为旅游服务，发挥最大价值。

（3）意态公共空间的保护与发展

弄立村作为典型的布努瑶传统村落，具有传统的布努瑶民风民俗。村民每年都会载歌载舞庆祝祝著节，并且弄立村一直延续着瑶族铜鼓舞。从清朝至今，人们在节庆、喜事或村里的重大事情就拿出铜鼓敲打，随着铜鼓声，人们跳起铜鼓舞，这种习俗已延续百年。节庆文化与铜鼓舞作为重要的文化遗产，是意态空间保护的重点。此外，民族传统服饰与铜鼓等手工艺品的制作、酿酒活动、传统民族体育（斗鸡、斗鸟、射弩、打陀螺、板鞋等）均为弄立村意态公共空间保护的重要部分（表5-2）。

弄立村意态公共空间的保护与利用方式　　　　　　　　　　表5-2

活动类型	意态元素	利用方式	物质载体
传统节庆	祝著节（亦称达努节）、盘王节、春节、中元节、清明节等	**演绎：** 举办节庆文娱活动、特色民俗节庆晚会等，平日举办民俗特色表演弘扬节庆	设置节庆民俗舞台、戏台
民风民俗	唱山歌、笑酒活动、铜鼓舞、古情歌、红蛋礼、踩犁头、上刀山、唱祝酒歌、传统民族体育（斗鸡、斗鸟、打陀螺、射弩、板鞋等）	**表演：** 结合旅游，在特定的节日开展独特的民俗活动，吸引游客同时延续当地的民俗文化	民俗演绎、唱古情歌
民间艺术	铜鼓舞、古情歌	**展示、表演：** 通过庙会等形式，在节日组织表演铜鼓舞、演唱古情歌等活动	设置节庆民俗舞台、戏台等
思想文化	布努瑶民族非物质文化、民俗文化、瑶族民居文化、畲耕文化、宗族文化、祭祀文化、酿酒文化	**展示：** 通过文字、图片、资料展示弄立村的历史和民族文化的融合	展示馆、民居展示点等。

（来源：作者自绘）

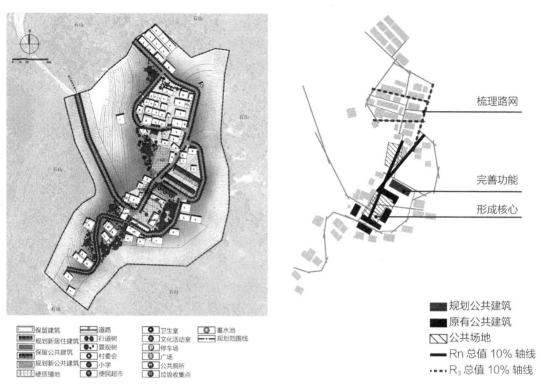

图5-31 弄立村保护发展规划总平面图（来源：广西华 图5-32 弄立村规划空间句法分析（来源：作者自绘）
蓝设计（集团）有限公司提供）

5. 保护与开发反思

将弄立村保护发展规划总平面图（图5-31）与空间句法分析的整合度图示（图5-32）进行比较，可以发现近年来新建的村委会、小学、球场等公共空间恰位于村落全局整合度核心区域。规划的新公共建筑，在功能上完善了村落文化、商业功能，在选址上亦向整合度核心趋近、集中。将村落中部原有的可达性高但却长期空废的场地进行整理与利用，形成新的戏台与文化广场。于是，原有的、改造的、新规划的公共建筑与场地将共同形成村落功能、空间以及组构上的核心。此外，村落局部整合度的核心靠近于北面的居住组团，恰恰为保护规划中道路系统保护与整治的重点区域，合理的梳理无疑有助于加强该区域道路的可达性与活力，方便村民的出行活动。总体而言，该保护规划对公共空间布局、结构与功能的认识与梳理大致上与村落的空间组构特征相吻合。

弄立村由于长期处于偏远贫困、发展滞后的状态之下，公共建筑匮乏，公共空间体系不完整。现有的保护规划反映出很多有价值的思路：

对村落的自然景观、传统格局、整体风貌、人文历史资源、传统风貌建筑，坚持"整体性"、"因地制宜"、"原真性"的原则，合理采用"分类保护"、"原貌保护"、"修旧如旧"相结合的方法与策略。例如，为保护具有传统特色的街巷空间，在风貌破坏较为严重的区域，进行立面修复，以优化巷道立面；而对空间风貌保持较好的区域，仅在局部稍作调整。在历史巷道中采用青石板路、青石板与卵石铺砌相结合的方式恢复或取代已损毁或被硬化的路面，尽量重复利用遗留的旧石板，若数量不够，则将新石板打磨、做旧。新规划的、为完善路网结构而设的辅助性村道则从实用的角度出发，选用水泥硬化的形式。

面对传统公共空间缺乏、结构不完整，新建公共空间又对村落景观造成影响、与整体风貌不和谐的现状，规划通过改建、改造使村落内的各类建筑风貌恢复和谐统一，并根据村民生产生活的具体需求，例如，现有村委会办公用房布置在村落中央，为混凝土建筑，对交通及视线景观均造成阻滞，于是拟进行改建，采用瑶乡民居风格，使其屋顶形式及外立面风貌与传统村落民居风貌相吻合。同时，适量新建文体科技、医疗保健、商业设施，完善村落公共空间的功能，而非盲目复制城市社区公共空间模式。例如，设广播站、阅览室、宣传窗与公告栏，利于村民获取与交流、展示信息与资料；规划活动室与文化站，方便村民健身、娱乐，举行文化活动等。

同时，从弄立村的保护与发展规划中，也可发掘出一些值得思考与推敲的问题：

就贫困山区的村落而言，村民更看重的是其居住生活条件的改善。村民虽长期生活在传统村落的自然环境中，却对村落的历史文化价值缺乏深刻认识，仅凭政府的少量补助并不能有效阻止村民自发的改造和新建活动。村落中大部分历史建筑已年久失修，风雨、火灾的隐患，使之不能适应现代社会生活的发展需求。考虑到保护的成本、性价比等经济现状，不能不加区分地采用原貌保留的策略，而应通过规划、设计的合理引导，创造出兼顾民族风貌、现代生活需求、实施可操作性的村落与建筑形式，例如，鉴于大石山区缺乏木材，选用耐久性、防火防水性能更优的钢筋水泥梁柱与砖维护的结构体系，可以沿用传统杉木皮进行外墙饰面，对整体界面进行适当引导，避免盲目追随潮流而采用瓷砖等装饰材料，与村落传统风貌发生冲突。

现有的规划将村落的主要职能定位为"生活居住、休闲旅游"。考虑到弄立村深居山区内部，缺乏水、农林等基本资源，地瘠人贫，经济落后，信息闭塞，内外现状交通条件都比较差，对于村落发展极其不利。商业、旅馆、餐饮等旅游公共服务设施均为空白，短期内要具备一定规模的旅游接待功能有很大难度。因此，村落的发展是否必须走旅游开发、商业化经营的路线，尚有待斟酌。这类发展路线的选择问题对很多传统村落而言都非常值得思考，鉴于村落自身自然、经济、交通等方面条件的差异，许多村落并不具备旅游产业发展的基础与价值，因而不应一味通过引入旅游产业来期待迅速改善村落经济。对传统建筑与空间的保护，亦应针对不同性质、不同条件的村落进行分类，因地制宜、对症下药地制定精准的保护与发展策略。

5.4.4　古民寨——夯土村落保护与发展新探索

1. 村落概况

鼓鸣寨位于上林县巷贤镇长联村，地处大明山脉，四面环山，正面为古民水库，依山傍水逐级而建。大部分建筑为清代和民国时期修建，基于半封闭的原生态环境，而成为现存保护最好、规模最大的壮族夯土传统村落（图5-33）。

古民全貌

叠石滩   古井   古民小学旧址

图5-33 古民全貌与主要公共空间（来源：作者自摄）

2. 公共空间特征

村落建筑多为两层的夯土合院，较为方正地沿着坡地逐层排列，因此村落的整体形态亦呈规整的面状。道路系统为树枝状网络结构，地面以泥土、卵石铺砌。据记载，曾有一座修建于北宋年间的狄青庙及一座修建于元太祖年间的观音庙坐落于古民寨上方山腰处，但已于1940年被炮火摧毁。村民将庙中"江南第一神庙"的牌匾收藏起来，又于"文革"时期被损毁。现存的公共空间不多，仅有村落入口的水塘、叠石滩，民居组团间的小块平地、菜地，以及村落上方的风水林。与公路紧邻的古民小学为新建的多层混凝土建筑，与村落的传统风貌差别较大，而其旧址早已衰颓，但仍保存于村落中央，小尖顶西式门楼，在夯土建筑群中显得尤为独特。门坊的背后，依然是夯土合院格局，堂屋据说为古时的教室，耳室则为教室办公室与住处。

建筑均以夯土建造，垒石做地基，青瓦为屋面，道路两侧的挡土墙、边坡、菜园的围栏也多由卵石堆砌，在质感与色彩上均与村落边缘的梯田、山林、芦苇丛、卵石水岸呼应相容，再加上建筑单体尺度相仿、沿等高线行列布局。从而塑造了整体统一、和谐自然的界面特征。

3. 保护与开发现状

由于地处山岭之间，交通不便、封闭原始的自然环境是古民寨保存完好的基础条件。很多村民曾打算推倒旧屋，在原址重建新居，但也因为需要花费大量交通、建材成本而放弃。夯土坚固、安全的特性，也使得建筑历经百年仍风韵犹存地保留至今。

为了改变山村贫穷落后的面貌，2012年初，在市委、县委的支持和指导下，巷贤镇党委、政府通过招商引资，引进广西鼓鸣寨旅游投资有限公司，投资开发鼓鸣寨养生旅游度假基地项目，并于2013年10月获得备案许可，同期开工建设。

古民村的民俗民居示范点创建及旅游开发工作以"尊重传统文化和壮族传统风貌，因地制宜进行生态建设"为宗旨，以"因地制宜、政府主导、公司运作、群众参与"为原则，进行保护性开发。主要建设内容包括生态移民新村、生态休闲设施、古村落保护和利用、旅游驿站、环湖公路、养生公寓、生态农业观光等。

一方面，通过异地新建，整体搬迁让村民搬离原本交通闭塞的老村庄。古民新村选址于进村公路旁，面积约110亩，包括住宅、商业配套及村委会、文化活动室、戏台、图书室、托儿所等公共服务配套设施。从效果图中，可以看到新村的设计延续了老村落黄墙灰瓦的传统风貌，布局严整沿公路呈带状（图5-34）。

另一方面，旅游公司着手对原有村落进行保护性开发，在保护和传承传统格局、建筑形态的基础上，对古老民房进行修缮，用作展示中心、宾馆、休闲度假院落等，现已改造出一座民俗展示院落（图5-35）。基于原有的道路格局，修整与完善车行道、人行道、登山道，以及污水处理设施；将原来作为晒坪、堆放农具的宅间空地进行整理，营造出不同主题的活动广场；利用原有自然景观，建设有机农业示范田、果园、药物园、八角林、茶园、花卉展示园等。此外，庙宇重建、水上世界、康娱中心等项目也在规划之中，最终营造出多层次的适应现代生产生活、文化娱乐的人性化综合乡村聚落。目前，对出现破损的民居的修复工作已经开始，修复民居破损的墙体，同时给建筑物喷保护漆和更换瓦顶。聘请了意大利迈丘设计事务所，对村落建筑、空间进行修复、规划与设计，以打造全国第一家壮族夯土建筑主题公园。同时，通过展览形式向游客呈现村落留存的、具有壮族特色的生产工具、生活工具、民族服饰、乐器、手工艺品等传统物件，并鼓励、引导村民将民族语言、生产技艺、歌舞、节日活动、婚丧习俗等融入日常生活中，以活态展示的方式，延续民风、民俗，传承民族记忆。

2015年5月29日，由意大利迈丘设计事务所主办，广西鼓鸣寨旅游投资有限公司、上林县鼓鸣寨旅游开发有限公司协办"鼓鸣寨国际学生夯土建筑设计竞赛"正式启动。此次竞赛，邀请了全球各大高校学生参赛，旨在寻求最适合的方案来保护和提升古村落及其夯土建筑群，让这些古村落再次焕发生机，并深入挖掘当地的历史文化价值，成为中国古村落可持续发展的典

图5-34　古民新村效果图（来源: http://news. 图5-35　民俗展示院落（来源：作者自摄）
xinmin.cn/shehui/2015/04/14/27371569.html)

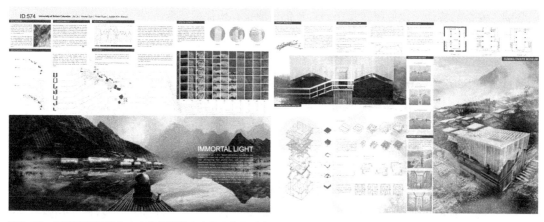

图5-36　鼓鸣寨国际学生夯土建筑设计竞赛优秀作品（来源：竞赛组委会）

范。竞赛得到了政府和相关院校的大力支持。来自世界各地的学生团队积极探索与挖掘村落的地域特色，提出了很多独特的、有创意的、可持续的解决方案（图5-36）。

4. 保护与开发思考

目前，鼓鸣寨的保护开发正如火如荼地进行中，其成效如何、传统村落风貌是否完整保存、新村与新居是否符合村民的生活需求、提供600个就业岗位、实现纯年利润5000万元以上的社会效益和经济效益的预期能否实现，尚且未知。但仅就保护与开发的过程本身，就足以引起关注与思考：

异地新建，整体搬迁方式，对于一些保护价值较高的村落是相当有效的保护措施，原住民搬迁后的村落，若能进行合理的保护与开发，其历史文化、社会经济价值都很可观，有利于形成政府、村民、投资方三者之间的共赢局面。

村落整体交由旅游公司开发，相较于由村民自行改造的方法，更利于整体格局的保持和对除民居外的街道、桥梁、古树、寺庙、广场等公共空间的关注与保护，建设规划、保障措施和管理制度会更为全面、完善。

通过竞赛促进传统村落保护与发展的策略，不仅引起了大众对于传统村落现状的关注，更有助于汲取新的理念与灵感，听取多方的需求与建议，为村落的保护与规划寻求更"紧扣历史，切合实际，面向未来"的发展道路。

对传统村落公共空间的保护措施以"减法"为主，对夯土合院仅进行基本修复与加固，拆除与传统风貌不协调的部分构筑物，新的公共活动场地也是通过对宅间、路旁空地的整理而获得，并不破坏村落原有肌理，不盲目地附加新建筑。这种对空间形态的原貌保护有利于村落整体风貌与特色的保持与延续。

鼓鸣寨的保护开发借鉴及吸取了许多传统村落的模式与经验，在各方面做出了很多大胆尝试，但如此大规模高强度的开发活动，难免带来些许担忧：古村落旅游开发会吸引投资商投资新的旅游项目，这些旅游项目的建设是在整个古村落的格局中凭空出现的，如果布局和设计合理，会增加古村落的整体审美和旅游吸引力，但更多的情况是开放不当而破坏了古村落的整体美。

一方面，为了旅游接待而新增的大量基础设施，如道路、桥梁、停车场、游客服务中心、住宿餐饮点等，在选址、形式、风格、材料等方面，都会对传统村落原有的格局和景观产生较大的影响。例如，因缺乏对村落原有庙宇形式的记载，重建的宫庙形式该如何确定，是否确有必要重建，这都是项目推进中的难题。同时一些新的旅游项目的增加，也势必会影响村落传统的空间与生活风貌。例如，该项目对夯土院落的修缮与改造，力图在统一规划的基础上又体现不同风格，风格的多元化也意味着其中一些内容并非村落所根深蒂固的，而是凭空出现的，也许会造成对传统村落生活图景的歪曲。原真性的保存，是传统村落旅游开发面对的最大难题。

整体搬迁虽有利于村落建筑的保护，但也会带来许多弊端。一方面，村民是古村落的灵魂，村民迁出后的古村落失去了传统的生活场景甚至于丧失了原有的文化内涵，成为徒有其表的商业化的主题公园。另一方面，村民迁入了新的村落，传统的生活空间、公共空间氛围不复存在，传统文化同样失去了其生存发展的载体而面临着衰亡。在该项目的规划中，一部分村民可入住修缮好的民居，从事导游或土特产销售等旅游服务工作，并通过物品展览与活态展示的方式来表现民族风俗。然而，从本质上来说，这已经演变为一种"被包装"，舞台化、艺术化、程序化后的民俗文化与生活场景，也许能满足游客新奇体验的需求，但再也不是原汁原味的风俗民情了。不恰当的包装和改造都将使民族传统文化失去了原真性与地域性而导致庸俗化、商业化。

5.5　本章小结

在全球化背景之下，广西少数民族传统村落与公共空间中蕴含的自然朴实、多元共存的地域、民族文化内涵，不仅是传统文化传承与发展的宝贵财富，更是中华民族面对外来文化的强势冲击时，既能坚守与弘扬本民族文化传统，又可开放、包容地汲取世界各民族文化精华的历史经验。

目前，广西少数民族传统村落与公共空间的保护和发展面临着由于社会环境变革、人为破坏与自灾害造成的各类困境，具体表现为物态空间层面的数量锐减、质量衰败、内涵与特色丧失，以及意态层面的公共生活方式的变迁与传统民族、乡土文化的颓危等。新型城镇化与社会主义新农村建设等政策的推行，对地域、民族文化，乡土、村落遗产价值的重新认识与重视，为传统村落及其公共空间的保护与发展带来了机遇与希望。

公共空间的保护和发展在遵循分类保护、真实性、整体性、参与性、动态与可持续发展等传统村落保护与发展原则的基础上，提出：①以传统文化、公共生活方式的延续唤回空间意义；②以空间保护来展现民族传统、文化风俗；③以修缮、改造、再利用来重塑公共空间形态的保护原则，以及更具体、更有针对性、更能体现公共空间特性的方法与策略：①保持、控制村落整体风貌与公共空间结构；②通过还原、再现礼俗空间，存旧续新日常生活场景，以公共空间为载体的乡土传统展示平台等方式实现公共空间的存续与更新；③以村民为主体的参与性保护与活力营造；④基于大数据与互联网的空间信息资源库建设；⑤精准化保护与发展。除了重视传统公共空间物质形态与精神文化内涵在传统村落保护中的继承与延续，还应注重在新农村建设、新公共建筑等诸多方面践行传统地域、民族文化的现代性诠释，全面地挖掘、保护、传承与发扬广西少数民族与传统村落与公共空间文化。

立足广西少数民族传统村落与公共空间的现实状况，通过对弄立村、旧州街、程阳八寨、古民寨四个代表着不同的遗存类型与保护开发方式的典型案例的剖析，总结经验与教训，探索切合实际的、具体可行的保护与发展策略。

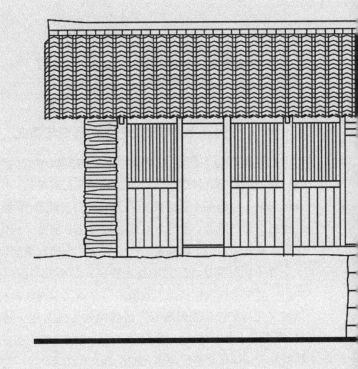

第6章

结　语

6.1 主要研究成果

1. 广西民族文化与传统村落的形成与演变

广西地区分布广泛的喀斯特地貌与温暖湿润的气候，是原始人类与传统村落形成的基础，并持续影响着村落空间的演变。早在石器时代，广西地域范围内已存在人类活动的痕迹。及至先秦，广西的土著居民发展为岭南百越族群中的"骆越"与"西瓯"。秦汉以降，随着行政建制、人口迁徙、土地开发而逐渐分化、演变，成为现在的壮、侗、仫佬、毛南、水等少数民族，并发展形成了以农耕稻作为核心、小家庭聚居模式为主导的民族文化特点。

在不同时期迁入广西的外来移民，是形成当前广西文化发展及聚居时空分布差异的主要原因，其中又以汉族移民人数最多，并以其崇尚儒教礼制、宗族制大家庭聚居、耕读文化为主导的文化特征强烈地影响着广西各民族传统文化。随着民族关系的发展与稳定、逐步形成了"桂西百越土著，桂东汉族移民"、"高山瑶、半山苗，汉人住平地，壮侗住山槽"的多民族杂居共处的立体聚居格局与多元的民族文化生态。

总体而言，广西传统村落的生成、分布与演变规律可归纳为：地形地貌和气候条件是传统村落生成的物质基础，形成独具山水性格的聚居原始分布状态；族源、民族形成过程、行政建制与人口迁徙是多元聚居格局建构的历史文化基础，孕育了民族性格与内涵；文化的冲突与交融，特别是汉族移民文化的传播，则是促进各民族文化发展、村落构成多元化、空间形态差异性的内在动力。

2. 广西少数民族传统村落公共空间形态特征与深层结构的调查分析

对广西地域范围内132个少数民族传统村落公共空间进行详细调查研究。以翔实的基础性调研为依据，运用分类描述与综合归纳相结合的研究思路，探讨客观、翔实地普查与记录公共空间特征的方法。基于广西特殊的地域文化背景，借鉴类型学方法，将村落公共空间划分为自然环境、空间形态特征、公共活动与场所等方面进行论述。进一步细分出民族结构、地理分区、山水格局、农田肌理、村落规模、整体形态、空间形状特征、空间结构、界面特征和主要公共活动与场所等子特征项。从宏观到微观、从整体到局部、从物态到意态地对村落样本进行详细的调查记录，并对各项特征进行统计与标准化处理，形成广西少数民族传统村落公共空间的信息数据库，呈现出广西少数民族传统村落公共空间多样个性，并初步归纳广西少数民族传统村落公共空间的总体特征，为进一步比较、分析与梳理其多样类型、提炼丰富特征提供了方法与素材。

以三江县林溪乡平岩村为实例，展开详实、细致的调查研究与分类描述，深入剖析其公共空间特征，对前述的调查分析方法进行实际操作与验证。同时，为了客观分析传统村落公共空间的活力与特征、公共空间形态与行为活动之间的内在逻辑与秩序，借助空间句法的理论与技术方法，基于实证的数据与量化分析，探讨平岩村公共空间的形态与结构、功能布局、出行分布、停留活动分布之间的动态关联，对类型学研究所归纳的村落公共空间特征进行客观描述、补充与理性的验证和解析。

对公共空间外部形态与内在结构调查分析的类型学与空间句法研究，形成了对广西少数民族传统村落公共空间的整体认识：地域性与民族性的互动关联是产生公共空间共同特征与多样差异的重要影响因素；地形、地貌、气候等地域性要素影响着村落的整体形态、道路形式、空间尺度、界面形式等；民族信仰、宗族组织、民俗节庆、社交特征等民族性因素则通过公共活动方式潜移默化地影响着庙宇、宗族建筑等主要公共空间的类型与形态等。为下文不同民族、不同地域公共空间的比较分析与影响因素及其作用机制的综合推衍提供基础资料、研究方法与整体思路。

3. 基于民族性与地域性的广西少数民族传统村落公共空间比较研究

传统村落公共空间的形成与发展受到自然环境、社会结构、历史文化、生活习俗等多种因素的复合影响，其空间形态在动态发展的过程中体现出遵循一定内在逻辑的多重可能性。尤其在民族文化多元交融的背景之下，为厘清广西少数民族传统村落公共空间特征、影响因子与形成机制，运用分类描述与空间句法的综合分析方式，基于民族性与地域性视角，对广西少数民族传统村落公共空间进行分类比较。

（1）同一民族、不同地区

以壮族村落为例，对不同地域环境下同一民族传统村落的公共空间形态进行比较发现：公共空间在注重传承与发展民族文化与特性的基础上，在不同地域环境下呈现出多样化的形态与特征，地域性在壮族传统村落公共空间的形式、尺度等方面具有显性的决定作用，而民族性则相对隐性，从精神的层面，潜移默化地影响着公共空间的营造与公共生活的方式。这是少数民族传统村落应对具体的自然环境条件所做出的适应性调整，也反映出民族之间在不同层面上不同程度的文化交流与影响作用。

（2）同一地区、不同民族

以桂西北地区为研究范围，对相同地域环境下不同民族的传统村落公共空间进行比较。分析结果显示，桂西北地区传统村落在山水格局、公共空间形态与自然环境的协调、公共空间的围合与渗透性、界面建筑的特征等方面较为相似，这是朴实的生态观、风水观、宗族观，以及民族之间的文化交融共同作用的结果。而具体的分布区域与地形特征，不同民族的宗族制度以及历史环境与文化传播序位则是相同地域下不同民族传统村落公共空间形态差异的主要影响因素。

（3）少数民族与汉族

汉文化是广西少数民族发展历程的重要影响因素。广西的汉化村落由于自身的自然地理条件、环境气候因素、民族生活习俗等要素的影响，表现出地域性分异与多样化。同时，在一些地区的汉族村落出现"少数民族化"的特例，反映出文化传播过程中因环境的不同而产生的变异。

4. 广西少数民族传统村落公共空间特征、影响因素与作用机制总结

广西少数民族传统村落公共空间特征具有三方面的内涵：

（1）共同的地域条件从根本上决定了不同民族对待自然条件的态度是一致的，造就了相

似的生态观、信仰与生活方式，并在公共空间的营造过程中反映出来，即各民族的公共空间存在着相似的"自然而为，纯朴务实"之共性。

（2）不同的民族或不同地区的村落，在公共生活与空间的具体组织、建构的具体方式上存在着差异性，并且表达出民族特色，即"多元个性，和而不同"的个性。

（3）广西少数民族传统村落公共空间经历了自然孕育、调适、理性选择和融汇创新等发展阶段，同时在不同时期多种文化相互交融、碰撞，其中既包括各少数民族之间相互对村落与公共空间形态的借鉴和学习，也有在面对强势的汉文化与汉族村落公共空间形态时，从回避、退让到正视、关注与学习、融合；甚至有少量的汉族迁入少数民族聚居区后在新环境下对汉族村落公共空间形态的适应性调整，最终实现了与文化融合的过程与方式相呼应的村落公共生活方式与公共空间形态"多元并存、包容汇聚"的格局，是为广西少数民族传统村落公共空间的特性。

从自然地理、经济技术、社会组织、历史人文等方面梳理公共空间的影响因子，并指出广西少数民族传统村落公共空间并非影响因子作用力的简单叠加，而取决于各影响要素之间的相互关系与作用方式。少数民族传统村落公共空间的相似性与差异性是地域性因素与民族性因素在不同层面、不同程度上发挥作用的结果。其多影响因子综合作用机制可总结如下：

广西少数民族拥有根深蒂固的多神信仰、稻作文化、小家庭聚居与聚族而居的社会组织，生态观、风水观等民族性因素与文化性格是公共空间形态与布局等特征的内在根源；广西自然环境与农耕生产条件等地域性因素是村落空间形成的基底与基础条件；经济、技术与文化的传播与融合是公共空间形态不断完善与多样化发展的动力；地域、民族之间文化交流与渗透则使传统村落公共空间融合了相邻地域或民族的部分文化特征。

承载着民族文化、社会风俗的公共生活影响着公共空间形态的形成、使用与改造，而村落公共空间的发展、变化，又促进了公共生活方式的更新与转变。公共空间形态与公共生活相辅相成、相互作用，共同构成了传统村落公共空间有机统一的整体。

6.2 主要创新点

1. 综合多学科理论与知识，运用类型学与形态学、空间句法、比较分析与历史地理推演多法互证的研究思路，尝试构建全面、客观、可量化、可比较的传统村落公共空间研究框架

村落公共空间是自然环境、社会制度、历史文化、行为活动、建造技术综合作用的结果，在以往的研究至多采用两种方法进行互证解析，存在研究侧重点上的局限性。本文以多维度、动态的视角，将多种研究方法相互关联，互补互证，综合推演，摆脱了单一形态体系的空间研究路线，以更全面、整体地揭示传统村落公共空间形态特征、深层结构与内在规律。其中，数理分析方法的引入有助于对传统村落公共空间进行定量的描述与诠释，为抽象空间形态的统计分析与比较研究提供可能，并有利于传统村落保护与发展规划的推敲与验证，在大数据时代的背景之下尤具实践意义。

2. 系统地研究广西少数民族传统村落公共空间形态的特色与内涵

基于前述研究框架与方法，从自然环境、空间形态、公共活动与场所、空间组构特征等方面，深入调查、记录，搜集了大量的空间形态、历史社会、人文生活等方面的资料，弥补了以往研究的片面性和对不同民族、不同区域文化形态的忽视。并通过实例分析、对比研究，呈现出各民族、各地域传统村落公共空间的多样性，梳理与归纳其相似性与差异性特征，挖掘有价值的空间形式与文化特色，总结广西少数民族传统村落公共空间形态的共性、个性与特性，以进一步探讨公共空间的影响因素与作用机制。

3. 将传统村落公共空间的"民族性"与"地域性"纳入同一系统中进行互动关联性研究，从"同一地域不同民族"与"同一民族不同地域"两个层面，对比分析其互动规律与作用机制

以往的传统村落研究多把重点落于具有突出建筑文化特征的单一民族或地区，而忽略了对文化过渡区域的村落与建筑现象研究。对广西少数民族传统村落公共空间的广泛调查揭示了民族性与地域性在公共空间多样性形成中所发挥的决定性作用，故以动态的观点探讨文化多样性现象，将公共空间研究置于民族杂居共处、文化碰撞交流的地域与文化背景之下，探析空间特征异同背后蕴藏的深刻内涵、影响因素与作用机制，切中村落更新与新农村建设之时弊，直面少数民族文化、中华民族文化与全球文化的冲突与融合、村落公共空间的发展与衰落、少数民族文化的传承与发扬等与文化生态平衡发展研究密切相关的问题，对完善岭南地区村落文化研究亦具有一定意义。

6.3 研究展望

1. 发展与完善传统村落公共空间形态的研究构架与方法

关于村落公共空间的研究框架，笔者认为还可往纵向与横向两个维度进行拓展。横向维度可拓展少数民族传统村落公共空间研究和比较的空间范围，以此加强相关研究的系统性和丰富性。如对贵州、湖南、云南、广东在地域或民族文化上密切相关的少数民族传统村落展开广泛的比较分析，发掘各民族村落与公共空间的文化性格，同时也对追溯、理解广西少数民族文化交融的关系、村落文化的形成与发展具有重要意义。在纵向维度上，时间范围的拓展至关重要。由于村落研究资料获取困难，当前的村落空间研究大多是基于村落现状与当下资料的考察，缺乏连续性的历史演变追踪，这对村落空间的动态演变过程的研究造成了一定的限制与影响，还有待完善与弥补。在今后的研究中，还需关注日常生活和经济条件制约下的空间形态演变，以及在当代生活方式与状态下，更深入研究公共空间的适应性和更新策略。

此外，研究方法与技术始终处于不断的更新、发展之中。正如本文所采用的线段角度分析正是基于轴线模型而发展出的第二代组构模型，并逐渐成为主流的分析工具。分析方法之间

的更新、比较、适用性、侧重点与优势总结，仍需要不断检验、谈论，并在实践中反复尝试与验证。传统村落公共空间形态的研究构架与量化研究方法仍需要在后续研究中发展和完善，并应尤其注重加强与完善计算机相关技术与方法的运用，使研究更具科学性与精准性。

2. 建立和完善广西少数民族传统村落信息数据库

广西自古便是多民族生息繁衍的地区，数量众多、遗存丰厚的传统村落无疑是巨大的历史文化财富。然而少数民族传统村落资料却极其缺乏，本研究的田野调查虽遍及广西少数民族聚居区的各主要县市，搜集到132个村落基本资料，但相较于全区的185000多个自然村仅仅是凤毛麟角，对于纷繁复杂的广西少数民族文化与村落、建筑现象而言还远不够详尽、深刻，这无疑影响了研究的深度与广度。因而在后续的研究中，必须不断丰富、完善广西少数民族传统村落及其公共空间的数据库，使其成为岭南地区村落空间研究的有效补充。

本研究尚有不成熟之处和值得拓展的空间，有待在后续工作中加以完善与深化，同时也期待更多的学术同仁关注和加入对少数民族传统村落公共空间的探讨，促进学术争鸣，使该领域研究不断向前发展。

附录 1：广西少数民族传统村落调查统计表

序号	市	县	村	主要民族	山	水	农地格局	规模	形态	道路	其他
1	南宁市	宾阳县	露圩镇庠利村	壮族	平地	临	水田	特大	团块	树枝网络状	圩逢节
2	南宁市	上林县	巷贤镇古民村	壮族	丘陵	临	梯田、水田	中型	团块	树枝网络状	务土聚落、整体迁建
3	南宁市	西乡塘区	坛洛镇下楞村	壮族	平地	临	水田、林地	特大	带状	规整网络状	一村梁街八巷九码头、龙舟赛
4	南宁市	兴宁区	三塘镇路东村留肖坡	壮族	平地	无	林地、水田	中型	带状	规整网络状	新农村试点
5	柳州市	鹿寨县	中渡镇英山社区	壮族	平地	临	水田	特大	带状	树枝网络状	商业圩镇、武庙、会馆、城墙
6	柳州市	融水县	三防镇荣洞村	壮族	丘陵	临	林地、水田	中型	带状	树枝状	砖木框架、2016年7月洪灾
7	柳州市	融水县	拱洞乡平卯村	侗族	丘陵	穿	林地、水田	特大	组团	树枝状	炮楼群
8	柳州市	融水县	拱洞乡龙培村	苗族	高山	无	梯田、林地	特大	团块	树枝状	干阑、2008年芦笙坪
9	柳州市	融水县	四荣乡东田村田头屯	苗、壮、侗、瑶	丘陵	穿	梯田、水田	中型	组团	树枝状	干阑、芦笙坪
10	柳州市	融水县	四荣乡荣塘村	侗、苗	丘陵	临	梯田、林地	中型	散列	树枝状	干阑、鼓楼
11	柳州市	融水县	四荣乡荣塘村河边屯	苗、壮、侗、瑶	丘陵	临	水田、林地	小型	组团	树枝状	半干阑、芦笙柱
12	柳州市	融水县	安陲乡吉曼村吉曼屯	苗族	高山	无	梯田、水田	中型	团块	树枝状	半干阑、芦笙坪
13	柳州市	融水县	红水乡良双村洞寨屯	苗族	丘陵	临	水田、林地	中型	散列	树枝网络状	半干阑、芦笙坪、坡会
14	柳州市	融水县	杆洞乡杆洞村洞屯	苗族	高山	临	梯田、林地	特大	团块	树枝网络状	半干阑、乡政府
15	柳州市	融水县	香粉乡雨卜村卜令屯	苗族	丘陵	绕	梯田、林地	大型	带状	树枝状	半干阑、旅游度假区
16	柳州市	融水县	香粉乡中坪村雨梅屯	苗族	丘陵	无	梯田、林地	中型	散列	树枝状	半干阑、坡会
17	柳州市	融水县	安太乡林洞村	苗族	丘陵	无	林地、梯田	中型	散列	树枝状	半干阑、芦笙坪
18	柳州市	融水县	大浪乡大新村红邓屯	瑶族	高山	无	林地、梯田	大型	散列	树枝状	半干阑、希望小学
19	柳州市	融水县	大浪乡高培村上寨屯	苗族	高山	无	林地、梯田	大型	团块	树枝网络状	半干阑、打同年
20	柳州市	三江县	独峒乡芭团村	侗族	丘陵	绕	林地、梯田	特大	带状	树枝网络状	干阑、芭园桥、飞山宫、讲款
21	柳州市	三江县	独峒乡林略村	侗族	高山	穿	林地、梯田	特大	团块	放射状、树枝状	干阑、鼓楼、祠堂

续表

序号	市	县	村	主要民族	山	水	农地格局	规模	形态	道路	其他
22	柳州市	三江县	独峒乡唐朝村	侗、苗	高山	临	林地、梯田	特大	组团	放射状	干阑、鼓楼、飞山宫、坡会
23	柳州市	三江县	独峒乡八协村座龙屯	侗族	丘陵	绕	林地、梯田	大型	散列	树枝状	干阑、鼓楼、寨门
24	柳州市	三江县	独峒乡高定村	侗族	高山	穿	林地、梯田	特大	团块	放射状	干阑、鼓楼、戏台、飞山宫
25	柳州市	三江县	林溪乡平岩村	侗族	丘陵	绕	林地、水田	特大	组团	放射状	干阑、风雨桥、程阳八寨景区
26	柳州市	三江县	良口乡晒江村	侗族	丘陵	临	林地、梯田	中型	带状	树枝状	鼓楼、戏台、柳州市美丽乡村
27	柳州市	三江县	良口乡和里村	侗族	丘陵	穿	林地、水田	大型	散列	树枝状	干阑、三王庙、人和桥
28	柳州市	三江县	八江乡马胖村磨寨屯	侗族	丘陵	临	林地、梯田	特大	带状	放射状、树枝状	马胖鼓楼
29	柳州市	三江县	八江乡高迈村	侗族	高山	无	林地、梯田	特大	组团	树枝网络状	干阑、鼓楼
30	柳州市	三江县	八江乡布央村	侗族	高山	无	林地、梯田	特大	团块	放射状、树枝状	茶园、飞山宫、鼓楼
31	柳州市	三江县	同乐乡平溪屯	侗、苗	丘陵	临	林地	大型	带状	放射状、树枝状	干阑、鼓楼
32	柳州市	三江县	梅林乡车寨村	侗族	丘陵	绕	林地	中型	团块	放射状	干阑鼓楼、侗族大歌
33	柳州市	三江县	林溪乡程阳村	侗族	丘陵	穿	林地、梯田	特大	散列	放射状	普济桥、飞山庙
34	柳州市	三江县	林溪乡高秀村	侗族	丘陵	穿	林地、梯田	特大	带状	放射状	鼓楼、风雨桥
35	柳州市	三江县	林溪乡黄排屯	侗族	高山	无	林地、梯田	特大	团块	放射状、树枝状	鼓楼、风雨桥、戏台、飞山宫
36	柳州市	三江县	林溪乡冠洞村冠小屯	侗族	丘陵	绕	林地、梯田	中型	团块	放射状	鼓楼、景观廊
37	柳州市	三江县	福禄乡葛亮屯	侗、苗	丘陵	临	林地	中型	带状	树枝网络状	天后宫、关帝庙、孔明庙
38	柳州市	融安县	高基瑶族乡拉旦村	瑶、壮	丘陵	穿	林地	中型	带状	树枝状	商品交易街
39	柳州市	三江县	丹洲镇丹洲村	侗、苗、瑶、汉	平地	绕	林地	大型	带状	规整网络状	粤闽会馆、书院、县衙
40	柳州市	三江县	古宜镇黄排屯	少数民族化	丘陵	临	水田、梯田	大型	团块	树枝网络状	干阑、祭坛
41	柳州市	柳城县	古砦仫佬族乡滩头屯	仫佬	平地	临	水田、鱼塘	中型	带状	规整网络状	祠堂、门楼、碉楼
42	柳州市	融安县	雅瑶乡草口村	壮族	丘陵	绕	水田、林地	小型	散列	树枝状	泥砖次生干阑
43	桂林市	雁山区	草坪回族乡潜经村	回族	平地	临	水田、林地	特大	带状	放射、规整网络	清代宅院、白氏宗祠、清真寺
44	桂林市	荔浦市	蒲芦瑶族乡福文村	瑶族	高山	临	林地、水田	小型	散列	树枝状	新农村、美丽村庄

续表

序号	市	县	村	主要民族	山	水	农地格局	规模	形态	道路	其他
45	桂林市	兴安县	华江瑶族乡千祥村	瑶族	丘陵	临	水田	小型	散列	树枝状	盘王节
46	桂林市	临桂区	山尾村	回族	丘陵	穿	水田	中型	团块	规整网络状	白崇禧故居、清真寺
47	桂林市	灌阳县	洞井瑶族乡洞井村	瑶族	丘陵	临	水田	中型	团块	规整网络状	祠堂、瑶族与湘赣风格
48	桂林市	栗城县	栗木镇大合村	瑶族	丘陵	临	水田	特大	组团	规整网络状	造命碑、宗祠、炮楼
49	桂林市	恭城县	石头村石头屯	瑶族	丘陵	临	水田	大型	团块	规整网络状	碉楼、门楼、重檐悬山式神亭
50	桂林市	恭城县	莲花镇凤岩村凤岩屯	瑶族	丘陵	临	水田	特大	散列	树枝网络状	门楼、古民居
51	桂林市	恭城县	朗山村朗山屯	瑶族	丘陵	临	水田、林地	大型	带状	树枝+规整网络	古民居、惜字炉、汉、瑶风格
52	桂林市	恭城县	门等村高桂屯	瑶族	丘陵	临	水田	大型	带状	规整网络状	九甲风格、水塘
53	桂林市	恭城县	西岭乡杨溪村	瑶族	丘陵	临	水田	大型	带状	规整网络状	牌坊、祠堂、广府风格
54	桂林市	恭城县	西岭乡西岭村	瑶族	丘陵	临	水田	特大	团块	树枝网络状	周王庙、文笔塔、碉楼
55	桂林市	恭城县	观音乡狮塘村焦山屯	瑶族	丘陵	临	水田	特大	带状	放射状、树枝状	凉亭、祭坛、水塘
56	桂林市	恭城县	观音乡水滨村	瑶族	丘陵	临	水田	中型	带状	树枝网络状	盘王文化节
57	桂林市	恭城县	龙虎乡龙岭村实乐屯	瑶族	丘陵	临	水田、果树	大型	带状	规整网络状	炮楼、祠堂、古树
58	桂林市	全州县	莲花瑶族乡清水村	瑶族	丘陵	穿	果树、水田	中型	组团	树枝网络状	新农村、祠堂、整体汪建、柿子
59	桂林市	灵川县	九屋镇老寨村	壮族	高山	穿	山林、梯田	大型	散列	树枝网络状	盘王庙、红豆杉
60	桂林市	灵川县	东源村委新寨村	瑶族	高山	穿	梯田、山林	特大	散列	放射状、树枝状	盘王庙、风雨桥
61	桂林市	阳朔县	高田镇龙潭村	壮族	半山	临	水田	大型	组团	规整网络状	祠堂、湘赣风格
62	桂林市	阳朔县	朗梓村	壮族	半山	临	水田	大型	团块	规整网络状	祠堂、湘赣风格
63	桂林市	全州县	东山瑶族乡清水村	瑶族	高山	无	山林	大型	散列	树枝状	巷道、盘王庙
64	桂林市	龙胜县	龙脊镇龙脊村	壮族	高山	穿	梯田、林地	大型	散列	树枝网络状	博物馆、碑林、莫一大王庙
65	桂林市	龙胜县	乐江乡地灵侗寨	侗族	高山	穿	梯田、山林	特大	散列	放射状、树枝状	鼓楼、戏台、风雨桥
66	桂林市	龙胜县	乐江乡宝赠侗寨	侗族	高山	临	梯田、山林	大型	组团	放射状	萨坛、鼓楼、风雨桥、戏台
67	桂林市	龙胜县	泗水乡周家村白团	瑶族	高山	临	林地、梯田	小型	带状	树枝状	古树、古井、红衣节

续表

序号	市	县	村	主要民族	山	水	农地格局	规模	形态	道路	其他
68	桂林市	龙胜县	和平乡金竹壮寨	壮族	高山	临	梯田、山林	小型	散列	树枝状	歌舞坪、社庙
69	桂林市	龙胜县	和平乡平安壮寨	壮族	高山	穿	梯田、山林	大型	散列	树枝网络状	风雨桥、半山街市、旅游
70	桂林市	龙胜县	和平乡黄洛瑶寨	瑶族	高山	穿	梯田、山林	中型	组团	树枝状	红瑶、长发村
71	桂林市	龙胜县	平等乡广南侗寨	侗族	丘陵	临	水田、梯田	特大	组团	放射状	鼓楼、风雨桥、戏堂
72	桂林市	龙胜县	平等乡平南侗寨	侗族	丘陵	临	水田、梯田	特大	带状	放射状	乡政府、风雨桥、鼓楼
73	桂林市	龙胜县	三门镇同烈瑶寨	瑶族	高山	临	林地、梯田	中型	带状	树枝状	古树
74	桂林市	龙胜县	伟江乡布弄苗寨	苗族	高山	穿	林地	中型	散列	树枝状	乡政府
75	桂林市	龙胜县	江底乡矮岭组	瑶族	丘陵	穿	梯田	中型	组团	树枝状	古树、风雨桥
76	桂林市	龙胜县	和平乡小寨村	瑶族	高山	穿	梯田	大型	散列	树枝网络状	干阑、风雨桥、广场
77	桂林市	资源县	两水苗族乡社水村	苗族	丘陵	临	林地	特大	散列	树枝状	吊脚楼、风雨桥
78	梧州市	蒙山县	长坪瑶族乡平侗瑶寨	瑶族	丘陵	穿	林地	中型	散列	树枝状	风雨桥、景区
79	防城港	防城区	那良镇高林村	瑶族	丘陵	临	林地	中型	团块	树枝网络状	新农村、重建
80	百色市	靖西县	安德镇安德街	壮族	平地	临	水田	特大	带状	规整网络状	壮溏节
81	百色市	靖西县	化峒镇旧州街	壮族	平地	临	水田	特大	带状	规整网络状	壮音阁、绣球街、文昌阁
82	百色市	隆林县	猪场乡那伟村洞沟屯	苗族	高山	无	林地	小型	散列	树枝状	花苗、蜡染、织锦、芦笙舞
83	百色市	隆林县	德峨镇龙洞大寨	苗族	高山	无	旱地	中型	散列	树枝状	石头为主材的民居、古树
84	百色市	隆林县	德峨镇田坝村张家寨	苗族	高山	无	林地	中型	散列	树枝状	新农村建设、风貌改造
85	百色市	隆林县	金钟山乡平流屯	壮族	高山	临	林地、梯田	中型	散列	树枝状	古榕
86	百色市	平果县	果化镇果阳社区	壮族	平地	临	水田	中型	团块	规整网络状	干阑地面化
87	百色市	乐业县	花坪镇龙坪屯	少数民族化	高山	无	林地、梯田	中型	散列	树枝状	高山汉
88	百色市	西林县	那劳镇岑氏家族建筑	壮族	高山	绕	林地、梯田	特大	带状	树枝网络状	土司建筑群
89	百色市	西林县	马蚌乡浪吉村那岩屯	壮族	高山	穿	林地、梯田	中型	散列	树枝状	干阑、防御性布局
90	百色市	那坡县	城厢镇达腊屯	彝族	高山	无	林地	中型	散列	树枝状	坡芽、跳弓节

续表

序号	市	县	村	主要民族	山	水	农地格局	规模	形态	道路	其他
91	百色市	右江区	平圩民族新村	壮族	丘陵	临	林地	中型	带状	规整网络状	移民村落
92	百色市	德保县	城关镇西读村大朔屯	壮族	丘陵	临	水田	中型	带状	树枝状	新农村
93	百色市	田林县	那满镇露美村布露屯	壮族	平地	临	水田、林地	大型	散列	树枝网络状	新农村
94	百色市	凌云县	下甲乡彩架村	壮、瑶	平地	绕	水田	特大	团块	树枝网络状	新农村
95	贺州市	平桂区	鹅塘镇芦岗村	壮族	丘陵	临	水田、林地	特大	散列	树枝网络状	泥砖
96	贺州市	昭平县	黄姚镇黄姚街黄姚屯	壮族	丘陵	穿	水田、林地	特大	带状	树枝网络状	古戏台、古井、景区
97	贺州市	富川县	朝东镇岔水村	瑶、汉	平地	穿	水田	特大	组团	规整网络状	状元村、宗祠、门楼
98	贺州市	富川县	朝东镇福溪村	瑶、汉	丘陵	穿	林地	特大	团块	规整网络状	宗祠、门楼、戏台、书堂
99	贺州市	富川县	城北镇凤溪村	瑶族	高山	临	水田、林地	大型	带状	树枝状	门楼、祠堂、庙宇、古戏台
100	贺州市	富川县	新华乡虎马岭村	瑶族	平地	临	水田	中型	团块	树枝状	新农村建设、规划改造
101	河池市	宜州市	石别镇清潭村清潭街	壮、汉、瑶	丘陵	临	水田	大型	组团	树枝网络状	青砖盖瓦、石碑古树
102	河池市	罗城县	四把镇四把街	仫佬	丘陵	穿	林地、水田	中型	带状	规整网络状	祠堂、异地迁建
103	河池市	罗城县	小长安镇龙腾村	仫佬	丘陵	临	水田	大型	散列	规整网络状	朝向不一、院落式、户户相连
104	河池市	大化县	雅龙乡盘兔村板多屯	瑶族	高山	无	石质梯田	中型	散列	树枝状	铜鼓舞
105	河池市	大化县	板升乡弄立村二队	瑶族	高山	无	旱地、水田	中型	散列	树枝状	晒台、风水林、墓葬群
106	河池市	环江县	驯乐苗族乡长北村	苗族	高山	无	林地、梯田	大型	带状	树枝状	半干栏、芦笙坪
107	河池市	环江县	水源镇上南乡高岭屯	毛南	丘陵	无	林地	小型	散列	树枝状	干栏、次生干栏
108	河池市	环江县	下南乡中南村南昌屯	毛南	丘陵	穿	水田、旱地	中型	团块	树枝网络状	毛南广场、谭寿仪故居
109	河池市	环江县	下南乡下塘村大塘屯	毛南	高山	无	林地、旱地	小型	散列	树枝状	干栏、次生干栏
110	河池市	南丹县	里湖瑶乡怀里屯	瑶族	高山	无	林地	中型	散列	树枝状	白裤瑶生态博物馆
111	河池市	南丹县	里湖瑶乡王尚屯	瑶族	丘陵	无	水田、林地	中型	带状	树枝状	新农村、景区
112	河池市	南丹县	里湖瑶族乡八难村	瑶族	高山	无	林地	小型	散列	树枝状	乡土特色示范村建设项目
113	河池市	巴马县	东山乡巴根屯	瑶族	高山	无	石质梯田、	小型	带状	树枝状	捐指大亭子

续表

序号	市	县	村	主要民族	山	水	农地格局	规模	形态	道路	其他
114	来宾市	金秀县	桐木镇龙腾屯	壮族	平地	穿	水田	中型	组团	树枝网络状	梁氏崇祠、广府风格
115	来宾市	金秀县	罗香乡罗信村	瑶族	高山	无	林地	小型	散列	树枝状	夯土
116	来宾市	金秀县	长垌乡平道村古占屯	瑶族	高山	穿	林地	中型	散列	树枝状	特色旅游名村
117	来宾市	金秀县	六巷乡上古陈村	瑶族	高山	穿	林地	中型	散列	树枝状	夯土、次生干阑、费孝通
118	来宾市	金秀县	六巷乡下古陈村	瑶族	高山	穿	林地	中型	散列	树枝状	古寨门、夯土
119	来宾市	金秀县	六巷乡门头村	瑶族	高山	无	林地	中型	散列	树枝网络状	石牌律、炮楼、花篮瑶博物馆
120	来宾市	金秀县	六段屯	瑶族	高山	无	林地、梯田	中型	带状	树枝状	狭长的锁匙头式民居
121	来宾市	金秀县	金秀镇金田村美村屯	瑶族	高山	临	水田、林地	中型	团块	树枝网络状	茶山瑶、旅游新村
122	来宾市	武宣县	东乡镇洛桥村	壮族	平地	无	水田	大型	带状	树枝网络状	武魁堂、月池、客家风格
123	来宾市	忻城县	北更乡古利村古朴屯	壮族	高山	无	旱地	中型	团块	树枝网络状	戏台、活动中心、土地庙
124	来宾市	忻城县	果遂乡加书村长洞屯	壮族	高山	无	旱地	小型	带状	树枝状	曾有观音庙、炮楼
125	来宾市	忻城县	思练镇梅岭村卜佑屯	壮族	高山	无	旱地	大型	散列	树枝状	六一亭、土司文化
126	来宾市	忻城县	城关镇弄洪村弄洪屯	壮族	高山	无	旱地、林地	小型	组团	树枝网络状	金银花种植
127	崇左市	扶绥县	渠旧镇渠旧社区	壮族	平地	临	水田	特大	带状	规整网络状	圩市、圩场、骑楼
128	崇左市	龙州县	上金乡中山村旧街屯	壮族	平地	临	水田	中型	带状	树枝状	密头圩、街屋、碑文
129	崇左市	大新县	堪圩乡明仕村弄明屯	壮族	丘陵	临	水田	中型	团块	规整网络状	旅游度假
130	崇左市	宁明县	明江镇百泉村	壮族	平地	无	水田	中型	散列	树枝状	干阑建筑地面化
131	崇左市	宁明县	城中镇耀达村岜耀屯	壮族	平地	临	水田	中型	团块	树枝状	花山岩画、水景、码头
132	崇左市	太平镇	陈满屯	壮族	丘陵	无	旱地	中型	团块	树枝状	新农村

附录 2：广西各民族节庆与公共空间

节日	民族	时间	内容	地点
春节	各民族共同节日	正月初一至初七	除旧、迎新、娱乐、盛宴、祭祖、走亲、舞龙、舞狮、斗鸡。此外，侗族"月也"、唱侗戏；苗族跳芦笙，毛南族"放鸟飞"	田间溪河、鼓楼坪、道路街巷、道路、寨门、风雨桥、戏台
元宵		正月十五	灯会、吃元宵、求丁	庙宇、广场、开阔场地、街巷、住屋
清明		三月初三	祭祖、扫墓、歌圩、抢花炮	庙宇、田间地头、空地、地势宽平的河滩
端午		五月初五	划龙舟、吃凉粽、采草药	河流、住屋、田间地头、山林
七夕		七月初七	乞巧、蓄水	庙宇、广场、开阔场地、街巷、住屋
中元		七月十四	祭祖、中元歌会（苗）	庙宇、田间地头、山林、住屋、街巷
中秋		八月十五	赏月、歌会、走坡节（仫佬）	开阔场地、街巷、住屋、山坡、树下、溪边
重阳		九月初九	登高、驱邪、添粮补寿	山坡、住屋、街巷
祭灶		腊月二十三	祭灶	住屋
除夕		腊月三十	贴春联、团圆、守岁、杀猪	住屋、街巷
社节	汉、瑶、壮、侗、公倍	二月	求福、祭拜社公、清客送礼、举行斗马、赛马、打篮球	住屋、村旁社庙、社坪
牛节	壮、瑶、苗、侗、仫佬、彝	四月初八、六月初六	喂牛、停止役牛	田间地头、住屋
插秧节	壮、瑶、苗、侗	视插秧种节时而定	祭祀田土地母	田间地头、开阔场地、住屋
拜田节	壮、瑶、苗、彝、水	六月初六	祭祀田土地母	田间地头、开阔场地、住屋
尝新节	壮、侗、苗、瑶、彝、仫佬	八月十五、九月、十月	煮新米、祭神祭祖，以饮食活动庆贺年过半，农忙过半。	住屋、收割后的稻田
花炮节	壮、汉、瑶、苗、侗、仫佬	时间不一	还炮、游炮、抢炮、接炮、养炮	地势平坦的河滩、空地

续表

节日	民族	时间	内容	地点
吃虫节	瑶、仫佬	六月初二、惊蛰	捕捉虫子、巡视田垌、诈食	田间地头
跳坡节	苗、侗	正月初二至十四	爬坡杆、吹芦笙、唱箫、对歌、斗鸡、访亲会友	被选定的人口较集中的村寨的坡场
蚂拐节	壮	正月初一至正月三十	请蛙婆、唱蛙婆、孝蛙婆、葬蛙婆、歌舞	开阔场地
吃立节	壮	正月三十	与春节同	住屋、街巷
农具节	壮	四月初八	赶庙会、农具交易	圩市
莫一大王节	壮	六月初二	祭祀（分小祭、中祭、大祭）	住屋、庙、开阔场地
岭头节	壮	中秋前后	设宴请客、村边山坡歌圩、舞蹈、祈求平安	住屋、庙、开阔场地
歌圩节	壮	三月三、中秋前后	对歌、抛绣球、碰蛋、扫墓	开阔场地、街巷、山林
春牛节	侗	立春	跳春牛耕作舞、舞"春牛"走家串户逐一拜贺、表演活动	鼓楼、鼓楼坪、巷道
祭萨岁	侗	正月初八至正月十一	集体供"萨岁"、吹芦笙、"多耶"（唱歌跳舞）	萨坛、鼓楼
共耕节	侗	三月初三至八月十八	村寨之间的男女青年集体耕种公地、集体恋爱、吹芦笙、对歌、集体设宴	鼓楼、鼓楼坪、田间地头
土王节	侗	谷雨前的二、三天	青年男女以歌择偶、男性进行斗鸟、吹木叶、吹笛子、比臂力、赛鸟枪等	村寨附近树木茂密的土坡上
油茶节	侗	谷雨	采新茶、"打油茶"、结伴走家串户喝油茶	街巷、茶地
祭三王	侗	六月初六	吹芦笙、备祭品祭祀民族英雄"三王"和"飞山神"	庙宇、街巷
信苏节	侗	尝新节后的第三天	祭祖、祀神	住屋、鼓楼
斗牛节	侗	七月间	以寨为单位斗牛、吹芦笙踩歌堂、"多耶"、贸易、集体设宴	"斗牛场"（宽平的河滩上）
侗年	侗	农历十月十一月	制作"冻菜"、祭祖、请客访友	住屋
鱼节	侗	十月十一	鲜鱼剖腹去脏、糯米饭填满蒸熟、祭祀祖先	住居

续表

节日	民族	时间	内容	地点
吃冬节	侗	十一月初一至十一日	送礼品、互相设宴请客欢宴	街巷、住屋
姓氏节	侗	各姓氏节期不一	杀鸡鸭、祭祖	住屋、鼓楼
坡会	苗	正月初四、十六、八月十六	吹芦笙、舞龙舞狮、探亲访友、文艺演出、商贸活动	广场、开阔场地
四月八	苗	农历四月八	让牛休息、做鸟米饭、杀鸡宰鸭、为牛作生日	住屋
拉鼓节	苗	剪禾后的农闲期间	制鼓、拉鼓、送鼓、唱歌	地势开阔或较平缓的山坡地
祭鼓节	苗	十月、十一月	祭祀代表祖先的木鼓、斗牛、吃牛、节气少则三天、多为十几天	住屋、开阔场地
苗年冷酿	苗	长短不一、日期不定	祭祖、守岁、吃同年、赛芦笙、游方、摔跤、铜鼓舞、行哥做妹	街巷、住屋、芦笙坪
祭祖节	苗	每隔二三十年一次	祭祖	开阔场地、住屋
敬鸟节	瑶	二月初一	喂鸟、比鸟、歌鸟	住屋、村中空地
保苗节	瑶	二月	巫师定日子、祭祖、祭社王、招禾魂	住屋、广场、街巷、田间地头、庙宇
仁王节	瑶	六月初六	抬神出游	
赎禾魂	瑶	四月初九	赎禾魂、保幼苗	田间地头
祝著节	瑶	五月二十九、双庆三天	打铜鼓、唱《密洛陀》长歌、对歌、娱乐	广场、开阔场地
盘王节	瑶	十月十六	敬奉盘王、煮谈祭祀、唱盘王歌、跳泥鼓舞、物资交流、文体表演竞技	广场、开阔场地
放鸟飞	毛南	正月十五	祭祀、制作"百鸟"、供子香火堂前、元宵早上以"百鸟"当饭	住屋、开阔场地
分龙节	毛南	夏至后的第一个辰日	祭祖和祭神、分为庙祭和家祭	广场、庙、住屋、市集、街巷
走坡节	么佬	正月、八月	对歌、择偶	山坡、树下、溪边
依饭节	么佬	立冬后、多年一次	祭祖祭神、聚餐、唱歌演戏、舞龙舞狮、庆丰收、保人畜	祠堂
端节	水	水历某亥日	祭祖、走亲访友、唱歌、跳舞、赛马	住屋、街巷、开阔场地

续表

节日	民族	时间	内容	地点
哈节	京	六月初十、八月初十、正月二十五	迎神、祭神、乡饮、唱歌跳舞、送神	哈亭、开阔场地、住屋、街巷
跳弓节	彝	四月	祭祖、祭金竹、跳芦笙舞、铜鼓舞、饮酒聚餐、对歌	住屋、开阔场地、山坡
梅农节	彝	五月	祭祀	住屋
忌孔节	彝	五月十六日	祭祀、模拟捕猎	住屋、山林
火把节	彝	六月二十四	手举火把巡游、围着篝火唱歌、跳舞、赛马、斗牛、打秋千、射箭	广场、开阔场地
祭祖节	彝	七月十七	祭神、祭祖、忌吃猪肉、以牛肉为主菜	庙、住屋、开阔场地
护新节	彝	八月初八	将竹篾编成猫狗，挂在村头面路口的大树上	村头
米粑节	彝	九月	做米粑、请亲友尝新、唱歌喝酒	住屋
达罗节	彝	十月初十	做糍粑、天就、祭灶神、财神	住屋
拜树节	仡佬	正月十四	拜树、祭祖	山林、住屋
祭山节	仡佬	三月三	祭山或祭树	山上或山脚的草坪上
祭祖节	仡佬	八月十五	在安放祖公祖婆排位的"祖树"下用三牲、五色饭、酒作祭品祭祀	住屋
古尔邦	回	开斋节起第七天	宰羊杀鸡、分送亲友和贫困回民	住家、街巷
开斋节	回	伊斯兰教历九月	集体礼拜、走坟扫祖、美食送亲友、举行婚礼	住家、街巷、山林、广场
圣纪节	回	伊斯兰教历三月十二日	到清真寺举行宗教仪式，"阿訇"介绍穆罕默德生平、会餐	清真寺

参考文献

1. 古籍方志

[1] （明）彭泽修等. 民国方志选（六、七）：广西通志（明万历二十七年刊印）[M]. 台北台湾学生书局，1986.

[2] （清）金鉷等监修，钱元昌，陆纶纂. 广西通志（雍正）[M]. 南宁：广西人民出版社，2009.

[3] （清）谢启昆修，胡虔纂，广西师范大学历史系等. 广西通志（全十册）[M]. 南宁：广西人民出版社，1988.

[4] 广西地情网 [DB/OL]. http：//www.gxdqw.com.

[5] 广西壮族自治区地方志编纂委员会. 广西通志 行政区划志 [M]. 南宁：广西人民出版社，1999.

[6] 广西壮族自治区地方志编纂委员会. 广西通志 民俗志 [M]. 南宁：广西人民出版社，1992.

[7] 广西壮族自治区地方志编纂委员会. 广西通志 民俗志 [M]. 南宁：广西人民出版社，2009.

[8] 广西壮族自治区地方志编纂委员会. 广西通志 人口志 [M]. 南宁：广西人民出版社，1993.

[9] 广西壮族自治区统计局. 广西统计年鉴（2012）[M]. 北京：中国统计出版社，2012.

[10] 广西壮族自治区统计局. 广西统计年鉴（2014）[M]. 北京：中国统计出版社，2014.

[11] 广西壮族自治区统计局. 广西统计年鉴（2015）[M]. 北京：中国统计出版社，2015.

[12] 龙胜县志编纂委员会. 龙胜县志 [M]. 上海：汉语大词典出版社，1992.

[13] 庞新民. 两广猺山调查 [M]. 上海：中华书局，1935.

2. 学术著作

[1] Hillier B，Hanson J. The social logic of space [M].Cambridge：Cambridge University Press.

[2] Hillier B. Space is the Machine-a Configurationl Theory of Architecture [J]. Cambridge：Cambridge University Press.

[3] Mandal R B. Systems of rural settlements in developing countries [J]. 1989.

[4] Oliver P. Cultures and habitats [M]. Cambridge University Press，1997.

[5] Oliver P. Encyclopedia of Vernacular Architecture of the World [J]. Traditional Dwellings & Settlements Review，1999，10（2）：69-75.

[6] Pierre Vidal-Naquet，the Black Hunter. Forms of Thought and Forms of Society in the Greek World [M]. The Jphns Hopkins University Press，1988.

[7] （丹麦）扬·盖尔. 交往与空间 [M]. 何人可译. 北京：中国建筑工业出版社，2002.

[8] （丹麦）扬·盖尔，拉尔斯·吉姆松. 公共空间·公共生活 [M]. 汤羽扬译. 北京：中国建筑工业出版社，2003.

[9] （德）哈贝马斯. 公共领域的机构转型 [M]. 曹卫东等译. 上海：学林出版社，1999.

[10] （法）白吕纳著. 人地学原理 [M]. 任美锷，李旭旦译. 南京：钟山书局，1935.

[11] （美）凯文·林奇. 城市意象 [M]. 北京：华夏出版社，2011.

[12] （美）柯林·罗，弗瑞德·科特. 拼贴城市 [M]. 童明译. 北京：中国建筑工业出版社，2003.

[13] （美）柯林·罗等. 拼贴城市 [M]. 童明等译. 北京：中国建筑工业出版社，2003.

[14] （美）拉普卜特，常青，徐菁等. 宅形与文化 [M]. 北京：中国建筑工业出版社，2007.

［15］（日）芦原义信. 街道的美学［M］. 尹培桐译. 北京：百花文艺出版社，2006.

［16］（日）芦原义信. 外部空间设计［M］. 尹培桐译. 北京：中国建筑工业出版社，1988.

［17］（日）藤井明. 聚落探访［M］. 宁晶译. 北京：中国建筑工业出版社，2003.

［18］（日）原广司. 世界聚落的教示100［M］. 北京：中国建筑工业出版社，2003.

［19］（英）比尔·希利尔. 空间是机器：建筑组构理论［M］. 杨滔，张佶，王晓京译. 北京：中国建筑工业出版社，2008.

［20］（英）克利夫·芒福汀. 街道与广场［M］. 第2版. 张永刚，陆卫东译. 北京：中国建筑工业出版社，2004.

［21］（英）特伦斯·霍克斯. 结构主义和符号学［M］. 瞿铁鹏译. 上海：上海译文出版社，1987.

［22］蔡凌. 侗族聚居区的传统村落与建筑［M］. 北京：中国建筑工业出版社，2007.

［23］陈国强. 百越民族史［M］. 北京：中国社会科学出版社，1988.

［24］戴晓玲. 城市设计领域的实地调查方法［M］. 北京：中国建筑工业出版社，2013.

［25］段进，比尔·希利尔（英）等. 空间研究3：空间句法与城市规划［M］. 南京：东南大学出版社，2007.

［26］段进，比尔·希列尔（英）等. 空间句法在中国［M］. 南京：东南大学出版社，2015.

［27］段进. 空间句法与城市规划［M］. 南京：东南大学出版社，2007.

［28］段进. 世界文化遗产西递古村落空间解析［M］. 南京：东南大学出版社，2006.

［29］范玉春. 移民与中国文化［M］. 桂林：广西师范大学出版社，2005.

［30］费孝通. 江村经济［M］. 上海：上海人民出版社，2007.

［31］费孝通. 乡土中国［M］. 上海：上海人民出版社，2007.

［32］冯淑华. 传统村落文化生态空间演化论［M］. 北京：科学出版社，2011.

［33］广西传统民族建筑实录编委会. 广西传统民族建筑实录［M］. 南宁：广西科学技术出版社，1991.

［34］广西文物考古研究所. 广西考古文集（第三辑）［M］. 北京：科学出版社，2007.

［35］广西壮族自治区博物馆. 广西考古文集［M］. 北京：文物出版社，2004.

［36］广西壮族自治区地图集编纂委员会. 广西壮族自治区地图集［M］. 北京：星球地图出版社，2003.

［37］广西壮族自治区文物工作队编. 广西考古文集（第二辑）［M］. 北京：科学出版社，2006.

［38］国家统计局统计司. 中国2000年人口普查资料［M］. 北京：中国统计出版社，2000.

［39］贺雪峰. 乡村社会关键词［M］. 济南：山东人民出版社，2010.

［40］黄成授. 广西民族关系的历史与现状［M］. 北京：民族出版社，2002.

［41］黄恩厚. 壮侗民族传统建筑研究［M］. 南宁：广西人民出版社，2008.10.

［42］黄现璠. 壮族通史［M］. 南宁：广西民族出版社，1988.

［43］蒋廷瑜，彭书琳. 文明的曙光——广西史前考古发掘日记［M］. 南宁：广西人民出版社，2006.

［44］金其铭. 农村聚落地理［M］. 北京：科学出版社，1988.

［45］雷翔. 广西民居［M］. 北京：中国建筑工业出版社，2009.

［46］雷振东. 整合与重构［M］. 北京：科学出版社，2009.

［47］李富强. 村落的视角［M］. 北京：民族出版社，2013.

［48］李立. 乡村聚落：形态、类型与演变：以江南地区为例［M］. 南京：东南大学出版社，2007.

［49］李晓峰. 乡土建筑：跨学科研究理论与方法［M］. 北京：中国建筑工业出版社，2005.

［50］李长杰. 桂北民间建筑［M］. 北京：中国建筑工业出版社，1990.

［51］廖明君. 壮族自然崇拜文化［M］. 南宁：广西人民出版社，2002.

［52］刘沛林.古村落：和谐的人聚空间［M］.上海：上海三联书店，1997.

［53］刘锡蕃. 岭表纪蛮［M］. 北京：商务印书馆，1935.

［54］鲁道夫斯基. 没有建筑师的建筑［M］. 高军译. 天津：天津大学出版社，2011.

［55］陆元鼎，杨新平主编. 乡土建筑遗产的研究与保护［M］. 上海：同济大学出版社，2008.

［56］诺伯格·舒尔茨. 场所精神——迈向建筑现象学［M］. 施植明译. 台北：田园城市文化事业有限公司，2002.

［57］诺伯格·舒尔茨. 存在·空间·建筑［M］. 尹培桐译. 北京：中国建筑工业出版社，1984.

［58］彭一刚. 传统村镇聚落景观分析［M］. 北京：中国建筑工业出版社，1992.

［59］司徒尚纪. 岭南历史人文地理：广府、客家、福佬民系比较研究［M］. 广州：中山大学出版社，2001.

［60］苏建灵. 明清时期壮族历史研究［M］. 南宁：广西民族出版社，1993.

［61］孙娜. 龙脊十三寨［M］. 北京：清华大学出版社，2013.

［62］覃彩銮等. 壮侗民族建筑文化［M］. 南宁：广西民族出版社，2006.

［63］覃乃昌. 广西世居民族［M］. 南宁：广西民族出版社，2004.

［64］汪晖，陈燕谷. 文化与公共性［M］. 北京：生活·读书·新知三联书店，2005.

［65］王冬. 族群、社群与乡村聚落营造［M］. 北京：中国建筑工业出版社，2013.

［66］王明珂. 羌在汉藏之间——川西羌族的历史人类学研究［M］. 北京：中华书局，2008.

［67］王昀. 传统聚落结构中的空间概念［M］. 中国建筑工业出版社，2009.

［68］韦玖灵. 壮汉民族融合论——历史上壮汉民族融合与同化现象研究［M］. 北京：气象出版社，2000.

［69］吴良镛. 人居环境科学导论［M］. 北京：中国建筑工业出版社，2001.

［70］吴庆洲. 建筑哲理、意匠与文化［M］. 北京：中国建筑工业出版社，2005.

［71］吴艳，单军. 滇西北民族聚落建筑的地区性与民族性［M］. 北京：清华大学出版社，2016.

［72］夏铸九. 公共空间［M］. 台北：艺术家出版社，1994.

［73］徐小禾. 中国大百科全书：社会学卷［M］. 北京：中国大百科全书出版社，1991.

［74］杨昌鸣. 东南亚与中国西南少数民族建筑文化探析［M］. 天津：天津大学出版社，2004.

［75］于雷. 空间公共性研究［M］. 南京：东南大学出版社，2005.

［76］余英. 中国东南系建筑区系类型研究［M］. 北京：中国建筑工业出版社，2001.

［77］张声震. 壮族通史［M］. 北京：民族出版社，1997.

［78］张有隽. 瑶族传统文化变迁论［M］. 南宁：广西民族出版社，1990.

［79］赵之枫. 传统村镇聚落空间解析［M］. 北京：中国建筑工业出版社，2015.

［80］郑晓云. 全球化与民族文化［M］. 北京：中国书籍出版社，2005.

［81］郑晓云. 文化认同与文化变迁［M］. 北京：中国社会科学出版社，1992.

［82］钟文典. 广西近代圩镇研究［M］. 桂林：广西师范大学出版社，1998.

［83］周进. 城市公共空间建设的规划控制与引导［M］. 北京：中国建筑工业出版社，2005.

3. 学术期刊

［1］Hillier B. Can streets be made safe［J］. Urban Design International，2004，（1）：31-45.

［2］Hillier B. The architecture of the urban object［J］. Ekistics the Problems Andence of Human Settlements，1989（1）：5-21.

［3］Malpas J，Giaccardi E，Champion E M，et al. New media，cultural heritage and the sense of place：mapping the conceptual ground.［J］. International Journal of Heritage Studies，2008（3）：197-209.

［4］Peponis J，Hadjinikolaou E，Livieratos C，et al. The spatial core of urban culture［J］. Ekistics，1989（1）：43-55.

［5］Turner A. Angular analysis［J］. Georgia Institute of Technology，2001.

［6］比尔·希利尔，克里斯·斯图兹. 空间句法的新方法［J］. 世界建筑，2005（11）：54-55.

［7］宾长初. 粤商入桂与广西墟镇的发展［J］. 广西社会科学, 1989（2）: 62-65.

［8］蔡凌, 邓毅, 姜省. 城镇化背景下侗族乡土聚落的保护与发展策略［J］. 城市问题, 2012（3）: 30-34.

［9］蔡凌. 侗族鼓楼的建构技术［J］. 华中建筑, 2004（3）: 137-141.

［10］陈柳. 一个布朗族村落公共空间的调查［J］. 思想战线, 2008（s1）: 12-15.

［11］陈泳, 倪丽鸿, 戴晓玲等. 基于空间句法的江南古镇步行空间结构解析——以同里为例［J］. 建筑师, 2013（2）: 75-83.

［12］陈志华. 保护文物建筑及历史地段的国际宪章［J］. 世界建筑, 1986（03）: 13-14.

［13］陈志华. 介绍几份关于文物建筑和历史性城市保护的国际性文件（二）［J］. 世界建筑, 1989（04）: 73-76.

［14］曹海林. 村落公共空间: 透视乡村社会秩序生成与重构的一个分析视角［J］. 天府新论, 2005（4）: 88-92.

［15］曹海林. 村落公共空间演变及其对村庄秩序重构的意义——兼论社会变迁中村庄秩序的生成逻辑［J］. 天津社会科学, 2005（6）: 61-65.

［16］成亮. 甘南藏区乡村聚落空间结构模式研究［J］. 南方建筑, 2016（2）: 96-100.

［17］戴林琳, 徐洪涛. 京郊历史文化村落公共空间的形成动因、体系构成及发展变迁［J］. 北京规划建设, 2010（3）: 74-78.

［18］董磊明. 村庄公共空间的萎缩与拓展［J］. 江苏行政学院学报, 2010（5）: 51-57.

［19］范建红, 张勇. 竞争——共生: 岭南传统聚落景观发展路径研究［J］. 南方建筑, 2011（3）: 33-35.

［20］何安益, 彭长林, 刘资民等. 广西资源县晓锦新石器时代遗址发掘简报［J］. 考古, 2004（3）: 7-30.

［21］黄恩厚, 覃彩銮. 多维视野中的壮侗民族建筑文化［J］. 广西民族研究, 2006（1）: 105-111.

［22］黄家平, 肖大威. 历史文化村镇保护的公共政策初探［J］. 南方建筑, 2015（4）: 63-66.

［23］冀晶娟, 肖大威. 传统村落民居再利用类型分析［J］. 南方建筑, 2015（4）: 48-51.

［24］李立, 戴晓玲. 太湖流域水网密集地区村落公共空间演变的影响因素研究——以开弦弓村为例［J］. 乡村规划建设, 2015（3）: 99-107.

［25］李琦华, 林峰田. 台湾聚落的空间结构与社会脉络研究［J］. 建筑学报（65）.

［26］李岳川. 近代闽南与潮汕侨乡侨批馆建筑文化比较研究［J］. 南方建筑, 2016（3）: 63-70.

［27］李自若, 陆琦. 从广西旧县村的自主更新再利用谈传统聚落的保护与发展［J］. 南方建筑, 2011（3）: 88-91.

［28］梁步青, 肖大威. 传统村落非物质文化承载空间保护研究［J］. 南方建筑, 2016（3）: 90-94.

［29］林岩, 王建国. 基于"自下而上"城市设计途径的聚落空间形态研究——以广东高要黎槎村和蚬岗村为例［J］. 建筑师, 2016（3）: 94-100.

［30］刘沛林, 董双双. 中国古村落景观的空间意象研究［J］. 地理研究, 1998（1）: 31-38.

［31］刘沛林. 古村落文化景观的基因表达与景观识别［J］. 衡阳师范学院学报, 2003（4）: 18.

［32］刘兴, 吴晓丹. 公共空间的层次与变迁——村落公共空间形态分析［J］. 华中建筑, 2008（8）: 141-144.

［33］龙寻. 广西的历史发展和变迁［J］. 文史春秋, 2008（12）: 29-36.

［34］卢健松. 建筑地域性研究的当代价值［J］. 建筑学报, 2008（7）: 15-19.

［35］卢健松, 姜敏, 苏妍, 蒋卓吾. 当代村落的隐性公共空间: 基于湖南的案例［J］. 建筑学报, 2016（8）: 59-65.

［36］陆琦, 赵冶. 广西壮族传统干阑民居差异性研究［J］. 古建园林技术, 2012（01）: 35-38.

［37］罗彩娟. 一部民族融合的历史: 广西民族关系史浅论［J］. 广西民族师范学院学报, 2011（4）: 9-12.

［38］梅策迎. 珠江三角洲传统聚落公共空间体系特征及意义探析——以明清顺德古镇为例［J］. 规划师, 2008（8）: 84-88.

［39］潘莹, 施瑛. 湘赣民系、广府民系传统聚

落形态比较研究［J］. 南方建筑，2008（5）：28-31.

［40］潘莹，卓晓岚. 广府传统聚落与潮汕传统聚落形态比较研究［J］. 南方建筑，2014（3）：79-85.

［41］庞娟. 城镇化进程中乡土记忆与村落公共空间建构——以广西壮族村落为例［J］. 贵州民族研究，2016（7）：60-63.

［42］浦欣成，王竹，黄倩. 建筑学视角下国内乡村聚落研究解析［J］. 华中建筑，2013（8）：178-183.

［43］任爽，梁振然. 程阳八寨景观空间结构及其特征分析研究［J］. 林业调查规划，2010（5）：19-24.

［44］单德启，袁牧. 融水木楼寨改建18年——一次西部贫困地区传统聚落改造探索的再反思［J］. 世界建筑，2008（7）：21-29.

［45］单德启. 关于广西融水苗寨民房的改建［J］. 小城镇建设，1993（1）：33-36.

［46］单德启. 欠发达地区传统民居集落改造的求索——广西融水苗寨木楼改建的实践和理论探讨［J］. 建筑学报，1993（4）：15-19.

［47］施瑛，潘莹. 江南水乡和岭南水乡传统聚落形态比较［J］. 南方建筑，2011（3）：70-78.

［48］唐孝祥，陶媛. 试论佛山松塘传统聚落形态特征［J］. 南方建筑，2014（6）：52-5.

［49］陶金，张淇，肖大威. 自然环境对梅州传统聚落空间布局的影响［J］. 南方建筑，2013（6）：60-62.

［50］陶媛，孙杨栩，唐孝祥. 传统民居建筑文化的传承与创新——第十九届中国民居学术会议综述［J］. 南方建筑，2012（6）：6-7.

［51］佟珊. 华南"洞蛮"聚落人文的民族考古考察［J］. 南方文物，2010（2）：81-88.

［52］王春程，孔燕，李广斌. 乡村公共空间演变特征及驱动机制研究［J］. 现代城市研究，2014（4）：4-9.

［53］王东，王勇，李广斌. 功能与形式视角下的乡村公共空间演变及其特征研究［J］. 国际城市规划，2013（2）：57-63.

［54］王冬，李佳航. 山地的逻辑建构——云南怒江地区乡土建筑的接地关系研究［J］. 南方建筑，2013（2）：4-7.

［55］王东玉，张清. 广西古砦仫佬族乡滩头围村古民居公共建筑空间特征［J］. 华中建筑，2016（5）：156-160.

［56］王贵生. 黔东南苗族、侗族"干阑"式民居建筑差异溯源［J］. 贵州民族研究，2009（3）：78-81.

［57］王浩锋，饶小军，封晨. 空间隔离与社会异化——丽江古城变迁的深层结构研究［J］. 城市规划，2014（10）：84-90.

［58］王浩锋，叶珉. 西递村落形态空间结构解析［J］. 华中建筑，2008（4）：65-69.

［59］王浩锋. 村落空间形态与步行运动——以婺源汪口村为例［J］. 华中建筑，2009（12）：138-142.

［60］王浩锋. 徽州传统村落的空间规划——公共建筑的聚集现象［J］. 建筑学报，2008（4）：81-84.

［61］王浩锋. 社会功能和空间的动态关系与徽州传统村落的形态演变［J］. 建筑师，2008（2）：23-30.

［62］王静文. 传统聚落环境句法视域的人文透析［J］. 建筑学报，2010（s1）：58-61.

［63］王静文，毛其智，杨东峰. 句法视域中的传统聚落空间形态研究［J］. 华中建筑，2008（6）：141-143.

［64］王竹，钱振澜. 乡村人居环境有机更新理念与策略［J］. 西部人居环境学刊，2015（2）：15-19.

［65］韦浥春，汤朝晖. 桂西北壮族、侗族传统聚落形态比较研究［J］. 小城镇建设，2015（12）：92-98.

［66］韦浥春. 广西壮族传统村落公共空间比较研究［J］. 小城镇建设，2016（10）：73-77.

［67］韦玖灵. 试论壮汉民族融合的文化认同［J］. 学术论坛，1999（4）：19-22.

［68］韦玉姣，吴宇华，梁立新等. 广西那坡县达文屯黑衣壮传统麻栏自主更新的启示［J］. 建筑学报，2012（11）：88-92.

［69］韦玉姣. 民族村寨的更新之路——广西三江县高定寨空间形态和建筑演变的启示［J］. 建筑学报，2010（3）：85-89.

［70］吴忠军，周密. 壮族旅游村寨干阑式民居建筑变化定量研究——以龙胜平安壮寨为例［J］. 旅游论坛，2008（6）：451-457.

［71］熊伟，谢小英，赵冶. 广西传统汉族民

居分类及区划初探 [J]. 华中建筑, 2011 (12): 179-185.

[72] 熊伟, 赵冶, 谢小英. 壮、侗传统干阑民居比较研究 [J]. 华中建筑, 2012 (4): 152-155.

[73] 业祖润. 传统聚落环境空间结构探析 [J]. 建筑学报, 2001 (12): 21-24.

[74] 尹璐, 罗德胤. 试论农业因素在传统村落形成中的作用 [J]. 南方建筑, 2010 (6): 28-31.

[75] 袁媛, 肖大威, 黄家平, 冀晶娟. 传统村落边界空间保护初探 [J]. 南方建筑, 2014 (6): 48-51.

[76] 翟滢莹, 秦书峰, 徐继贤. 桂北壮族民居村寨布局及建筑形制初探——以龙脊金竹寨为例 [J]. 古建园林技术, 2015 (3): 28-32.

[77] 张光直, 胡鸿保, 周燕. 考古学中的聚落形态 [J]. 华夏考古, 2002 (1): 94-98.

[78] 张健. 传统村落公共空间的更新与重构——以番禺大岭村为例 [J]. 华中建筑, 2012 (7): 144-148.

[79] 张琳. 乡土文化传承与现代乡村旅游发展耦合机制研究 [J]. 南方建筑, 2016 (4): 15-19.

[80] 张愚, 王建国. 再论"空间句法" [J]. 建筑师, 2004 (3): 33-44.

[81] 赵冶, 熊伟, 谢小英. 广西壮族人居建筑文化分区 [J]. 华中建筑, 2012 (5): 146-152.

[82] 周春山, 张浩龙. 传统村落文化景观分析初探——以肇庆为例 [J]. 南方建筑, 2015 (4): 67-71.

[83] 郑景文, 欧阳东. 传统村寨空间网络探析——以桂北少数民族村寨为例 [J]. 新建筑, 2006 (4): 73-75.

[84] 郑霞, 金晓玲, 胡希军. 论传统村落公共交往空间及传承 [J]. 经济地理, 2009 (5): 823-826.

[85] 郑赟, 魏开. 村落公共空间研究综述 [J]. 华中建筑, 2013 (3): 135-139.

[86] 朱海龙. 哈贝马斯的公共领域与中国农村公共空间 [J]. 科技创业月刊, 2005 (5): 133-135.

[87] 朱涛. 广西侗族聚落的创新探索 [J]. 重庆建筑, 2013 (9): 6-10.

[88] 朱雪梅, 程建军, 林垚广, 杜与德. 粤北古道传统村落形态特色比较研究 [J]. 南方建筑, 2014 (1): 38-45.

4. 学位论文

[1] 陈巧岚. 参与式发展: 程阳桥景区民族旅游的人类学透视 [D]. 南宁: 广西民族大学, 2010.

[2] 胡序林. 全球化与亚洲的地域建筑 [D]. 天津: 天津大学, 2000.

[3] 黄健文. 旧城改造中公共空间的整合与营造 [D]. 广州: 华南理工大学, 2011.

[4] 解光云. 古典雅典的城市与乡村 [D]. 上海: 复旦大学, 2006.

[5] 李建华. 西南聚落形态的文化学诠释 [D]. 重庆: 重庆大学, 2011.

[6] 李敏. 湘南地区瑶族传统民居群落研究 [D]. 长沙: 中南林业科技大学, 2013.

[7] 李睿. 西江流域传统村落形态的类型学研究 [D]. 广州: 华南理工大学, 2014.

[8] 林志森. 基于社区结构的传统聚落形态研究 [D]. 天津: 天津大学, 2009.

[9] 刘坤. 我国乡村公共开放空间研究 [D]. 北京: 清华大学, 2012.

[10] 欧阳翎. 广西黑衣壮族村落与建筑研究 [D]. 广州: 广东工业大学, 2013.

[11] 潘莹. 江西传统聚落建筑文化研究 [D]. 广州: 华南理工大学, 2004.

[12] 彭小溪. 桂北传统聚落景观公共空间研究 [D]. 西安: 西安建筑科技大学, 2014.

[13] 邱娜. 新农村规划中的公共空间设计研究 [D]. 西安: 西安建筑科技大学, 2010.

[14] 孙莹. 梅州客家传统村落空间形态研究 [D]. 广州: 华南理工大学, 2015.

[15] 谭立峰. 河北传统堡寨聚落演进机制研究 [D]. 天津: 天津大学, 2007.

[16] 谭蔚. 地域性特征的形成与演替 [D]. 昆明: 昆明理工大学, 2004.

[17] 田莹. 自然环境因素影响下的传统聚落形态演变探析 [D]. 北京: 北京林业大学, 2007.

[18] 王乐君. 黔东南苗族聚落景观历史与发展探究 [D]. 北京: 北京林业大学, 2014.

［19］肖青. 民族村寨文化的现代建构——一个
　　　彝族撒尼村寨的个案研究［D］. 昆明：云
　　　南大学，2007.

［20］熊辉. 怀化地区侗族与苗族传统聚落风土
　　　环境景观比较研究［D］. 长沙：中南林业
　　　科技大学，2007.

［21］熊伟. 广西传统乡土建筑文化研究［D］.
　　　广州：华南理工大学，2012.

［22］严嘉伟. 基于乡土记忆的乡村公共空间营
　　　建策略研究与实践［D］. 杭州：浙江大
　　　学，2015.

［23］杨定海. 海南岛传统聚落与建筑空间形态
　　　研究［D］. 广州：华南理工大学，2013.

［24］赵冶. 广西壮族传统聚落及民居研究［D］.

　　　广州：华南理工大学，2012.

［25］郑景文. 桂北少数民族聚落空间探析［D］.
　　　武汉：华中科技大学，2005.

［26］郑霞. 张谷英村公共交往空间及传承研究
　　　［D］. 长沙：中南林业科技大学，2009.

［27］周祥. 广州城市公共空间形态及其演进研
　　　究（1759-1949）［D］. 广州：华南理工大
　　　学，2010.

［28］周彝馨. 移民聚落空间形态适应性研
　　　究——以西江流域高要地区移民村镇为例
　　　［D］. 武汉：华中科技大学，2013.

［29］刘晶. 西藏米林县琼林珞巴村空间特征图
　　　示化研究［D］. 北京：中国建筑设计研究
　　　院，2011.

后 记

本书在本人博士论文基础上，结合近年研究与实践成果，完善、凝练而成，是本人对广西少数民族传统聚落及其公共空间研究的阶段性总结，亦是扎根广西、聚焦乡土、继续研究的新起点。

衷心感谢我的导师汤朝晖老师，老师谦和温润，以严谨的工作、治学态度引领我进入专业实践与研究领域，从选题、构思到写作的过程中，老师不倦教诲，给予大量支持，引导我梳理思路，明确方向。同样要感谢杨晓川老师，在多年的博士学习与工作中给予的关怀与教导。

感谢华南理工大学建筑学院与华南理工大学建筑设计研究院的诸位老师对本书写作的帮助和对本人建筑立场与思想的启迪。感谢陶郅教授、倪阳研究员、潘忠诚教授级高工、黄捷教授级高工、王国光教授、冒亚龙教授、肖大威教授、唐孝祥教授、林广思副教授在百忙中对研究所提出的宝贵意见。特别感谢向科副教授，在设计实践与学术研究等方面一直给予悉心的指导与帮助，既是良师，亦为益友。

感谢谢小英、韦玉姣、熊伟等广西大学的同事们，在近年的工作、研究中提供的帮助与支持，尤其是谢小英副教授，为本人研究方向的深化与拓展提出许多建设性意见。

最后，感谢我的家人，你们对我的无私关爱与支持、在调研与写作过程中的陪伴和鼓励是我坚持研究、不懈前进的最大动力。

感谢所有关心与支持我的人，难以一一尽数，在此一并道谢。